新视觉

PHOTOSHOP
设计技法与商业案例

点智文化/编著

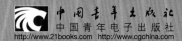
中国青年出版社
中国青年电子出版社
http://www.21books.com http://www.cgchina.com

VIP会员卡　　　　　　　　　　　　　　旅游宣传单页

标志　　　　　　　　　　　　　　幼儿园招生海报

纯粹关于Women主题宣传广告　　　　　　　　矢量视觉绘画

特色菜宣传页

《数码世界》杂志封面

《转调琵琶》书籍封面

水岸青云楼盘宣传广告

情侣表广告

魅力女人主题化妆品广告

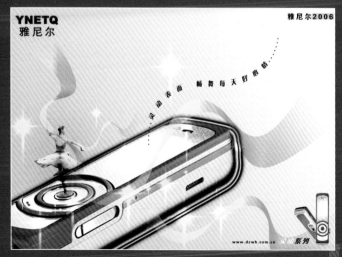

雅尼尔手机广告

汽车宣传广告

听吧店内悬挂招贴

房产销售中心悬挂招贴

店内悬挂促销招贴

店内食品海报

工作室特色宣传海报

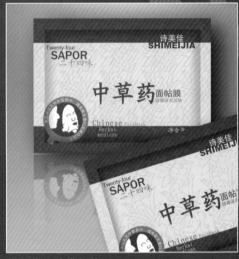

中草药面贴膜包装

糕点包装

润芝源药品包装

Photoshop是Adobe公司推出的图形图像处理软件，因其专业的处理技术和强大的兼容能力，成为全球通用的图形图像设计及编辑处理工具。随着版本的不断升级和功能的不断完善，Photoshop的应用领域已经横跨了广告设计、装帧设计、插画设计及标志设计等多个领域，商业应用十分广泛。

本书是一本介绍如何使用Photoshop进行商业创作的图书，与市场中其他Photoshop案例类图书的不同之处在于，本书在全面讲解制作技术的同时，更注重阐述商业创作的法则与思路。全书分为11个Chapter，Chapter 1~Chapter 3介绍了Photoshop中最重要、最常用的基本理论知识，Chapter 4~Chapter 11讲解了数十个精美商业案例的设计与制作过程，这些案例涵盖了卡证设计、标志设计、宣传页设计、插画设计、封面与日历设计、广告创意与设计、招贴与海报设计、包装设计等多个常见的商业设计领域。

除了案例涉及领域广泛、案例数量多、技术丰富等特点外，本书在内容组织方面也颇具特色。全书采用双栏并排的形式，有效提高了图书版面的利用率，侧栏中添加的与案例内容相关的理论知识，使读者在学习技术的同时，能够更多地了解到商业创作的行业规范与设计手法，以及Photoshop软件的高级功能与操作诀窍，从而在理论与实践方面取得双重收获。

本书以Photoshop CS2中文版为制作平台，但实际上本书所讲述的内容与软件版本联系并不十分紧密，即使读者使用的是最新版的Photoshop CS3，也完全可以使用本书进行学习，并同样能够在设计理念与技术手段方面得到收获。

本书附赠DVD中不仅包含了本书所有案例的素材文件和最终分层效果文件，而且附赠了大量实用的Photoshop资源，例如画笔、动作、样式、纹理、形状等。这些拿来就能够使用的创作资源，无疑能够大大提高各位读者的学习与工作效率。此外，DVD中还包含长达220分钟的Photoshop教学视频，涵盖基础知识与实例操作，为读者的学习提供了又一捷径。

本书面向Photoshop的初、中级用户，尤其适合那些希望在学习少量理论后通过大量实例的学习快速掌握Photoshop的读者。读者如果能够真正掌握本书所讲述的理论知识和绝大部分案例的设计技术与创作思路，将能够胜任多种商业领域中的设计工作。

由于编写时间仓促，加之水平有限，书中难免存在疏漏与不妥之处，敬请广大读者谅解并予以指正。

点智文化

2007年8月

特别声明：本书光盘中所有文件仅供学习使用，不可应用于任何商业用途，否则将依法追究相关人员的责任。

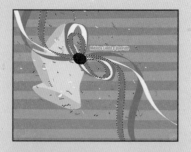

Chapter 1　基础知识

Chapter 2　绘画与修饰

Chapter 3　掌握图层与通道

Chapter 4　卡证设计

4.1　名片设计·······································**30**

　　名片是人们在交流时介绍自己的一种工具，名片中包含了主人的姓名、联系方式、公司性质及名称等重要信息，同时名片的特征也显示出主人的职业、身份、地位甚至品味。所以，一个名片的设计要考虑到很多因素，使名片的设计与主人的特征符合。

4.2　VIP会员卡设计·······························**34**

　　VIP会员卡的设计需要突出顾客的尊贵与奢华。本例中的VIP会员卡主要运用了黄金质感的效果，营造出雍容华贵的氛围，使拥有会员卡的VIP会员产生被尊崇的感觉。

4.3　入场券设计·····································**44**

　　设计入场券时，除了要将入场券的价格及相关的信息传达出来以外，还需要使设计表达活动的主题。本例中的入场券用于平面设计的专家讲坛，所以入场券的设计需要有一定的设计感及文艺性；由于主题比较严肃，而且为了表达对主讲嘉宾的尊重，因此又需要有一定的严肃性。

4.4　出入证设计·····································**49**

　　出入证的设计与入场券的设计相似，但是出入证通常是胸卡的形式，所以在尺寸上需要稍大一些。出入证与入场券的最大区别是，出入证是针对工作人员的，上面除了体现活动的主题以外，还需要标明工作人员的个人信息和部门信息。

Chapter 5　标志设计

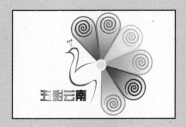

这个标志使用圆形来表现地球，从而展现该媒体的流传之广泛，火红的颜色体现了该媒体的火爆程度，文字的字体设计又为标志的整体效果添加了几分严肃性。

这个标志通过形状组合的立体效果体现了房子的空间感，最主要的是通过形状的暖色调，展示了家的温馨，只有健康的家，才是最温馨的。

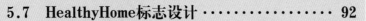
Chapter 6　宣传页设计

本例为餐馆特色菜的宣传页设计，重在视觉上的吸引力，干净的盘子与精巧的筷子给人一种优雅、清洁的感觉，再配以暗红的底色，更具有亲和力，让消费者一看就能产生信赖感。

这个宣传页的主题是整装待发，万事俱备只欠东风，这里的"东风"就是消费者的参与，说明企业的产品（旅游服务）时刻都在为消费者准备着，表现出企业的经营精神。画面中人物的动感处理是在激发消费者的兴趣，精美的风景图片配以恰当的文字说明，有效地传达出主题。

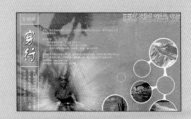

本例为手机的促销宣传单，作为主体的手机位于画布中的重点视觉位置，下方的地球让人联想到科技与广阔，从侧面体现出手机的非凡功能。地球表面手机的倒影也表达出手机的精致感觉。简略的文字标题富有设计感，也响应了手机的宣传口号。

本例通过3个颜色不同的形状来拉开层次，使画面具有一定的纵伸感，标题的文字及形状设置说明了此宣传单的目的，底部简略的形状平衡了整体画面，使构图自然、和谐。

Chapter 7　插画设计

这类插画的主要特点是简洁、秀美，通过使用简单的几何形状进行组合，得到美丽的人物图像，这类作品多用于青春小说的插图。在制作过程中，将主要应用椭圆工具及钢笔工具。

本例是一幅为女性酒吧设计的商业广告作品。在制作过程中，从色彩、主题文字的艺术化处理、人物造型的设定到背景图像的选择，都是以时尚、前卫为基本格调进行设计的。

本例乍看起来非常复杂，但仔细观察不难看出，其中很多形状都可以利用Photoshop自带的形状绘制得到，剩余的例如人形、地图形以及鸟形，则可以先找到相关的素材图像，然后取其剪影效果即可。最后为各图像增加光晕效果。

本例是一款幼儿园的招生海报，设计者在用色上采用了很多鲜艳明快的颜色，其中的元素也尽量采用小朋友所喜爱的卡通形象。手写风格的卡通文字与其他元素及整体格调十分和谐。

商业宣传插画主要应用于各种商品的宣传海报，绘画的风格需要具有一定的时尚感，难点在于使用矢量的颜色块搭配出立体的画像。

Chapter 8　封面与日历设计

本例制作的是一款以奥运为主题的日历页面，在制作过程中当然要使用一些相关的图片，以表现奥运的魅力与竞技体育的吸引力，而日历本身的版式倒显得并不是太重要。

Chapter 9　广告创意与设计

10.4 英语通销售点海报·····················292

本例中的照片不仅介绍了各国的风情，而且从侧面突出了海报的目的。桔黄色的色调营造出一种积极的氛围，促使消费者想主动去了解和接受。

10.5 店内悬挂招贴·····················299

此例主体图像颜色饱和度较高，与较为柔和的背景形成对比，突出了主体部分。文字处理没有采用很艺术化的字体，主要保证文字简洁大方、易于辨认。

10.6 工作室特色宣传海报·················306

画面包含元素较多，从古埃及到现在的时尚人物，从侧面体现出工作室的文化内涵。博闻广见为设计的源泉，在这里强调工作室具有出色的设计能力，是消费者可以信赖的团体。

10.7 店内食品海报·····················316

干净、清洁是食品类海报的基本要求，此例画面处理上选择大量矢量图形，配以精美的说明图片，来讲述具体内容。

Chapter 11 包装设计

11.1 糕点包装设计·····················328

对于包装设计，能够吸引消费者的眼球是最重要的，同时又要体现产品特性。此包装在设计上以此产品的照片为中心，这也是食品包装设计中较为常用的一种手法，既能让消费者比较直观地了解产品的特性，又可以引起其食欲，促进购买行为。

11.2 润芝源药品包装设计·················336

这是一款针对女性消费者的药物包装设计，在颜色上选用了适中的紫罗兰红色，突出了女性柔美的特性，配以黄色使画面明亮而醒目。图形上采用了代表女性的凤纹和弯曲的花纹。

本例通过古朴的颜色、素雅的底面纹理和直观的面膜图形相结合以体现中草药面膜的特点，制作面膜的包装效果图也是本例的一个重点内容。

月饼是华人的传统节日"中秋节"的特殊食物，所以月饼包装的设计需要体现出中国韵味。中秋节是全家团圆的日子，因此在包装中需要将家庭温暖的元素添加上去。

空气清新剂的主要功能是使空气更加清新，使室内充满清香，所以空气清新剂的包装设计需要将清新芳香的感觉表达出来。本例主要使用画笔工具结合素材图像的混合模式设置制作底图，使用文字工具输入相关的信息，再通过添加图层样式制作效果。

基础知识

1.1
了解Photoshop
的界面

1.2
选择工具

1.3
回退与重做

Photoshop是一款强大的图像处理与合成软件，其应用领域更是横跨数十个行业，如广告设计、装帧设计、插画设计以及标志设计等。

本章将介绍Photoshop软件的界面构成，重点讲解用于选择图像的功能，即选区。另外还会介绍在使用过程中必不可少的操作，即回退与重做功能。

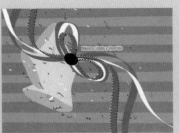

1.1 了解Photoshop的界面

运行Adobe Photoshop CS2程序后，界面中出现工具箱、工具选项条及一些调板等界面基本元素。只有在新建文件或者打开旧文件后，才能通过这些元素进行工作，在此情况下各界面元素与打开的图像文件将共同组成一个如图1-1所示的完整工作界面。

图1-1 完整工作界面

1．菜单栏

在Photoshop CS2的菜单栏中共有9类近百个菜单命令，利用这些菜单命令，既可完成如拷贝、粘贴等基础操作，也可以完成如调整图像颜色、变换图像、修改选区、对齐分布、链接图层等较为复杂的操作。

2．工具箱

工具箱与菜单命令、调板一起构成了Photoshop CS2的主要架构，是不可缺少的工作手段。Photoshop CS2的工具箱中有上百个工具可供选择，使用这些工具可以完成绘制、编辑、观察、测量等操作。

3．工具选项条

工具选项条是工具箱中工具的功能延伸，通过适当设置工具选项条中的选项，不仅可以有效增加工具在使用中的灵活性，而且能够提高工作效率。

4．当前文件

即当前所操作的图像文件。

5．功能调板

利用调板可以进行显示信息、控制图层、调整动作、控制历史记录等操作，调板是Photoshop中非常重要的组成部分。

6．调板泊窗

该区域可以根据需要将当前工作中常用的调板停放于此处，这样不仅能够节省屏幕空间，而且有助于方便地管理调板。

7．状态栏

状态栏能够提供当前文件的显示比例、文件大小、内存使用率、操作运行时间、当前工具等提示信息。

1.2 选择工具

1.2.1 制作矩形选择区域

使用矩形选框工具 能够建立矩形选区，要建立一个矩形对象，使用此工具是最方便、最简单的方法。选择矩形选框工具 ，其工具选项条如图1-2所示，在工具选项条中可以定义其参数从而通过不同的方式进行创建。

在默认状态下要创建矩形选区，利用矩形选框工具 直接在画布中拖动即可，如图1-3所示。

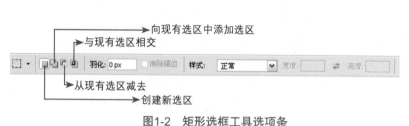

图1-2 矩形选框工具选项条

图1-3 创建矩形选区

提示 如果当前页面中没有选区，拖动鼠标时按住Shift键，将创建一个正方形选区。按住Shift+Alt键，将以单击点为中心绘制一个正方形选区。

创建选区后，选择菜单栏中的"选择>取消选择"命令或按快捷键Ctrl+D可以取消选区。如果选择"选择>反向"命令或按快捷键Ctrl+Shift+I，可选择当前选区以外的区域。

1.2.2 制作圆形选择区域

在工具箱中的矩形选框工具 上单击右键，将显示与其同处一组的隐藏工具，在其中选择椭圆选框工具 即可创建圆形选择区域，图1-4所示为使用此工具创建的圆形选区。

图1-4 椭圆选区

1.2.3 使用套索工具创建选区

选择套索工具 后按住鼠标左键随意在页面中拖动光标，可以创建形状不规则的选区。松开鼠标左键时，选区边界的首尾自动连接形成一个闭合的选区。图1-5所示是使用套索工具 选择飞鹰图像的过程，最终得到的选区如图1-6所示。

图1-5　使用套索工具创建选区　　　　　　　　　图1-6　创建的选区

套索工具 ⚲ 通常用于创建不太精细的选区，这样易于发挥套索工具使用灵活、操作简单的优势。

1.2.4　使用多边形套索工具创建选区

多边形套索工具 ⚲ 主要用于创建具有直边的不规则选区，操作时在对象的每个拐角处单击鼠标左键，如图1-7所示，直至到最后一个单击点与第一个单击点的位置重合时，得到闭合的选区，如图1-8所示。如果无法找到第一点，在图像中双击鼠标左键也可以闭合选区。

图1-7　多边形套索工具使用示例　　　　　　图1-8　使用多边形套索工具得到的选区

> **提示**　在使用此工具创建多边形选区时，按住Shift键拖动光标可得到水平、垂直或45°方向的选择线。按住Alt键可以暂时切换至套索工具 ⚲ ，从而开始绘制任意形状的选区，释放Alt键可再次切换至多边形套索工具 ⚲ 。

1.2.5　使用磁性套索工具创建选区

磁性套索工具 ⚲ 能自动捕捉具有反差颜色的对象边缘从而基于此边缘来创建选区，因此非常适合于选择背景复杂而对象边缘清晰的图像。

使用磁性套索工具 ⚲ 选择图像时，可以按如下步骤进行操作。

（1）在对象边缘单击以确定起始点。

（2）沿要选择对象的边缘拖动光标，此时光标自动在颜色对比明显的地方创建选区，并将得到的选区线显示为具有小锚点的线段，如图1-9所示。

（3）当光标拖至与第一点重合的位置时，光标右下角出现一个小圆标记，此时单击鼠标左键即可得到闭合的选区，如图1-10所示。

图1-9　选区创建过程中

图1-10　用磁性套索工具创建的选区

提示　在创建选区的过程中，磁性套索工具 ▤ 会根据颜色的对比度自动添加一些锚点，如果认为已创建的锚点位置不正确，可以按Delete键将其删除，每按一次Delete键可以向前删除一个锚点。

1.2.6　使用魔棒工具创建选区

使用魔棒工具 ▥ 能迅速选择颜色一致的区域，其操作非常简单，只需用魔棒工具 ▥ 在要选择的区域单击鼠标左键即可。

如图1-11所示，选择魔棒工具 ▥ 后按住Shift键单击图像中的红色区域，即可选择这种颜色的图像；如果此时在选区中填充橙黄色，则可以改变选区中的图像颜色，如图1-12所示。

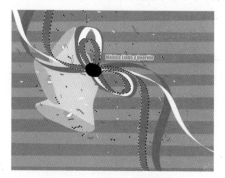

图1-11　用魔棒工具选择

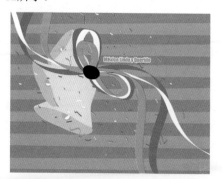

图1-12　将图像颜色更换为橙黄色

1.3　回退与重做

1.3.1　使用命令进行回退操作

在Photoshop中，用于控制操作的回退与重做的命令，都被集中在"编辑"菜单最顶端，如图1-13所示。其中，第1项命令会根据当前操作的不同而显示不同的名称。

图1-13　用于回退与重做的命令

下面分别对各个命令的功能进行讲解。

● 还原与重做：这是一对被集成在一起使用的命令，其快捷键都是Ctrl+Z。当利用"还原"命令还原了某一个操作后，该命令就会变为"重做"某个操作。

● 后退一步：当需要回退上一步操作时，可以选择此命令，或按快捷键Ctrl+Alt+Z。

● 前进一步：只有回退了操作时，该命令才会被激活，主要是用于恢复被回退的操作，其快捷键是Ctrl+Shift+Z。

1.3.2 使用"历史记录"调板撤销多步操作

选择菜单栏中的"窗口>历史记录"命令，弹出如图1-14所示的"历史记录"调板。

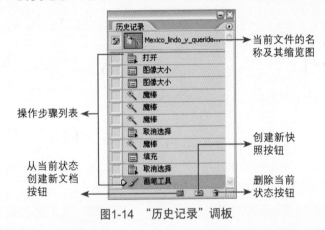

图1-14 "历史记录"调板

"历史记录"调板中列出了当前图像的所有可记录的操作步骤，从而为回退或前进操作提供了直观的视觉依据，其使用方法如下。

● 如果需要回退至某一个历史状态，可以直接在操作步骤列表中单击该操作步骤栏，即可使图像的操作状态返回至该历史状态，例如要回退至裁切图像前的状态，可以直接在此调板中单击"打开"。

● 单击创建新快照按钮，可以将当前操作状态下的图像效果保存为快照效果。

● 单击从当前状态创建新文档按钮，可以将当前状态下的图像复制到一个新文件中，新文件具有当前图像文件的通道、图层、选区等相关信息。

将操作步骤栏拖曳至删除当前状态按钮上，即可删除此历史状态，与之相关的图像编辑状态也被丢弃。

选择"历史记录"调板弹出菜单中的"清除历史记录"命令，可以清除"历史记录"调板中除当前选择的操作步骤栏以外的其他所有操作步骤栏，图像将保持编辑后的状态。

> 提示　删除操作步骤栏或清除历史记录后，立即选择菜单栏中的"编辑>还原"命令，可以恢复被删除或清除的历史状态。如果在选择"清除历史记录"命令前按住Alt键，所清除的历史状态将无法使用"还原"命令恢复。

Chapter
2

绘画与修饰

从7.0版开始，Photoshop提供了非常强大的绘画功能，最具有代表性的自然是"画笔"调板。除此之外，Photoshop中的路径和形状也是在绘画过程中必不可少的功能。

本章将讲解画笔的动态参数、路径及形状的用法。同时还会介绍进行照片修复时最为实用的工具，即Photoshop提供的图像修复功能。

2.1
画笔工具及其重要动态参数

2.2
使用路径绘画

2.3
使用形状绘画

2.4
常用修饰工具

2.1 画笔工具及其重要动态参数

画笔工具是 Photoshop 中一个非常重要的绘图工具，其工具选项条如图 2-1 所示。

图2-1 画笔工具选项条

通常情况下，在这个工具选项条中设置适当的画笔大小及"不透明度"等属性，然后按住鼠标左键进行涂抹即可进行绘图。

要想得到更为丰富的图像效果，则需要设置"画笔"调板中的高级动态参数。在"画笔"调板左侧有 6 个画笔的动态参数设置选项，分别为形状动态、散布、纹理、双重画笔、颜色动态及其他动态。每一个选项都有相对应的参数可进行设置，通过设置这些参数可以极大地丰富画笔的应用效果。

下面将介绍动态参数中一些较为重要且常用的参数。

1．形状动态

选择"形状动态"选项后，"画笔"调板将变为如图 2-2 所示的状态。

通过设置适当的参数，可以使画笔在绘图过程中发生大小、角度及圆度等属性的不规则变化，如图 2-3 所示为设置"形状动态"参数前后分别进行绘图所得到的不同效果对比。

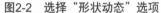

图2-2 选择"形状动态"选项　　　图2-3 设置"形状动态"参数前后的绘图效果对比

2．散布

选择"散布"选项后，"画笔"调板将变为如图 2-4 所示的状态。

设置适当的"散布"参数后，可以得到各种画笔随机分布的效果，如图 2-5 所示为设置了不同"散布"参数后得到的不同图像效果。

图2-4 选择"散布"选项　　　图2-5 设置了不同"散布"参数后得到的不同图像效果

3．颜色动态

选择"颜色动态"选项后，"画笔"调板将变为如图 2-6 所示的状态。

如图 2-7 所示是前景色为红色的情况下，分别以不同的"颜色动态"参数及画笔进行绘图得到的不同效果，其中右侧的图像是在绘图前设置画笔工具选项条中的"模式"为"滤色"后得到的效果。

图2-6　选择"颜色动态"选项　　　　图2-7　使用不同画笔并设置"颜色动态"参数后的效果

2.2　使用路径绘画

2.2.1　了解路径的作用

路径可以说是对制作选区的方法的有效补充，但路径所具有的功能不仅仅限于制作选区，使用路径还可以进行描边、剪切路径等操作。

在大多数情况下，在 Photoshop 中使用的路径需要用户自己绘制，因此掌握如何使用路径工作组中的工具绘制不同形状的路径就显得非常重要。

图 2-8 所示是一条典型的路径，图中使用小圆圈标注的是锚点，而使用小方框标注的是控制句柄，在锚点与锚点之间则是路径线。

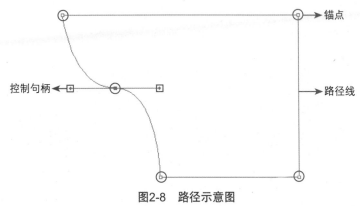

图2-8　路径示意图

> 提示　在上图中，红色圆圈内的点都是锚点，方框内的 2 个点都是控制句柄，而所有连接各个锚点的线都是路径线。

2.2.2 使用钢笔工具绘制路径

创建路径时最常用的是钢笔工具，用钢笔工具在图像中单击确定第一点后在另一位置单击，可以在两点之间创建一条直线路径；如果在单击另一点的同时拖动鼠标，则可以得到一条曲线路径。选择钢笔工具后，其工具选项条如图2-9所示。

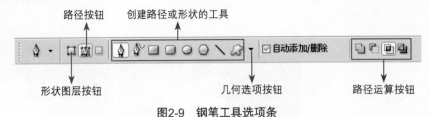

图2-9　钢笔工具选项条

在路径绘制结束时，如果要创建开放路径，可以在工具箱中选择直接选择工具，然后在图像中单击一下，放弃对路径的选择。如果要创建闭合路径，将光标放在路径的第一点上，当钢笔光标下方显示一个小圆时单击，即可闭合路径。

2.2.3 编辑修改路径

对于创建的完整路径可以像编辑选区一样对其执行变换操作，以调整它们的位置、比例和方向等。

1. 选择路径

要选择整条路径，在工具箱中选择路径选择工具，直接单击需要选择的路径即可。当整条路径处于选中状态时，路径线以黑色显示。

使用直接选择工具单击锚点可以选择该点。如果需要选择多个锚点，可以在按住 Shift 键的同时单击要添加的锚点，所选锚点以实心显示，未选择的锚点以空心显示。

2. 转换锚点

利用转换点工具（与钢笔工具同一组的隐藏工具）可以在直角锚点、光滑锚点与拐角锚点之间进行互相转换。

要将光滑锚点转换为直角锚点，可以利用转换点工具单击此锚点。要将直角锚点转换为光滑锚点，利用转换点工具单击并拖动此锚点，如图 2-10 所示。

图2-10　将光滑锚点转换为直角锚点

3. 添加、删除锚点

要添加锚点，可以选择添加锚点工具，将光标放在需要添加锚点的路径上，当光标变为添加锚点图标时单击。

要删除锚点，可以选择删除锚点工具，将光标放在要删除的锚点上，当光标变为删除锚点图标时单击。

2.2.4 掌握"路径"调板

"路径"调板是路径的控制与保存中心，所有的路径都保存于此调板中，通过使用与此调板相关的功能，可以快速完成复制、删除、选择等多项操作。

1. 新建路径

通常新建的路径依次被命名为"路径1"、"路径2"，如果需要在新建路径时为其命名，可以按住 Alt 键并单击创建新路径按钮 ，在弹出的如图2-11所示的"新建路径"对话框中为路径命名。

图2-11　"新建路径"对话框

● 在"路径"调板中单击路径名称，即可设置该路径为当前操作路径。

● 如果要取消路径的显示，在"路径"调板的空白区域中单击即可。

● 将路径拖至"路径"调板右下角的删除当前路径按钮 上，即可删除该路径。

2. 填充路径

填充路径的操作等同于以下操作：先将选区转换成为路径，再填充选区，填充完成后释放当前选择区域。可以看出，如果希望为路径内部填充颜色或图案，应该使用填充路径功能。

在默认情况下单击"路径"调板下方的用前景色填充路径按钮 ，即可为当前路径内部填充前景色，如图2-12所示。

图2-12　为路径内部填充前景色

3. 描边路径

通过描边路径操作，可以使当前使用的工具沿当前路径的形状进行描边，如果使用的是绘制类工具可以得到丰富的图像效果，如图2-13所示。如果使用的是擦除类工具则可以沿路径的轮廓执行擦除操作。

图2-13　描边路径示例

4. 删除路径

在路径被选中的情况下，单击"路径"调板底部的删除当前路径按钮 ，在弹出的对话框中单击"是"按钮，即可将该路径删除。

> **提示** 如果不希望在删除路径时弹出对话框，可以按住 Alt 键并单击删除当前路径按钮 🗑，或拖动需要删除的路径至删除当前路径按钮 🗑 上。

2.3　使用形状绘画

工具箱中的形状工具包括矩形工具█、圆角矩形工具▢、椭圆工具◯、多边形工具◯、直线工具╲及自定形状工具⬚。

选择任意一种形状工具，在工具选项条中单击几何选项的下三角按钮▾，会弹出此工具的选项框，通过设置选项框中的参数，可以控制该工具所绘制出的几何形状。

2.3.1　矩形工具

选择矩形工具▢后，直接移动光标至工作区中绘制图形即可，如果按住 Shift 键拖动鼠标则可以绘制出正方形，如图 2-14 所示。

图2-14　矩形工具应用示例

2.3.2　椭圆工具

使用该工具并在选项框中单击"圆（绘制直径或半径）"单选按钮，可以绘制圆形。其他选项与矩形工具▢选项框的选项基本相似。

图 2-15 所示是使用椭圆工具◯在图像中绘制圆形得到的作品。

图2-15　椭圆工具应用示例

2.3.3　多边形工具

在多边形工具🔘被选中的状态下，工具选项条中出现"边"选项，在此数值框中输入数值，可以控制多边形或星形的边数。

图 2-16 所示是利用多边形工具🔘在图像中绘制不同多边形得到的效果。

图2-16　多边形工具应用示例

2.3.4　直线工具

在直线工具◥被选中的状态下，工具选项条中出现"粗细"选项，在此数值框中输入数值，可以控制直线的粗细。图 2-17 所示是在图像中绘制形态各异的直线得到的效果。

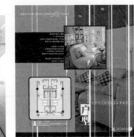

图2-17　直线工具应用示例

2.3.5　自定形状工具

在自定形状工具🖾被选中的状态下，工具选项条中会出现"形状"选项，在其列表框中会显示 Photoshop 预设的形状，如图 2-18 所示。

在自定义形状工具🖾被选中的情况下，单击工具选项条中的几何选项的下三角按钮▾，将弹出如图 2-19 所示的自定形状选项框，以设置自定义形状的参数及选项。

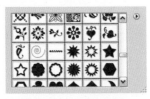

图2-18　形状列表框

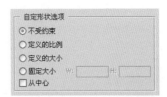

图2-19　自定义形状选项框

Photoshop 预设的形状虽然很多，在必要的情况下仍需要自定义形状。此时可以将想要定义为形状的内容绘制为路径，然后选择菜单栏中的"编辑 > 定义自定形状"命令，在弹出的对话框中输入形状的名称，单击"确定"按钮即可。

2.4 常用修饰工具

2.4.1 使用仿制图章工具

利用仿制图章工具 🔏 可以将图像中的像素复制到当前图像的另一个位置。要使用此工具绘图，可以按住 Alt 键并在无瑕疵的图像上单击，以定义一个原图像，然后再在需要修复的区域单击并拖动鼠标进行涂抹即可。

图 2-20 所示为原图像，图 2-21 所示是使用此工具去除人物胸前衣服上的图案后得到的效果。

图2-20 原图像   图2-21 去除人物胸前衣服上的图案后得到的效果

> **提示** 按住 Shift 键拖动鼠标，仿制图章工具 🔏 将在水平或垂直方向上复制内容。

2.4.2 使用修补工具

修补工具 🩹 与修复画笔工具 🖌 十分相似，可以完美无缺地修复图像中不满意的区域，其特点是能够大面积修补图像，其操作步骤如下。

（1）选择修补工具 🩹，并在工具选项条中设置其选项，如图2-22所示。

图2-22 修补工具选项条

（2）用修补工具 🩹 在图像中选择需要修补或覆盖的区域，如图2-23所示。

（3）将光标放在选区中单击并拖动选区至目标图像区域，如图2-24所示。

（4）释放鼠标左键，即可用目标图像区域的图像覆盖被选中的图像，得到如图2-25所示的效果。

按此方法多次操作，即可完整修补或覆盖图像，得到满意的效果，如图2-26所示。

图2-23 选择需要修补或覆盖的区域   图2-24 拖动选区

图2-25 释放鼠标左键后的效果

图2-26 最终效果

2.4.3 使用修复画笔工具

修复画笔工具 ✐ 的最佳操作对象是有皱纹或雀斑等杂点的照片，或是有污点、划痕的图像，此工具能够根据目标点周围的像素及色彩将其完美无缺地复原，而不留任何痕迹。

下面通过一个实例讲解修复画笔工具的具体操作步骤。

（1）选择修复画笔工具 ✐，在其工具选项条中设置选项，如图2-27所示。

图2-27 修复画笔工具选项条

（2）单击"画笔"右侧的下三角按钮，在"画笔"选取器中选择合适大小的画笔。

> **提示** 画笔的大小取决于需要修补的区域的大小。

（3）在工具选项条中单击"取样"单选按钮，按住Alt键在源区域单击取样。

（4）释放Alt键并将光标放在目标区域，按住左键拖动，即可修复此区域，如图2-28所示。

按住Alt键定义
取样点

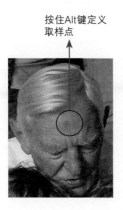

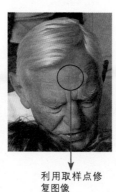

修复后的效果

利用取样点修
复图像

图2-28 修复人物皱纹示例

如果在修复画笔工具 ✐ 选项条中单击"图案"单选按钮，可以将图案应用于图像中，并且图案与修改点周围的像素能够很好地融合。

Photoshop CS2 键盘快捷键（精编版）

图像大小	`Alt`+`Ctrl`+`I`	参考线	`Ctrl`+`;`
画布大小	`Alt`+`Ctrl`+`C`	锁定参考线	`Alt`+`Ctrl`+`;`
前移一层	`Ctrl`+`]`	标尺	`Ctrl`+`R`
后移一层	`Ctrl`+`[`	对齐	`Shift`+`Ctrl`+`;`
置为底层	`Shift`+`Ctrl`+`[`	合并拷贝	`Shift`+`Ctrl`+`C`
置为顶层	`Shift`+`Ctrl`+`]`	反向	`Shift`+`Ctrl`+`I`
所有图层	`Alt`+`Ctrl`+`A`	颜色设置	`Shift`+`Ctrl`+`K`
抽出	`Alt`+`Ctrl`+`X`	显示额外内容	`Ctrl`+`H`
液化	`Shift`+`Ctrl`+`X`	放大	`Ctrl`+`+`
图案生成器	`Alt`+`Shift`+`Ctrl`+`X`	缩小	`Ctrl`+`-`
消失点	`Alt`+`Ctrl`+`V`	按屏幕大小缩放	`Ctrl`+`0`
校样颜色	`Ctrl`+`Y`	实际像素	`Alt`+`Ctrl`+`0`
色域警告	`Shift`+`Ctrl`+`Y`	后退一步	`Alt`+`Ctrl`+`Z`
目标路径	`Shift`+`Ctrl`+`H`	创建/释放剪贴蒙版	`Alt`+`Ctrl`+`G`
网格	`Ctrl`+`'`	上次滤镜操作	`Ctrl`+`F`

Chapter 3

掌握图层与通道

3.1
图层操作

3.2
通道操作

图层和通道是Photoshop中不可或缺的两大核心功能，为各种图像合成及特效制作提供了可能，可以说是只有用户想不到，而没有Photoshop做不到。

本章将讲解关于图层和通道的各项关键性知识，包括图层蒙版、图层样式、图层混合模式、剪贴蒙版，以及Alpha通道等。

3.1 图层操作

3.1.1 了解图层

　　了解图层的概念是深入掌握图层操作的前提条件，也是深入掌握Photoshop的必备条件。每一个图层都可以看作是一张透明的胶片，将图像分类绘制于不同的透明胶片上，最后将所有胶片按顺序叠加起来观察便可以看到完整图像。

　　分层式显示只是图层诸多优点中的一个，以分层形式进行工作，还便于分层编辑，并可为图层设置不同的混合模式及透明度，由于各个图层的相对独立性及可移动性，还可以向上或向下移动各个图层，从而达到改变图层相互关系的目的，得到各种不同的效果。

　　对图层进行的各种操作基本都可以在"图层"调板中完成，因此掌握"图层"调板是掌握图层操作的关键。选择菜单栏中的"窗口>图层"命令，将显示图3-1所示"图层"调板。

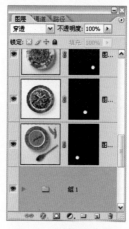

图3-1 "图层"调板

　　在此仅简单介绍"图层"调板中的各个按钮与控制选项，在以后的章节中将对这些按钮及控制选项的使用方法及技巧进行详细介绍。

● 图层混合模式下拉列表框 [正常 ▼]：在此下拉列表中可选择当前图层的混合模式。
● 不透明度 [不透明度:100%▶]：在此数值框中输入数值可控制当前图层的透明程度，数值越小则当前图层越透明。
● 填充不透明度 [填充:100%▶]：该数值只影响图层中图像的不透明度，而不影响作用于该图层上图层样式的不透明度。
● 图层属性控制 [锁定: ☒ ✔ ✛ 🔒]：在此可以分别控制图层的图像及透明像素是否可被编辑、位置是否可被移动等。
● 显示/隐藏图层控制图标 [👁]：单击此图标可以切换当前图层的显示与隐藏状态。
● 组图标 [📁]：在此图标右侧显示组的名称。
● 组折叠按钮 [▶]：单击此按钮，将其转换为 ▼ 形，可以打开处于折叠状态的组。
● 图层缩览图及名称：显示当前图层中所包含图像的缩览图及其名称。
● 添加图层样式按钮 [𝑓]：单击该按钮可以在弹出菜单中选择某种图层样式，为当前图层添加图层样式。
● 添加图层蒙版按钮 [◻]：单击该按钮，可以为当前图层添加蒙版。

- 创建新组按钮 ▭：单击该按钮，可以新建一个组。
- 创建新的填充或调整图层按钮 ◕：单击该按钮，可以在弹出菜单中为当前图层创建新的填充或调整图层。
- 创建新图层按钮 ▣：单击该按钮，可以增加新图层。
- 删除图层按钮 ▥：单击该按钮，可以删除当前图层。

3.1.2　图层混合模式

在Photoshop中混合模式的应用非常广泛，画笔工具 ✐、铅笔工具 ✐、渐变工具 ▣、仿制图章工具 ♨等工具均有使用，其意义基本相同，因此如果掌握了图层的混合模式，则不难掌握其他位置出现的混合模式选项。

图层的混合模式用于控制上下图层中图像的混合效果，在设置混合模式的同时通常还需要调节图层的不透明度，以使其效果更加理想。

单击"图层"调板中"正常"右侧的下拉按钮 ▾，将弹出一个包含23种混合模式的下拉列表，选择不同混合模式会得到不同的效果。

- 正常：将"图层1"的混合模式设置为"正常"时，上方图层中的图像将遮盖下方图层中的图像。
- 溶解：将"图层1"的混合模式设置为"溶解"时，如果该图层的不透明度为100%，得到的效果与混合模式被设置为"正常"时相同，但如果降低不透明度数值，上方图层中的图像将呈现溶解效果，显露出下方图像。
- 变暗：将"图层1"的混合模式设置为"变暗"时，两个图层中较暗的颜色将作为混合后的颜色保留，即比混合色亮的像素将被替换，而比混合色暗的像素保持不变。
- 正片叠底：将"图层1"的混合模式设置为"正片叠底"时，最终将显示两个图层中较暗的颜色，另外在此模式下任何颜色与图像中的黑色重叠将产生黑色，任何颜色与白色重叠时该颜色保持不变。
- 颜色加深：将"图层1"的混合模式设置为"颜色加深"时，除上方图层的黑色区域以外，降低所有区域的对比度，使图像整体对比度下降，产生下方图层的图像透过上方图像的效果。
- 线性加深：将"图层1"的混合模式设置为"线性加深"时，上方图层将依据下方图像的灰阶程度与背景图像融合。
- 变亮：将"图层1"的混合模式设置为"变亮"时，上方图层的暗调变成透明，并通过混合亮区，使图像更亮。
- 滤色：将"图层1"的混合模式设置为"滤色"时，上方图层暗调变成透明后显示下方图像的颜色，高光区域的颜色同下方图像的颜色混合后，图像整体显得更亮。
- 颜色减淡：将"图层1"的混合模式设置为"颜色减淡"时，上方图像依据下方图像的灰阶程度提升亮度后，再与下方图像相融合。
- 线性减淡：将"图层1"的混合模式设置为"线性减淡"时，上方图像依据下方图像的灰阶程度变亮后与下方图像融合。
- 叠加：将"图层1"的混合模式设置为"叠加"时，同时应用正片叠底和滤色来制作对比度比较高的图像，上方图层的高光区域和暗调维持原样，只是混合中间调。
- 柔光：将"图层1"的混合模式设置为"柔光"时，图像具有非常柔和的效果，亮于中性灰底的区域将更亮，暗于中性灰底的区域将更暗。
- 强光：将"图层1"的混合模式设置为"强光"时，上方图层亮于中性灰度的区域将变得更亮，暗于中性灰度的区域将更暗，而且其程度远大于"柔光"模式，用此模式得到的图像对比度比较大，适合于为图像增加强光照射效果。

- 亮光：将"图层1"的混合模式设置为"亮光"时，根据融合颜色的灰度减小对比度，以达到增亮或变暗图像的效果。
- 线性光：将"图层1"的混合模式设置为"线性光"时，根据融合颜色的灰度减小或增加亮度，以得到非常亮的效果。
- 点光：将"图层1"的混合模式设置为"点光"时，如果混合色比中性灰度亮，则替换比混合色暗的像素，但不会改变比混合色亮的像素，反之，如果混合色比中性灰度色暗，则替换比混合色亮的像素，但不会改变比混合色暗的像素。
- 实色混合：将"图层1"的混合模式设置为"实色混合"时，将会根据上、下图层中图像的颜色分布情况，取两者的中间值，对图像中相交的部分进行填充，利用该混合模式可以制作出具有较强对比度的色块效果。
- 差值：将"图层1"的混合模式设置为"差值"时，上方图层的亮区将下方图层的颜色进行反相，表现为补色，暗区将下方图像的颜色正常显示出来，以表现与原图像完全相反的颜色。
- 排除：将"图层1"的混合模式设置为"排除"时，混合方式和差值基本相同，只是对比度弱一些。
- 色相：将"图层1"的混合模式设置为"色相"时，最终效果由下方图像的亮度、饱和度及上方图像的色相决定。
- 饱和度：将"图层1"的混合模式设置为"饱和度"时，最终效果由下方图像的色相、亮度和上方图像的饱和度决定。
- 颜色：将"图层1"的混合模式设置为"颜色"时，最终效果由下方图像的亮度，以及上方图像的色相和饱和度决定。
- 亮度：将"图层1"的混合模式设置为"亮度"时，最终效果由下方图像的色相、饱和度以及上方图像的亮度决定。

图层混合模式的效果与上、下图层中的图像（包括色调、明暗度等）有密切的关系，因此，在应用时可以多试用几种模式，以寻找最佳效果。图3-2所示为利用混合模式将几幅图像混合在一起得到的效果。

图3-2　混合模式应用示例

3.1.3　图层蒙版

图层蒙版是Photoshop图层功能的精华，使用图层蒙版可以创建出多种梦幻般的图像。下面将对图层蒙版的相关知识进行讲解。

1.图层蒙版的原理

图层蒙版的原理是使用一张具有256级色阶的灰度图（即蒙版）来屏蔽图像，灰度图中的黑色区域为透明区域，而图中的白色区域为不透明区域，由于灰度图具有256级灰度，因此能够创建细腻、逼真的混合效果。

在操作方面，由于蒙版的实质是一张灰度图，因此可以采用任何作图或编辑类方法调整蒙版，从而得到需要的效果。而且由于所有显示、隐藏图层效果的操作均在蒙版中进行，因此能够保护图像的像素不被编辑，从而使工作具有很大的灵活性，如图3-3所示。

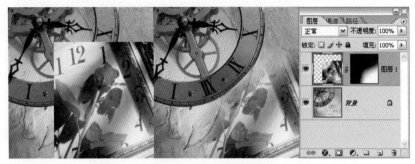

图3-3　原图像与添加图层蒙版后的效果及其"图层"调板状态

如图3-4所示为蒙版对图层的作用原理示意图。

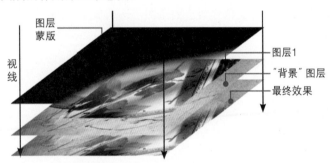

图3-4　蒙版对图层的作用原理

对比"图层"调板与图层所显示的效果可以总结出图层蒙版的功能。

● 图层蒙版中的黑色部分：可以隐藏图像对应的区域从而显示底层图像。
● 图层蒙版中的白色部分：可以显示当前图层的图像的对应区域，遮盖住底层图像。
● 图层蒙版中的灰色部分：一部分显示底层图像，一部分显示当前层图像，从而使图像在此区域具有半隐半显的效果。

2.增加图层蒙版

为图层增加图层蒙版是应用图层蒙版的第一步。根据当前操作状态，可以选择下述两种情况中的任意一种为当前图层增加蒙版。一是先选中该图层，然后单击"图层"调板下方的添加图层蒙版按钮 ，二是选择菜单栏中的"图层>图层蒙版>显示全部"命令。

3.编辑图层蒙版

增加图层蒙版，只是完成了应用图层蒙版的第一步。要使用图层蒙版，还必须对图层的蒙版进行编辑，这样才能取得所需的效果。

要编辑图层蒙版，可以按如下步骤进行操作。

（1）单击"图层"调板中的图层蒙版缩览图，将其激活。

> **提示** 确定是否操作于蒙版中非常重要，其重要程度与选中正确的编辑图层相同。

（2）选择任意一种编辑或绘画工具。

（3）考虑所需要的效果并按以下准则进行操作。

● 如果要隐藏当前图层，用黑色在蒙版中绘图。

● 如果要显示当前图层，用白色在蒙版中绘图。

● 如果要使当前图层部分可见，用灰色在蒙版中绘图。

（4）如果要编辑图层而不是编辑图层蒙版，单击"图层"调板中该图层的图层缩览图，以将其激活。

3.1.4 剪贴蒙版

1. 剪贴蒙版的工作原理

剪贴蒙版使用一个图层的形状约束另一个图层的显示区域。

如图3-5所示为具有多个图层的图像文件及对应的"图层"调板，如图3-6所示为将这些图层创建成为剪贴蒙版后的效果及对应的"图层"调板，可以看出上方图层可显示的区域取决于其下方的图层形状。

图3-5 操作前图像及对应的"图层"调板

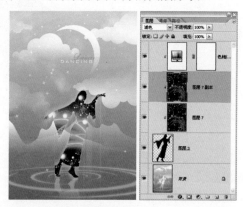

图3-6 操作后图像及对应的"图层"调板

2. 创建剪贴蒙版

可以通过以下3种方法创建剪贴蒙版。

● 按住Alt键将光标放在"图层"调板中分隔两个图层的实线上（光标将会变为两个交叉的圆圈），单击即可。

● 在"图层"调板中选择要创建剪贴蒙版的两个图层中的任意一个，选择"图层>创建剪贴蒙版"命令。

● 选择处于上方的图层，按快捷键Ctrl+Alt+G执行"创建剪贴蒙版"操作。

> **提示** 只有连续图层才能进行制作剪贴蒙版的操作。

3. 取消剪贴蒙版

可以采用下述3种方法取消剪贴蒙版。

- 按住Alt键将光标放在"图层"调板中分隔两个编组图层的点状线上，等光标变为两个交叉的圆圈 时，单击分隔线。
- 在"图层"调板中选择剪贴蒙版中的任意一个图层，选择"图层>释放剪贴蒙版"命令。
- 选择剪贴蒙版中的任意一个图层，按快捷键Ctrl+Alt+G。

3.1.5 图层样式

应用菜单栏中的"图层>图层样式"命令的各子菜单命令，可以非常轻松地实现"投影"、"斜面和浮雕"、"外发光"等多种效果，根据需要还可以自定义各效果的参数并复合使用这些效果，从而制作出非常精美的图像。

在此以"投影"图层样式的对话框为例，讲解图层样式对话框的构成及作用。

选择菜单栏中的"图层>图层样式>投影"命令或单击"图层"调板底部的添加图层样式按钮 ，在弹出菜单中选择"投影"命令，弹出如图3-7所示的"图层样式"对话框。

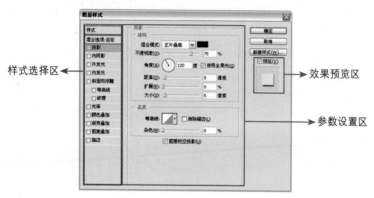

图3-7 "图层样式"对话框

可以看出此对话框在结构上分为3个部分。

- 左侧为各图层样式选择列表区，即在一个对话框中可以设置多个图层样式。
- 中间为参数设置区，在此可以设置各个图层样式的参数，从而获得不同的图层样式效果。
- 右侧为效果预览区，在设置参数时能够从此区域即时看到整体效果。

下面对Photoshop中的常用图层样式进行讲解。

1. 投影图层样式

使用"投影"图层样式可以非常容易地为图像增加阴影效果，图3-8为原图像，图3-9是设置不同参数后得到的不同投影效果。

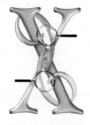

图3-8 原图像

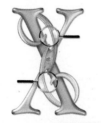

图3-9 使用不同参数得到的不同阴影效果

2．外发光图层样式

使用"外发光"图层样式可为图层增加发光效果，常用于具有较暗背景的图像，用以创建一种发光的效果。图3-10为原图像，图3-11是添加不同外发光后的效果。

图3-10　原图像　　　　　　　　　　　图3-11　添加不同外发光后的效果

3．斜面和浮雕图层样式

使用"斜面和浮雕"图层样式，可以将各种高光和暗调添加至图层中，从而创建具有立体感的图像效果，在实际工作中该样式使用非常频繁。

图3-12为原图像，图3-13是设置不同参数后得到的立体效果。

图3-12　原图像　　　　　　　　　　图3-13　立体效果

4．光泽图层样式

使用"光泽"图层样式，可以在图层内部根据图层的形状应用阴影，通常用于创建光滑的磨光及金属效果，图3-14是应用此图层样式前后的效果对比。

图3-14　应用"光泽"图层样式前后的对比效果

5．描边图层样式

使用"描边"图层样式，可以用颜色、渐变或图案3种方式为当前图层中不透明像素描画轮廓，对于有硬边的图层（如文字）效果非常显著。

图3-15所示为原图像，图3-16所示为分别设置不同的描边参数后得到的效果。

图3-15 原图像

图3-16 设置不同的描边参数后得到的效果

3.2 通道操作

3.2.1 了解通道

一个图像文件可能包含3种通道，即"颜色"通道、"专色"通道和Alpha通道。

"颜色"通道的数目由图像颜色模式决定，"RGB颜色"模式的图像有3个"颜色"通道（红/绿/蓝），而CMYK模式的图像则有4个"颜色"通道（青色/洋红/黄色/黑色）。"专色"通道用于在出片时生成第5块色版，即专色版。Alpha通道需要自行创建，其主要功能是制作与保存选区，一些在图层中不易得到的选区，在Alpha通道中可以方便地得到。

虽然"颜色"通道非常重要，但与其相比，Alpha通道的使用频率更高、应用方式更灵活，其最为重要的功能是保存并编辑选区。

Alpha通道中的黑色区域对应非选区，而白色区域对应选区，如图3-17所示，由于在Alpha通道中可以使用从黑到白共256级灰度色，因此能够创建非常精细的选择区域。

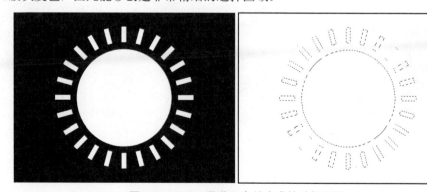

图3-17 Alpha通道及由其生成的选择区域

3.2.2 创建Alpha通道

通常情况下，用户可以直接单击"通道"调板下方的创建新通道按钮 来创建一个默认参数的通道，但如果要设置更多的参数，则可以按住Alt键并单击创建新通道按钮 或选择"通道"调板弹出菜单中的"新建通道"命令，即可调出"新建通道"对话框，从而设置更多的参数。

创建Alpha通道后，按Ctrl键单击通道，或单击"通道"调板下方的将通道作为选区载入按钮 ，即可调出Alpha通道保存的选区，如图3-18所示。

图3-18　将通道作为选区载入

3.2.3　编辑Alpha通道

由于Alpha通道类似于一个灰度图像，因此在Alpha通道中可以用画笔工具 、渐变工具 、形状工具等进行操作，以创建合适的选区。除此之外，还可以通过填充白色或黑色、应用滤镜、选择"图像>调整"子菜单中的命令编辑Alpha通道以获得形式丰富的选区。

下面以一个实例讲解如何在Alpha通道中通过应用滤镜创建所需要的选区。

（1）打开随书所附光盘中的文件"第3章\3.2.3-素材.tif"，如图3-19所示。

（2）切换至"通道"调板并分别观察各个颜色通道，如图3-20所示，从中选择头发与背景图像对比最明显的一个，这里笔者选择的是"红"通道。

图3-19　原图像　　　　　　　　　　　图3-20　对应的颜色通道

> **提示**　在本例的抠图过程中，将先抠选出人物头发，然后再利用路径抠选其身体等图像，所以在此处选择通道时，不需要考虑身体等其他部分。

（3）复制通道"红"得到"红 副本"，按快捷键Ctrl+I执行"反相"操作，得到如图3-21所示的效果。

（4）按快捷键Ctrl+L应用"色阶"命令，设置弹出对话框中的参数如图3-22所示，以增强图像的对比度，得到如图3-23所示的效果。

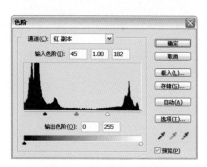

图3-21 反相后的效果 　　　　图3-22 "色阶"对话框 　　　　图3-23 增强图像对比度

（5）选择画笔工具 ，并设置适当的画笔大小，使用黑色在头发以外的区域进行涂抹，再使用白色在头发以内的区域涂抹，使二者区分得更加明显，如图3-24所示。

（6）按住Ctrl键单击通道"红 副本"的缩览图以载入其选区，切换至"图层"调板并选择"背景"图层，按快捷键Ctrl+J将选区中的图像复制到新图层中，得到"图层1"。

（7）至此已经将头发图像抠选出来了，下面将利用路径将其他区域的图像选出来。选择钢笔工具 ，并在其工具选项条中单击路径按钮，沿人物身体的边缘绘制路径，如图3-25所示。

（8）按快捷键Ctrl+Enter将上一步绘制的路径转换为选区，再选择"背景"图层并按快捷键Ctrl+J将选区中的图像复制到新图层中，得到"图层2"。图3-26是将背景换为白色后看到的人物效果，此时的"图层"调板如图3-27所示。

图3-24 用画笔涂抹后的效果 　　图3-25 绘制路径 　　图3-26 最终效果 　　图3-27 "图层"调板

提示 　本例最终效果请参考随书所附光盘中的文件"第3章\3.2.3.psd"。

图3-28为将抠出的人物应用于视觉作品后的效果。

图3-28 应用效果

Illustrator CS2 **键盘快捷键**（精编版）

创建轮廓	Shift + Ctrl + O	对齐网格	Shift + Ctrl + "
显示隐藏字符	Alt + Ctrl + I	显示透明度网格	Shift + Ctrl + D
应用上一个滤镜	Ctrl + E	对齐点	Alt + Ctrl + "
上次所用滤镜	Alt + Ctrl + E	下方的下一个对象	Alt + Ctrl +]
应用上一个效果	Shift + Ctrl + E	下方的下一个对象	Alt + Ctrl + [
上一个效果	Alt + Shift + Ctrl + E	置于顶层	Shift + Ctrl +]
模板	Shift + Ctrl + W	前移一层	Ctrl +]
标尺	Ctrl + R	后移一层	Ctrl + [
隐藏定界框	Shift + Ctrl + B	置于底层	Shift + Ctrl + [
隐藏参考线	Ctrl + ;	用变形建立	Alt + Shift + Ctrl + W
锁定参考线	Alt + Ctrl + ;	用网格建立	Alt + Ctrl + M
建立参考线	Ctrl + 5	用顶层对象建立	Alt + Ctrl + C
释放参考线	Alt + Ctrl + 5	锁定其他图层	Alt + Shift + Ctrl + 2
智能参考线	Ctrl + U	隐藏其他图层	Alt + Shift + Ctrl + 3
网格	Ctrl + "	路径查找器	Shift + Ctrl + F9

Chapter
4

卡证设计

4.1
名片设计

4.2
VIP会员卡设计

4.3
入场券设计

4.4
出入证设计

　　本章所列举的案例较为丰富，其中包括了名片设计、VIP会员卡设计、入场券设计，以及出入证设计共4个案例，从实际应用来看更贴近一个企业日常的平面设计需求。

　　读者在实际操作过程中，应配合对应的理论知识进行学习，以求更好地理解和消化本章讲解的内容。

4.1 名片设计

名片是人们在交流时介绍自己的一种工具，名片中包含了主人的姓名、联系方式、公司性质及名称等重要信息，同时名片的特征也显示出主人的职业、身份、地位甚至品味。所以，一个名片的设计要考虑到很多因素，使名片的设计与主人的特征相符合，那么这个设计就是成功的。

本例将要设计的是一个设计工作室的设计师的名片，这类名片主要突出设计感与个性，可以主要使用文字工具、形状图层及素材图像来完成这个名片。

本例的操作步骤如下。

1．为背景填充颜色

打开随书所附光盘中的文件"第4章\4.1-素材.psd"，在该文件中，共包括了1幅素材图像，其"图层"调板的状态如图4-1所示。

图4-1 素材图像的"图层"调板

隐藏除"背景"图层以外的所有图层，选择"背景"图层为当前操作图层，设置前景色的颜色值为#fffff6，按快捷键Alt+Delete用前景色填充图层。

2．通过调整素材来制作背景上的图案

选中并显示"素材1"图层，如图4-2所示，并将其重命名为"图层1"，按快捷键Ctrl+T调出自由变换控制框，按住Shift键缩小图像并将其移至如图4-3所示的位置，按Enter键确认变换操作。

图4-2 素材图像

名片的尺寸

名片的标准尺寸为9cm×5.5cm，可以为横版，也可以为竖版，有时为了使名片更具个性，也可以对名片的尺寸做些改动。

本例使用的素材是一个已经设置好尺寸的文件，而且使用了标准的尺寸，即9cm×5.5cm。

自由变换控制框

使用自由变换控制框可以直观地调整图像的大小，调整图像的形状和角度也是自由变换控制框的主要功能之一。

在本例第2步的操作当中，使用自由变换控制框拖动控制句柄时需按住Shift键，这是因为这样可以成比例缩小图像。

如果同时按住Alt键和Shift键，则可以以控制点为中心进行等比缩放操作。

改变图层顺序

要改变图层顺序可以在"图层"调板中直接拖动图层，当高亮线出现时释放鼠标左键，即可将图层放于指定位置，从而改变图层顺序。

如果要完全反向选中的若干个图层，可以选择菜单栏中的"图层>排列>反向"命令。

"点光"混合模式

图层的混合模式主要是对上、下图层的图像色彩进行混合，以达到和谐的效果。在调整图层的混合模式的同时还可以调整图层的不透明度，使图像的效果更加理想。

"点光"模式的原理是通过置换颜色像素来混合图像，如果混合色比50%灰度亮，比源图像暗的像素会被置换，而比源图像亮的像素无变化；反之，比源图像亮的像素会被置换，而比源图像暗的像素无变化。

名片设计基本流程

好的名片应该能够巧妙地展现出名片原有的功能及精巧的设计；名片设计的主要目的是让人加深印象，同时可以很快联想到名片主人的专长与兴趣，因此引人注意的名片，活泼、趣味常是其共通点，其设计基本流程如下。

1. 选择适用的纸张。
2. 决定名片的尺寸和形状。
3. 确立标志的位置。
4. 依循相关的参考资料进行名片设计。
5. 进行一系列的补充设计。
6. 预留人名和职称空间。
7. 标示与信封、信纸一致的色彩与字体。
8. 提出多种设计样式。

图4-3　调整图像

设置"图层1"的混合模式为"点光"，得到如图4-4所示的效果。

图4-4　设置混合模式后的效果

3. 绘制椭圆选区并填充颜色

新建一个图层"图层 2"，设置前景色的颜色值为#e31b06，选择椭圆选框工具◯，在图像的左侧绘制一个如图4-5所示的椭圆形选区，按快捷键Alt+Delete用前景色填充选区，按快捷键Ctrl+D取消选区，得到如图4-6所示的效果。

图4-5　绘制选区

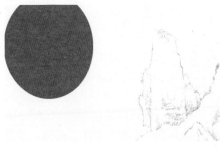

图4-6　填充选区后的效果

4．绘制曲线路径并填充颜色

新建一个图层"图层 3"，设置与上一步绘制的椭圆同样的前景色，选择钢笔工具 ，并在其工具选项条中单击路径按钮 ，在椭圆旁边绘制一条如图4-7所示的路径。

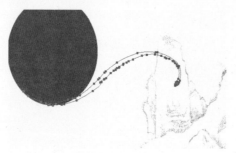

图4-7　绘制路径

按快捷键Ctrl+Enter将路径转换为选区，按快捷键Alt+Delete用前景色填充选区，按快捷键Ctrl+D取消选区，得到如图4-8所示的效果。

图4-8　填充选区后的效果

使用相同的操作方法绘制一些类似墨点的形状，如图4-9所示。

图4-9　墨点的效果

5．输入主题相关文字

选择横排文字工具 ，设置前景色的颜色值为#fffff6，在椭圆上单击鼠标左键，按快捷键Ctrl+T调出"字符"调板，设置参数后输入如图4-10所示的文字。

路径概述

路径是基于"贝塞尔"曲线建立的矢量图形，所有使用矢量绘图软件或矢量绘图工具制作的线条，原则上都可以称为路径。

绘制路径的工具有很多，本例使用的是钢笔工具 ，它是路径工具组中应用最为广泛的工具，能够绘制各种复杂的路径。

在Photoshop中，当选择了一个路径绘制工具时，可以在其工具选项条中选择要绘制的类型 ，这3个按钮分别代表了3种绘制的类型。其中，如果选择形状图层按钮 ，则绘制图形后可以得到一个对应的形状图层；如果选择路径按钮 ，则得到的就是一条路径，此时可以在"路径"调板中看到对应的路径内容；如果选择的是填充像素按钮 ，则绘制得到的就是纯粹的图像内容。

关于这3个按钮的功能，将在后面章节的实例操作中有更多涉及。

设置字体属性

文字的绝大多数属性的设置均可在"字符"调板中进行，在文字输入状态下按快捷键Ctrl+T就可以调出如下图所示的"字符"调板。

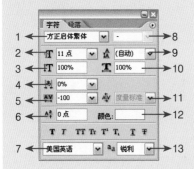

和上图中数字相对应的选项分别为：

1. 设置字体
2. 设置字体大小
3. 设置垂直比例
4. 设置所选字符的比例间距
5. 设置字距调整
6. 设置基线调整
7. 设置字体语言
8. 设置字型
9. 设置行距
10. 设置水平缩放
11. 设置字符间距微调
12. 设置文本颜色
13. 设置消除锯齿的方法

通过对以上属性的设置，可以任意调整文字的样式。

图4-10　输入文字"西"

按Enter键进入下一行的输入，设置"字符"调板后输入如图4-11所示的文字，此时"图层"调板的状态如图4-12所示。

图4-11　输入文字"南"

6. 输入相关性文字

重复类似第5步的操作步骤，设置适当的字体与字号，在"西"字下方输入如图4-13所示的文字。

图4-12　"图层"调板

图4-13　输入英文后的效果

最后，再利用文字工具，设置适当的字体、字号及文字颜色，仿照如图4-14所示的内容输入相关的说明文字即可，此时的"图层"调板状态如图4-15所示。

图4-14 最终效果　　　　　　图4-15 "图层"调板

名片版式

　　名片的作用一般是为了和新结识的人建立一种联系，通常是在生意场合。一张精美的名片可以将名片主人的个性、品味及实力体现出来，所以，名片的设计是尤为关键的。

　　名片的风格也显得尤为重要，本例名片针对从事设计行业的人员的特点，使用了强烈的颜色对比和多种形状的组合凸现其个性。

> **提示**　本例最终效果请参考随书所附光盘中的文件"第4章\4.1.psd"。

4.2　VIP会员卡设计

　　VIP会员卡的设计需要突出顾客的尊贵与奢华。本例中的VIP会员卡主要运用了黄金质感的效果，营造出雍容华贵的氛围，使拥有会员卡的VIP会员产生被尊崇的感觉。

　　本例将主要通过形状图层与"渐变叠加"图层样式来制作会员卡。本例的操作步骤如下。

1. 打开素材文件

　　打开随书所附光盘中的文件"第4章\4.2-素材.psd"，在该文件中，共包括了2幅素材图像，其"图层"调板的状态如图4-16所示。

会员卡设计基本流程

　　会员卡、VIP卡、WEB卡等各类卡片，通常具有较为统一的规格尺寸，即宽度×高度×厚度=85mm×54mm×0.76mm。

　　会员卡的基本设计流程如下。

1. 客户确定需设计的内容，并尽量准备相关资料。
2. 客户联系制作商并确定相关事宜。
3. 客户交付部分定金及相关的付款证明。
4. 制作商拿出设计稿，并按客户的反馈意见修改至客户满意为止。
5. 客户付完余款后，制作商按客户要求提供约定的客户所需的最终设计服务。

图4-16　素材图像的"图层"调板

　　隐藏除"背景"图层以外的所有图层，选择"背景"图层为当前操作图层。

2. 绘制渐变

　　选择角度渐变工具![tool]，并在其工具选项条中单击渐变类型列表框以调出"渐变编辑器"对话框，设置参数如图4-17所示，单击"确定"按钮。

渐变工具

使用渐变工具是填充渐变效果的必要条件，只有使用渐变工具在图像中拖动，才能够在图像中填充渐变效果，拖动的距离将决定渐变的急缓程度。

在Photoshop中，共包括5个渐变工具，依次为线性渐变工具、径向渐变工具、角度渐变工具、对称渐变工具及菱形渐变工具。

对于第2步中所说的选择角度渐变工具，实际上就是在工具箱中选择渐变工具，然后在其工具选项条中单击角度渐变按钮。

创建实色渐变

要创建实色渐变，就需要调出"渐变编辑器"对话框，再进行相关的设置。

单击渐变类型列表框，即可调出如下图所示的"渐变编辑器"对话框。

按住鼠标左键后，从画布的正中心向左上角拖动，松开鼠标左键，得到如图4-18所示的效果。

图4-17　"渐变编辑器"对话框　　　　图4-18　绘制渐变

提示　在"渐变编辑器"对话框中，第1、3、5、7、9个色标的颜色值均为#fce866，第2、4、6、8个色标的颜色值为#a17306。

3. 利用滤镜组合制作特殊效果

新建一个图层"图层 1"，按D键将前景色和背景色恢复为黑色和白色，选择菜单栏中的"滤镜>渲染>云彩"命令，得到如图4-19所示的效果。

图4-19　应用"云彩"命令后的效果

选择菜单栏中的"滤镜>模糊>高斯模糊"命令，在弹出的对话框中设置"半径"为50，单击"确定"按钮退出对话框，得到如图4-20所示的效果。

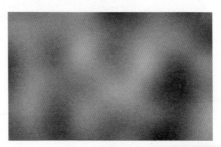

图4-20　应用"高斯模糊"命令后的效果

选择菜单栏中的"滤镜>杂色>添加杂色"命令，参照对话框设置来为图像添加杂色，得到如图4-21所示的效果。

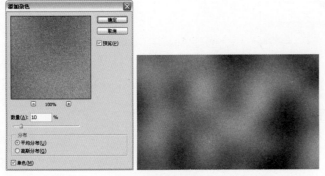

图4-21　应用"添加杂色"命令后的效果

选择菜单栏中的"滤镜>模糊>径向模糊"命令，为图像设置"径向模糊"效果，得到如图4-22所示的效果。

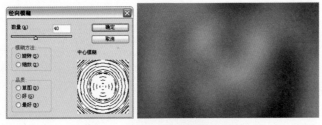

图4-22　添加"径向模糊"效果

选择菜单栏中的"滤镜>锐化>USM锐化"命令，为图像设置"锐化"效果，得到如图4-23所示的效果。

图4-23　添加"锐化"效果

4. 设置混合模式

在"图层"调板左上角的"混合模式"下拉列表中选择"强光"混合模式，来设置"图层1"的混合模式为"强光"，得到如图4-24所示的效果。

在上图所作的标示中，第1行表示透明色标，在此可以设置渐变中的颜色过渡是否存在透明；第2行是渐变条，用于预览当前所设置渐变的效果；第3行则表示颜色色标，在此可以设置渐变中所有的颜色。

双击一个色标即可调出"拾色器"对话框，选择一个新颜色后单击"确定"按钮关闭对话框，即改变了一个色标的颜色，按照同样的方法再改变其他色标的颜色即可。

如果当前的色标不够用，可以在色标那一行的空白位置单击，即可添加一个新的色标；按住鼠标左键拖动该色标，即可调整其位置。

要删除不需要的色标，可以直接将其向对话框外拖动，直至色标消失为止。

完成色标颜色设置操作后，在"名称"文本框中输入所设置的渐变的名称。单击"新建"按钮，将该渐变样式添加至渐变类型列表框中。

"强光"混合模式

将图层的混合模式设置为"强光"时，上方图层亮于中性灰度的区域将更亮，暗于中性灰度的区域将更暗，而且其程度远大于"柔光"模式，用此模式得到的图像对比度比较大，适合于为图像增加强光照射效果。

下图所示是混合前的2幅素材图像的状态。

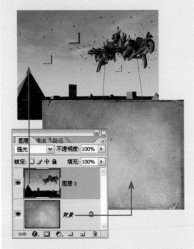

下图所示是将上方图层的混合模式设置为"强光"后的效果。

图4-24　设置混合模式后的效果

5．绘制矩形形状

设置前景色的颜色为黑色，选择矩形工具 ，并在其工具选项条中单击形状图层按钮 ，在画布的下方绘制一条如图4-25所示的形状，并得到形状图层"形状 1"。

图4-25　绘制矩形形状

6．利用路径运算命令绘图

选择椭圆工具 ，并在其工具选项条中单击从形状区域减去按钮 ，按住Shift键，在上一步绘制的矩形的左端绘制一个如图4-26所示的椭圆以将形状掏空。

提示　单击从形状区域减去按钮 可以利用绘制形状将前面绘制的形状减去，读者也可以尝试其他的运算命令。

选择矩形工具 ，并在其工具选项条中单击添加到形状区域按钮 ，按住Shift键在刚才制作的圆形空洞的中间绘制一个如图4-27所示的正方形。

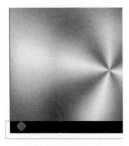

图4-26　从形状区域中减去后的效果

图4-27　添加到形状区域的效果

7. 复制得到多个图形

选择路径选择工具 ，按住Shift键单击第6步绘制的正圆及矩形形状，按快捷键Ctrl+Alt+T调出自由变换并复制控制框，向右移至如图4-28所示的位置后，按Enter键确认变换操作。

按快捷键Ctrl+Alt+Shift+T执行"连续变换并复制"操作，直至得到如图4-29所示的效果。

图4-28　变换并复制形状　　图4-29　执行"连续变换并复制"操作后的效果

8. 添加图层样式

单击添加图层样式按钮 ，在弹出菜单中选择"渐变叠加"命令，设置弹出的对话框如图4-30所示，在对话框中勾选"投影"复选框和"内发光"复选框，分别设置参数如图4-31和图4-32所示，单击"确定"按钮退出对话框，得到如图4-33所示的效果。

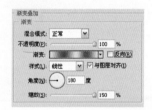

图4-30　"渐变叠加"参数设置

图4-31　"投影"参数设置　　　图4-32　"内发光"参数设置

 在"渐变叠加"选项面板中，"渐变编辑器"对话框的状态如图4-34所示，从左至右的第1、第3和第5个色标的颜色值为#f6e768，第2和第4个色标的颜色值为#836100。

路径运算模式概述

在Photoshop中，共有5种路径运算模式，在单击路径按钮的情况下，工具选项条中显示出4种运算模式 ，而在单击形状图层按钮的情况下，则显示出5种运算模式 。

对比而言，在选择形状图层按钮的情况下，就多出了一个创建新的形状图层按钮 ，而其他4个按钮的功能是完全相同的。

另外，需要注意的是，在选择了一个形状图层的情况下，如果要激活另外4个运算按钮，则必须选中形状图层的矢量蒙版缩览图。

在第6步的操作中一共使用了2种路径运算模式，即从形状区域减去和添加到形状区域，用于在原矩形上挖空得到一个正圆，然后在挖空的正圆内部再填充一个正方形。由于是先绘制了减去模式的圆形，再绘制添加的矩形，所以得到的效果是矩形块位于镂空的圆形内部。

图层样式概述

Photoshop提供了多达10种的图层样式，应用"图层>图层样式"命令的各子菜单命令，可以非常轻松地实现投影、斜面和浮雕、外发光等多种效果，根据需要还可以自定义各个样式的参数并复合使用这些样式，从而制作出非常精美的效果。

下图所示的2幅作品中，其各种凹陷和突起效果，以及图像表面的光泽效果，都是利用图层样式制作得到的。

当然，这样复杂的效果，需要同时使用很多个图层才能制作出来。

图4-33　添加图层样式后的效果

图4-34　"渐变编辑器"对话框

9．复制形状图层

复制"形状 1"图层得到"形状 1 副本"图层，选择"编辑>变换路径>垂直翻转"命令，然后使用移动工具 ➤ 将其移至画布的上方，如图4-35所示。

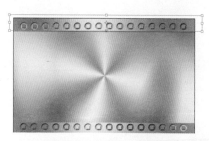

图4-35　复制形状图层

10．调整素材图像并添加图层样式

显示"素材1"图层，并重命名为"图层 2"，按快捷键Ctrl+T调出自由变换控制框，按住Shift键缩小图像并将其移至画布的中间，如图4-36所示，按Enter键确认变换操作。

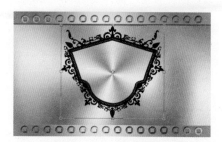

图4-36　变换图像

单击添加图层样式按钮 ⨍ ，在弹出菜单中选择"渐变叠加"命令，设置弹出的对话框如图4-37所示，在对话框中勾选"斜面和浮雕"复选框，设置参数如图4-38所示，再勾选"等高线"复选框，对"等高线"相关参数不进行任何设置并单击"确定"按钮，得到如图4-39所示的效果。

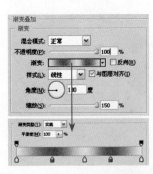

图4-37 "渐变叠加"参数设置

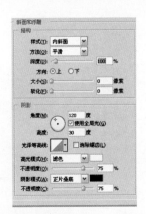

图4-38 "斜面和浮雕"参数设置

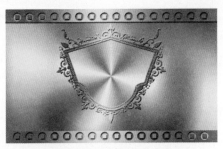

图4-39 添加图层样式后的效果

提示 在"渐变叠加"选项面板中,所使用渐变从左至右的第1、第3和第5个色标的颜色值为#f6e768,第2和第4个色标的颜色值为#836100。

11. 绘制形状并添加图层样式

新建一个图层"图层3",并将其拖至"图层1"的下方。

设置前景色的颜色值为#f7e05f,选择钢笔工具 ,并在其工具选项条中单击路径按钮 ,围绕着花边的内侧绘制一条如图4-40所示的路径。

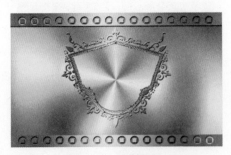

图4-40 绘制路径

按快捷键Ctrl+Enter将路径转换为选区,按快捷键Alt+Delete用前景色填充选区,按快捷键Ctrl+D取消选区,得到如图4-41所示的效果。

重命名图层

在新建图层时Photoshop以默认的图层名为其命名,对于其他类图层,例如文字图层,Photoshop以图层中的文字内容为其命名,但这些名称通常都不能满足需要,因此必须改变图层的名称,从而使其更易于识别。

要重命名图层,可以右键单击需要改变名称的图层,在弹出快捷菜单中选择"图层属性"命令,在弹出的"图层属性"对话框中设置图层的名称。

一种更为方便的操作方法就是直接双击图层名称,此时其名称就会变为可输入状态,输入新的图层名称后,按Enter键确认或执行其他的操作即可。

使用钢笔工具绘制路径

创建路径时最常用的是钢笔工具 ✎.，用钢笔工具 ✎.在图层中单击确定第一点，然后在另一位置单击，即可在两点之间创建一条直线路径；如果在单击另一点的同时拖动鼠标，则可以得到一条曲线路径。

在路径绘制结束时，如果要创建开放路径，可以在工具箱中选择直接选择工具 ▶，然后在工作区中单击一下，放弃对路径的选择。

如果要创建闭合路径，将光标放在第一点上，当钢笔光标变为 ✎.时单击，即可闭合路径。

"颜色加深"混合模式

将上方图层的混合模式设置为"颜色加深"时，除上方图层的黑色区域以外，降低所有区域的对比度，使图像整体对比度下降，产生下方图层的图像透过上方图像的效果。

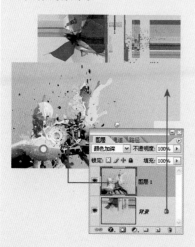

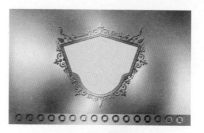

图4-41　填充选区后的效果

单击添加图层样式按钮 ⌀.，在弹出菜单中选择"内阴影"命令，设置弹出的对话框如图4-42所示，得到如图4-43所示的效果。

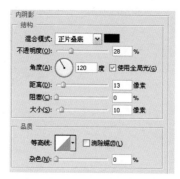

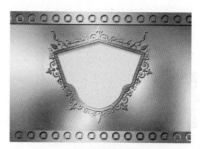

图4-42　"内阴影"参数设置　　图4-43　应用"内阴影"命令后的效果

12. 设置混合模式并添加图层蒙版

复制"图层 1"得到"图层 1 副本"，并将其拖至"图层 3"的上方，设置"图层 3"的混合模式为"颜色加深"，"不透明度"为80%，得到如图4-44所示的效果。

按住Ctrl键单击"图层 3"的图层缩览图以载入其选区，单击添加图层蒙版按钮 ▣.，为"图层 1 副本"添加图层蒙版，得到如图4-45所示的效果。

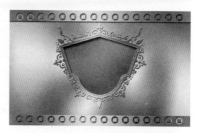

图4-44　设置混合模式后的效果　　图4-45　添加图层蒙版后的效果

13. 输入文字并添加图层样式

选择所有图层上方的图层为当前操作图层，选择横排文字工具 T.，并在其工具选项条中设置适当的字号与字体，在花框的正中间输入如图4-46所示的文字。

图4-46　输入文字

> **提示** 之所以选择最上方的图层为当前操作图层，是因为在用横排文字工具 **T.** 输入文字后可以使得到的文字图层处于所有图层的上方，因为后面要为文字添加"渐变叠加"样式，所以文字的颜色设置为什么颜色并不重要。

单击添加图层样式按钮 **___** ，在弹出菜单中选择"渐变叠加"命令，在弹出对话框中设置相关参数，然后勾选"斜面和浮雕"复选框与"等高线"复选框，分别设置相应的参数，如图4-47所示，单击"确定"按钮退出对话框，得到如图4-48所示的效果。

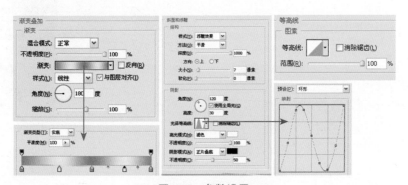

图4-47　参数设置

图4-48　添加样式后的效果

> **提示** 在"渐变编辑器"对话框中，所选渐变从左至右的第1、第3和第5个色标的颜色值为#a37507，第2和第4个色标的颜色值为#fbe563。

14. 制作其他文字元素

重复第13步的操作方法，输入文字并复制得到"渐变叠加"和"斜面和浮雕"图层样式，得到类似如图4-49所示的效果。

下图所示是将上方图层的混合模式设置为"颜色加深"后的效果。

复制图层样式

如果两个图层需要设置同样的图层样式，可以通过复制与粘贴图层样式，减少重复性操作。其操作方法是，在要复制样式的图层名称上单击右键，在弹出的快捷菜单中选择"拷贝图层样式"命令，再到要粘贴样式的图层名称上单击右键，在弹出的快捷菜单中选择"粘贴图层样式"命令即可。

此外，按住Alt键将图层效果直接拖至目标图层中，也可以起到复制图层样式的效果。

文字工具

在Photoshop中，共有4种文字输入工具，在文字工具的图标上单击右键，即可显示出全部的工具，如下图所示。

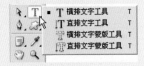

调整图层概述

与其他图层相比，调整图层是一类特殊的图层，其他图层均包含像素信息，而调整图层中包含了调整命令的参数信息。

调整图层的主要作用是基于其下方的图层进行一些常见的调整操作，例如调整下方所有图层的亮度、色相、饱和度等属性。

与直接使用颜色调整命令不同，使用调整图层有以下优点。

- 调整图层不会改变图像的像素值，从而能够在最大程度上保证对图像做颜色调整时的灵活性。
- 使用调整图层可以调整多个图层中的图像，这是使用调整命令无法实现的。
- 通过改变调整图层的顺序，可以改变调整图层的作用范围。
- 通过改变调整图层记录的调整命令的参数，可以不断尝试调整的效果。

选择横排文字工具 T.，并在其工具选项条中设置适当的字体与字号，在画布的右下角输入如图4-50所示的一串阿拉伯数字，从而得到相应的文字图层，设置图层的"填充"为0%。

图4-49　再次添加图层样式后的效果　　图4-50　输入文字

单击添加图层样式按钮 ，在弹出菜单中选择"斜面和浮雕"命令，参数设置及得到的效果如图4-51所示。

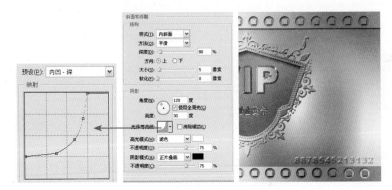

图4-51　添加图层样式后的效果

15. 应用"曲线"命令为整体图像调整色调

单击创建新的填充或调整图层按钮 ，在弹出菜单中选择"曲线"命令，设置弹出的对话框如图4-52所示，单击"确定"按钮退出对话框，得到如图4-53所示的效果。

图4-52　"曲线"对话框　　图4-53　应用"曲线"命令后的效果

16. 调整素材图像

显示"素材2"图层，并重命名为"图层4"，结合自由变换控制框缩小图像，并置于画布的左上角，得到如图4-54所示的最终效果，此时"图层"调板的状态如图4-55所示。

图4-54　最终效果

图4-55　"图层"调板

提示　本例最终效果请参考随书所附光盘中的文件"第4章\4.2.psd"。

4.3　入场券设计

设计入场券时，除了将入场券的价格及相关的信息传达出来以外，还需要使设计表达活动的主题。

本例中的入场券用于平面设计的专家讲坛，所以入场券的设计需要有一定的设计感及文艺性；由于主题比较严肃，而且为了表达对主讲嘉宾的尊重，所以又需要有一定的严肃性。

本例的操作步骤如下。

1．新建文件并绘制渐变背景

按快捷键Ctrl+N新建一个文件，设置弹出的对话框如图4-56所示，单击"确定"按钮。

设置前景色的颜色值为#ee6b23，背景色的颜色值为#86201c，选择线性渐变工具■，设置渐变的类型为从前景色到背景色，将光标从画布的顶端向下拖曳至最底端后松开鼠标，得到如图4-57所示的效果。

图4-56　"新建"对话框

图4-57　绘制渐变后的效果

"龟裂缝"滤镜

此滤镜通过处理图像使其得到一种类似于在凹凸不平的浮雕石膏表面上绘制图像的效果。

绘制有弧度的形状

在使用钢笔工具 绘制有弧度的形状时，绘制第2点时单击鼠标左键后不要松开，拖曳控制句柄至理想的状态后再松开鼠标左键即可。

变换并复制

对于第3步的变换并复制操作，先了解以下两点内容。

1. 通常情况下，按快捷键Ctrl+T可以直接调出用于变换图像的控制框。

2. 在Photoshop中，Alt键代表着复制操作。例如使用移动工具 并按住Alt键，拖动即可复制图像。

在明白上面两点后，就不难想像出按快捷键Ctrl+Alt+T的结果。那就是在变换的同时复制得到一个新的图像内容。

2. 应用"龟裂纹"命令

选择菜单栏中的"滤镜>纹理>龟裂缝"命令，如图4-58所示进行设置，为图像添加"龟裂缝"效果。

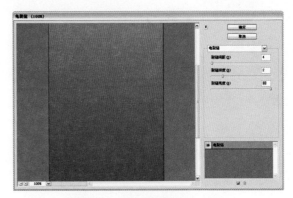

图4-58 添加"龟裂缝"效果

3. 用钢笔工具绘制形状

设置前景色的颜色为白色，选择钢笔工具 ，并在其工具选项条中单击形状图层按钮 ，在画布上方单击鼠标左键置入第1点，如图4-59所示。将光标移动到其左上方按住鼠标左键，向上拖动控制句柄至如图4-60所示的状态，松开鼠标左键，得到形状图层"形状 1"。

连续重复上述操作方法，按照如图4-61所示的形状进行绘制。

图4-59 插入点　　　图4-60 拖动句柄　　　图4-61 绘制形状

4. 复制并变换形状

用路径选择工具 单击第3步绘制的形状，按快捷键Ctrl+Alt+T调出自由变换并复制控制框，在控制框内单击鼠标右键，在弹出的快捷菜单中选择"水平翻转"和"垂直翻转"命令，然后将其向右上方移至如图4-62所示的位置，按Enter键确认变换操作。

选择上一步复制的形状，按快捷键Ctrl+Alt+T调出自由变换并复制控制框，在控制框中单击鼠标右键，在弹出菜单中选择"垂直翻转"命令后再逆时针旋转110°并向左移至如图4-63所示的位置，按Enter键确认变换操作。

图4-62　复制并变换形状1　　图4-63　复制并变换形状2

5. 绘制形状并变换复制

选择钢笔工具 ，在其工具选项条中单击形状图层按钮 ，并单击添加到形状区域按钮 ，使用第3步的操作方法绘制一个如图4-64所示的形状。

按快捷键Ctrl+Alt+T调出自由变换并复制控制框，按住Shift键缩小形状至如图4-65所示的状态后将控制框中心点移至控制框的右上方，如图4-66所示，顺时针旋转18°，如图4-67所示，按Enter键确认变换操作。

图4-64　绘制形状　　　　图4-65　复制并变换形状

图4-66　拖动旋转中心点　　图4-67　变换并复制形状

按快捷键Ctrl+Alt+Shift+T执行"连续自由变换并复制"操作，得到如图4-68所示的效果。

选择路径选择工具 ，将刚才绘制的3个形状选中，按快捷键Ctrl+Alt+T调出自由变换并复制控制框，在控制框中单击鼠标右键，在弹出的快捷菜单中选择"水平翻转"命令，再在控制框中单击鼠标右键，在

连续变换并复制

对于第5步中按快捷键Ctrl+Alt+Shift+T执行的连续变换并复制操作，可以像学习变换并复制操作一样进行分析，首先了解以下两点内容。

1. 查看一下菜单栏中的"编辑>变换>再次"命令，可知该命令的快捷键是Ctrl+Shift+T，即执行上一次的变换操作。

2. 在Photoshop中，Alt键代表着复制操作。

在明白上面两点后，不难想到按快捷键Ctrl+Alt+Shift+T的结果即在再次执行上一次变换的同时，复制得到一个新的图像内容。

连续变换并复制操作是在制作各种有规律性的图形时最为常用的操作之一，从可操作性上来说，它远比录制一个动作要易用得多，效率也更高。

选择整条路径

要选择整条路径，在工具箱中选择路径选择工具 ，直接单击需要选择的路径即可。当整条路径处于选中状态时，路径上的锚点都呈现为黑色的实心方块状态。

翻转图像

翻转图像操作包括水平翻转和垂直翻转两种。

如果要水平翻转图像，可以选择菜单栏中的"编辑>变换>水平翻转"命令。

如果要垂直翻转图像，可以选择菜单栏中的"编辑>变换>垂直翻转"命令。

原图像　　　　水平翻转

垂直翻转

输入直排文字

输入垂直文字与输入水平文字基本相似，只是文字的方向发生了改变。

在工具箱中选择直排文字工具，然后在工作区域中单击并在插入点后面输入文字，即可得到呈垂直排列的文字。

弹出菜单中选择"垂直翻转"命令，将形状向上移至如图4-69所示的位置，按Enter键确认变换操作。

图4-68　连续变换并复制后的效果

图4-69　复制并变换形状

复制"形状1"，得到"形状 1 副本"，按快捷键Ctrl+T调出自由变换控制框，在控制框中单击鼠标右键，在弹出菜单中选择"垂直翻转"命令，旋转至如图4-70所示的状态后，按住Shift键放大形状并将其向下移至如图4-71所示的位置，按Enter键确认变换操作。

图4-70　旋转图像

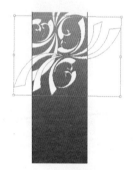
图4-71　移至适合位置

6. 更改形状图层的颜色值

双击"形状 1 副本"的图层缩览图以调出"拾色器"对话框，在对话框右下方的"#"数值框中输入颜色值#861c06，如图4-72所示，单击"确定"按钮退出对话框，得到如图4-73所示的效果。

图4-72　"拾色器"对话框

图4-73　更改形状颜色

7. 输入文字并添加图层样式

设置前景色的颜色为白色,选择直排文字工具 **T.**,并在其工具选项条中设置适当的字体与字号,在画布的右上角输入如图4-74所示的文字,并得到相应的文字图层"怒放·中国"。

单击"图层"调板中的添加图层样式按钮 **f.**,在弹出菜单中选择"投影"命令,设置弹出的对话框如图4-75所示,在对话框中勾选"斜面和浮雕"复选框,设置参数如图4-76所示,单击"确定"按钮退出对话框,得到如图4-77所示的效果。

图4-74 输入文字

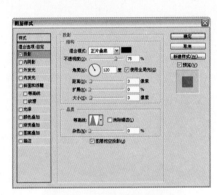

图4-75 "投影"参数设置

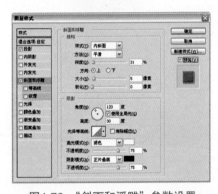

图4-76 "斜面和浮雕"参数设置

图4-77 添加图层样式后的效果

提示 在"投影"选项面板中设置等高线时,"等高线编辑器"对话框的状态如图4-78所示。

设置前景色的颜色为白色,选择直排文字工具 **T.**,在其工具选项条中设置适当的字体与字号后,按照如图4-79所示的样式及内容输入文字,并得到相应的文字图层。

再选择横排文字工具 **T.**,在其工具选项条中设置适当的字体与字号后,按照如图4-80所示的内容及样式输入文字,并得到相应的文字图层。

"投影"样式

在"图层样式"对话框中进行适当设置即可得到需要的投影效果。其中重要参数的含义如下。

- 混合模式:在此下拉列表框中,可以为投影选择不同的混合模式,从而得到不同的投影效果。单击右侧颜色块,可在弹出的"拾色器"对话框中为投影设置颜色。

- 不透明度:在此可以输入一个数值定义投影的不透明度,数值越大则投影效果越清晰,反之越模糊。

- 角度:在此拨动角度轮盘的指针或输入数值,可以定义投影的投射方向。如果"使用全局光"复选框被勾选,则投影使用全局性设置,反之可以自定义角度。

- 距离:在此输入数值,可以定义投影的投射距离,数值越大则投影的三维空间效果越显著,反之投影越贴近投射投影的图像。

- 扩展:在此输入数值,可以增加投影的投射强度,数值越大投影的强度越大,淤积效果越明显。

- 大小:此参数控制投影的柔化程度大小,数值越大投影越模糊,反之越清晰。

- 等高线:使用等高线可以定义图层样式效果的外观,其原理类似于使用"曲线"命令对图像的调整原理。

■ 消除锯齿：勾选此复选框，可以使应用等高线后的投影更细腻。

直线工具

在选择了此工具后，单击其工具选项条中的下三角按钮·，将弹出如下图所示的选项面板。

此面板中各个参数的解释如下。

■ 起点：勾选此复选框，使直线的起点有箭头。

■ 终点：勾选此复选框，使直线的终点有箭头。同时勾选"起点"复选框和"终点"复选框，直线的两端都有箭头。

■ 宽度：在此数值框中输入箭头的宽度比例，其范围在10%~1000%之间。

■ 长度：在此数值框中输入箭头的长度比例，其范围在10%~5000%之间。

■ 凹度：在此数值框中输入箭头的凹陷值，数值范围在-50%~+50%之间。

证件设计

无论是团体活动，还是单位组织，出入证/工作证都是必不可少的。无论是个性化的展示自我，还是通用化的突出团队，都能做到随需定制。它代表着一个企业的整体形象和文化理念。

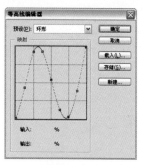

图4-78　"等高线编辑器"对话框　　图4-79　输入文字1　图4-80　输入文字2

8. 绘制直线形状

设置前景色的颜色为白色，选择直线工具\，并在其工具选项条中单击形状图层按钮，并设置"粗细"为1 px（像素）。

在上一步输入的文字的上方绘制一条如图4-81所示的直线形状，得到形状图层"形状 2"，图4-82所示为最终效果，此时"图层"调板的状态如图4-83所示。

图4-81　绘制直线形状　　图4-82　最终效果　图4-83　"图层"调板

> **提示** 本例最终效果请参考随书所附光盘中的文件"第4章\4.3.psd"。

4.4　出入证设计

出入证的设计与入场券的设计相似，但是出入证通常是胸卡的形式，所以在尺寸上需要稍大一些。出入证与入场券的最大区别是，出入证是针对工作人员的，上面除了体现活动的主题以外，还需要标明工作人员的个人信息和部门信息。

本例中设计的出入证的主题是数字艺术研讨会，所以出入证需要具有一定的设计感。本例的操作步骤如下。

1. 打开素材文件

打开随书所附光盘中的文件"第4章\4.4-素材.psd"，在该文件中，共包括了1幅素材图像，其"图层"调板的状态如图4-84所示。

图4-84　素材图像的"图层"调板

2. 利用钢笔工具绘制并编辑形状

选择钢笔工具，在其工具选项条中单击形状图层按钮，设置前景色的颜色值为#e58542，沿着图像的边缘勾绘出如图4-85所示的形状，得到"形状 1"，隐藏"素材1"图层。

选择"形状 1"为当前操作图层，按快捷键Ctrl+T调出自由变换控制框，在控制框内单击鼠标右键，在弹出菜单中选择"水平翻转"命令，并逆时针旋转图像6°，按住Shift键放大形状使形状的内侧可以成为画布的边框，并将其移至"背景"图层上方，如图4-86所示。

按快捷键Ctrl+Alt+T调出自由变换并复制控制框，按住Shift键放大形状并将其顺时针旋转105°，如图4-87所示，按Enter键确认变换操作，得到"形状 1 副本"。

图4-85　绘制形状

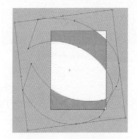

图4-86　变换形状

设置"形状 1 副本"的颜色值为#b50704，得到如图4-88所示的效果。

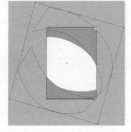

图4-87　复制并变换形状

图4-88　更改形状颜色值后的效果

证件按外形可以分为横式和直式两种，在没有特殊需要的情况下，其尺寸通常为54mm×90mm，也就是说，其大小与名片基本相同。

变换的对象分类

在Photoshop中，对不同的对象进行变换时，所使用的控制也不尽相同。

例如要对选区进行变换时，应该选择"选择>变换选区"命令，而变换其他的对象时，则可以选择"编辑"子菜单中的"变换"命令。

需要注意的是，如果当前选择的是路径或形状，则"编辑"子菜单中的"变换"命令会显示为"变换路径"。

旋转图像

在调出变换控制框后，将光标移至变换控制框附近，当光标变为一个弯曲箭头时拖动鼠标，即可以中心点为基准旋转图像。如果需要按15°的倍数旋转图像，可以在拖动鼠标的时候按住Shift键。

如果要将图像旋转180°，可以选择菜单栏中的"编辑>变换>旋转180度"命令；如果要将图像顺时针旋转90°，可以选择菜单栏中的"编辑>变换>旋转90度（顺时针）"命令；如果要将图像逆时针旋转90°，可以选择菜单栏中的"编辑>变换>旋转90度（逆时针）"命令。

在得到需要的效果后，在控制框内双击，或直接按Enter键即可确认变换操作。

设置图层不透明度

图层最基本的特性是透明，即透过上面图层的透明部分，可以观看到其下方的图层中的图像，而上一图层中不透明的像素将完全遮盖住下一图层中的图像。因此如果为上一图层设置不同的透明度，就能够得到不同的遮盖效果。

下图所示是设置图层不透明度前后的效果对比，可以看出，将图层的不透明度设置为30%以后，中间的图像明显变得透明了很多。

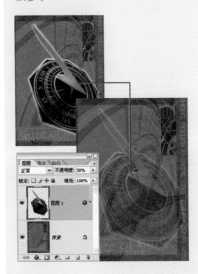

选择直接选择工具，拖曳"形状 1 副本"中的形状靠近边角位置的锚点以将画布的空白处遮盖住，得到如图4-89所示的效果，按Esc键隐藏路径，此时"图层"调板如图4-90所示。

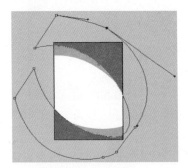

图4-89 编辑形状 　　　　　图4-90 "图层"调板

3. 利用素材图像制作效果

显示"素材1"图层，选择钢笔工具，并在其工具选项条中单击路径按钮，将里面的地球图像勾选中，按快捷键Ctrl+Enter将路径转换为选区。

按快捷键Ctrl+J执行"通过拷贝的图层"操作，得到"图层 1"，并将其移至"形状 1 副本"的上方，隐藏"素材1"图层。

按快捷键Ctrl+T调出自由变换控制框，按住Shift键放大图像并将其移至画布的正中央，如图4-91所示，按Enter键确认变换操作。

设置"图层 1"的"不透明度"为13%，"填充"为49%，得到如图4-92所示的效果。

图4-91 变换图像 　　　　图4-92 设置"不透明度"后的效果

4. 添加图层样式

单击添加图层样式按钮，在弹出菜单中选择"描边"命令，设置弹出的对话框如图4-93所示，得到如图4-94所示的效果。

图4-93 "描边"对话框

图4-94 应用"描边"命令后的效果

> 提示 在"描边"选项面板中，描边颜色的颜色值设置为#b50704。

5．输入文字

设置前景色的颜色为黑色，选择横排文字工具 T，并在其工具选项条中设置适当的字体与字号，在画布的上方输入如图4-95所示的文字。

> 提示 因为画布大部分为白色，为了方便读者观看，笔者先将文字的颜色设置为黑色。

6．变换文字图像

在文字图层的图层名称上单击鼠标右键，在弹出菜单中选择"删格化文字"命令，将删格化后的图层名称改为"图层 2"，按快捷键Ctrl+T调出自由变换控制框，按住Ctrl键拖动图层的4个控制句柄，直至得到如图4-96所示的效果，按Enter键确认变换操作。

按快捷键Ctrl+Alt+T调出自由变换并复制控制框，按Shift键缩小图像并将其向右移动，如图4-97所示，按Enter键确认变换操作，得到"图层2 副本"。连续按快捷键Ctrl+Alt+Shift+T执行连续变换并复制操作，直至得到如图4-98所示的效果。

图4-95 输入文字

图4-96 变换图像

图4-97 变换并复制图像

选择"图层 2"为当前操作图层，按住Ctrl键分别单击刚刚复制得到的多个"图层2"副本图层，按快捷键Ctrl+E执行"合并图层"操作，将合并后的图层重命名为"图层 2"。

"描边"图层样式

使用此样式，可以为图像添加实色、渐变或图案类型的描边效果，其对话框中的重要参数解释如下。

- 大小：此参数用于控制描边的宽度，数值越大则生成的描边宽度越大。
- 位置：在此下拉列表框中，可以选择外部、内部、居中3种位置。选择"外部"选项，描边效果完全处于图像的外部；选择"内部"选项，描边效果完全处于图像的内部；选择"居中"选项，描边效果一半处于图像的外部，一半处于图像内部。
- 填充类型：在此下拉列表框中，可以设置描边类型，共有颜色、渐变及图案3个选项。

栅格化文字

在选择一个文字图层的情况下，调出自由变换控制框并在其中单击鼠标右键，此时弹出菜单中的"扭曲"和"透视"命令呈灰色，根本无法使用。

除此之外，文字图层与普通图层还有很多其他的不同之处，例如许多编辑、调整类的工具与

命令，在文字图层中都无法使用。因此如果要对文字图层中的文字进行调整或使用滤镜进行编辑，必须先将文字图层转换为普通图层，即栅格化文字图层。

选择菜单栏中的"图层>栅格化>文字"命令即可将文字图层转换为普通图层。转换后，文字图层的文字转化为位图图像，相应的文字图层也将被转化为普通图层。

需要注意的是，尽管栅格化以后可以对文字使用各种位图处理命令，但却不可再更改文字的内容。

选择多个图层

在Photoshop CS2中，可以同时选择多个图层，以便于对其进行复制、编组或删除等操作。

如果要选择连续的多个图层，可在选择一个图层后，按住Shift键在"图层"调板中单击另一图层的图层名称，则两个图层间的所有图层都会被选中。

如果要选择不连续的多个图层，在选择一个图层后，按住Ctrl键在"图层"调板中单击另一图层的图层名称，重复数次即可。

"渐变叠加"样式

使用此图层样式，可以为图像叠加出渐变效果，其中前面未讲解过的参数解释如下。

- 样式：在此下拉列表框中可以选择线性、径向、角度、对称的、菱形5种渐变类型。

按快捷键Ctrl+Alt+T调出自由变换并复制控制框，按住Alt键将控制框内的旋转中心点移至控制框的右上角，逆时针旋转10°，并向下移动至两个图像不重合，如图4-99所示，按Enter键确认变换操作，连续按快捷键Ctrl+Alt+Shift+T执行连续变换并复制操作，直至得到如图4-100所示的效果。

图4-98　执行连续变换　　图4-99　变换并复制图像　　图4-100　执行连续变换
　　并复制操作　　　　　　　　　　　　　　　　　　　　　后的效果

7. 合并图层、设置混合模式及不透明度

选择"图层 2"为当前操作图层，按住Ctrl键单击分别单击第6步得到的图层以将其选中，按快捷键Ctrl+E执行"合并图层"操作，将合并后的图层重命名为"图层 2"。

设置前景色的颜色为白色，单击锁定透明像素按钮，按快捷键Alt+Delete用前景色填充"图层 2"，设置"图层 2"的混合模式为"柔光"，"不透明度"为50%，得到如图4-101所示的效果。

8. 添加图层蒙版及图层样式

单击添加图层蒙版按钮，设置前景色的颜色为黑色，选择线性渐变工具，设置渐变的类型为从前景色到透明色，从图像的左侧向右侧绘制几次渐变以将其边缘虚化，得到如图4-102所示的效果，此时图层蒙版的状态如图4-103所示。

图4-101　设置混合模式　图4-102　添加图层蒙版　图4-103　图层蒙版的状态
　　后的效果　　　　　　　　后的效果

单击添加图层样式按钮，在弹出菜单中选择"渐变叠加"命令，在弹出的对话框中设置"渐变叠加"参数如图4-104所示，得到如图4-105所示的效果。

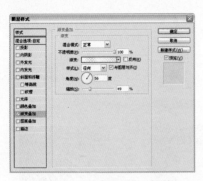

图4-104 "渐变叠加"对话框　　　图4-105 添加图层样式后的效果

提示 在设置"渐变叠加"参数时，"渐变编辑器"对话框的状态如图4-106所示，两个色标的颜色均为白色，从左至右的各个不透明度色标的"不透明度"依次为100%、0%、73%和0%。

9．为素材图像添加图层样式

显示"素材1"图层，并重命名为"图层3"，按快捷键Ctrl+T调出自由变换控制框，按住Shift键缩小图像并将其移至画布的正中央，如图4-107所示，按Enter键确认变换操作。

图4-106 "渐变编辑器"对话框　　　图4-107 变换图像

单击添加图层样式按钮 ，在弹出菜单中选择"投影"命令，设置弹出的对话框如图4-108所示，得到如图4-109所示的效果。

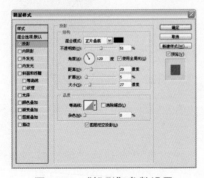

图4-108 "投影"参数设置　　　图4-109 添加图层样式后的效果

- 与图层对齐：勾选此复选框时，渐变由图层中最左侧的像素应用至最右侧的像素。
- 缩放：此参数用于控制渐变过渡的急缓。

定义透明渐变

在前面讲解定义实色渐变时，就曾经提到过透明渐变色标，其作用就是制作出具有透明区域的渐变，下面来说明一下其创建方法。

首先，按照前面讲解的方法，创建一个实色渐变，然后再来编辑渐变条上面的透明色标。

默认情况下，每个渐变都带有2个透明度为100%的透明色标，位于渐变条的最左侧和最右侧，在二者之间任意一个空白的位置上单击，即可创建一个新的透明色标。

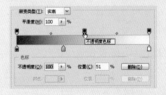

选中一个色标，在下面的"不透明度"数值框中输入一个数值，即可在当前透明色标的位置为渐变增加透明效果了。

设计作品中的字号

在各式各样的设计作品中，文字按功能大致可以分为两种，即标题文字与陈述文字。

标题文字通常指具有提示和引导功能的文字，如文章的题目、广告的口号等文字，它需要能诱发不同程度的视觉关注，因此需要使用较大的字号来编排。

陈述文字则是篇幅较长的说明性文字，如杂志的正文、产品说明和广告的文案等，这类文字需要使用较小、可读性较好的字体字号来编排，以便于读者进行阅读。

10. 制作相关性文字及装饰直线

设置前景色的颜色为黑色，选择横排文字工具 T.，在其工具选项条中设置适当的字体与字号，在图像偏左下的位置输入如图4-110所示的文字，得到相应的文字图层"姓名：单位："。

设置前景色的颜色为黑色，选择直线工具 ，在其工具选项条中设置其粗细为2 px，在文字的右侧绘制两条如图4-111所示的形状，得到"形状 2"，按住Ctrl键单击文字图层"姓名：单位："，按快捷键Ctrl+E执行"合并图层"命令，将合并后的图层重命名为"图层 4"。

图4-110 输入文字　　　　图4-111 绘制直线形状

11. 输入主题文字并添加图层样式

设置前景色的颜色值为#5e3003，选择横排文字工具 T.，在其工具选项条中设置适当的字体与字号，在图像的正上方输入如图4-112所示的文字，得到相应的文字图层。

单击添加图层样式按钮 ，在弹出菜单中选择"描边"命令并设置参数，得到如图4-112所示的效果。

设置前景色的颜色为黑色，选择横排文字工具 T.，在其工具选项条中设置适当的字体与字号，在上一段输入的文字下方输入文字，最终效果及"图层"调板如图4-113所示。

图4-112 "描边"参数设置及效果　　　图4-113 最终效果及"图层"调板

提示　本例最终效果请参考随书所附光盘中的文件"第4章\4.4.psd"。

InDesign CS2 键盘快捷键（精编版）

上方第一个对象	Shift + Ctrl + Alt +]	全选	Ctrl + A
上方下一个对象	Ctrl + Alt +]	在文章编辑器中编辑	Ctrl + Y
下方下一个对象	Ctrl + Alt + [	拼写检查	Ctrl + I
下方最后一个对象	Shift + Ctrl + Alt + [	查找/更改	Ctrl + F
后移一层	Ctrl + [	查找下一个	Ctrl + Alt + F
前移一层	Ctrl +]	添加页面	Shift + Ctrl + P
置为底层	Shift + Ctrl + [	快速应用	Ctrl + Enter
置于顶层	Shift + Ctrl +]	多重复制	Ctrl + Alt + U
对齐	Shift + F7	贴入内部	Ctrl + Alt + V
取消编组	Shift + Ctrl + G	粘贴	Ctrl + V
按比例适合内容	Shift + Ctrl + Alt + E	粘贴时不包含格式	Shift + Ctrl + V
按比例填充框架	Shift + Ctrl + Alt + C	直接复制	Shift + Ctrl + Alt + D
建立	Ctrl + 8	对象样式	Ctrl + F7
释放	Ctrl + Alt + 8	分色预览	Shift + F6
全部取消选择	Shift + Ctrl + A	自动添加标签	Shift + Ctrl + Alt + F7

Chapter 5

标志设计

在现代社会中，标志已经成为企业重要的视觉识别符号，负责向外界传达企业及品牌的文化与内涵。

本章列举了7个标志设计实例，读者在学习过程中，除了掌握相关的制作技法外，更应配合相关的理论说明文字，领会各标志的设计理念，培养自行设计标志的能力。

5.1 贝贝酷标志设计

本例巧妙地将文字"babycool"中的"oo"与装饰图形相结合制作成一个卡通味十足的图案，使标志充分体现出个性童装的特点。本例要点是将文字转换为形状，然后通过锚点编辑工具对形状进行编辑，再在使用钢笔工具绘制装饰图形后设置图层样式，希望读者能够重点掌握。

本例的操作步骤如下。

1. 制作主体文字

按快捷键Ctrl+N新建一个文件，设置弹出的对话框如图5-1所示。

设置前景色为黑色，选择横排文字工具 T，在其工具选项条中设置适当的字体、字号，在当前画布左上方输入文字"babycool"，得到相应的文字图层。使用自由变换命令，按住Shift键将其等比例放大到如图5-2所示的状态，按Enter键确认变换。

图5-1 "新建"对话框　　　　图5-2 放大文字后的状态

下面要对输入的文字"babycool"进行编辑使其更艺术化。在编辑过程中大量运用了锚点编辑工具，希望读者能够掌握。

在"babycool"文字图层名称上单击鼠标右键，在弹出菜单中选择"转换为形状"命令，然后用锚点编辑工具对转换的形状进行编辑，其"babyc"编辑流程图如图5-3所示，"ool"编辑流程图如图5-4所示。

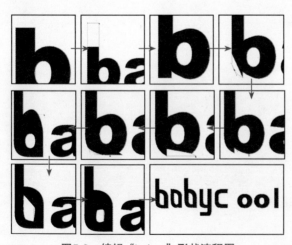

图5-3 编辑"babyc"形状流程图

标志设计概念

标志设计是通过造型简单、意义明确、统一标准的视觉符号，将经营理念、企业文化、经营内容、企业规模、产品特性等要素传递给社会公众，使之识别并认同企业的图案和文字。

标志设计分类

根据标志自身的不同功用，标志设计可以分为集团标志设计、大型活动标志设计、公司和企业标志设计、品牌标志设计、商品的商标设计等多个类别。

添加、删除锚点

在Photoshop中，如果要在路径上添加锚点，首先需要使用路径选择工具 ▶ 或直接选择工具 ▶ 选中该路径，然后再选择添加锚点工具 ✍，将光标放在需要添加锚点的路径上，当光标变为添加锚点图标 ✍ 时单击即可。

要删除锚点，可以选择删除锚点工具 ✍，将光标放在要删除的锚点上，当光标变为删除锚点图标 ✍ 时单击即可。

转换锚点

利用转换点工具 ⓝ 可以将直角锚点、光滑锚点与拐角锚点进行相互转换。

将光滑锚点转换为直角锚点时，直接使用转换点工具 ⓝ 单击此锚点即可，如下图所示。

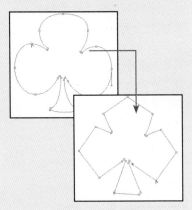

用转换点工具 ⓝ 单击并拖动锚点，即可在锚点两侧得到控制句柄，从而将直角锚点转换为光滑锚点，如下图所示。

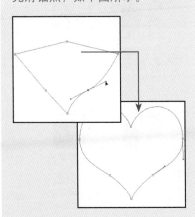

图5-4 编辑"ool"形状流程图

2. 制作主体文字装饰图形

这一步的目的是为了使主体文字不单调，要注意的是绘制的装饰图形要与主体文字相融合。

选择钢笔工具 ⓚ，在其工具选项条中单击形状图层按钮 □，在文字"oo"的上面和下面绘制如图5-5所示的形状，得到"形状1"。

> **提示** 在绘制完上面的形状后，要在其工具选项条中单击添加到形状区域按钮 ⓖ，再绘制下面的形状。

图5-5 绘制形状流程图

在"图层"调板中，将"形状1"图层拖至"babycool"图层下方以调整图层顺序。

下面要为装饰图形添加一些变化的颜色使其更美观。

选择"形状1"为当前操作图层，单击添加图层样式按钮 ⓕ，在弹出菜单中选择"渐变叠加"命令，设置弹出的对话框和渐变类型，其效果示意图如图5-6所示。

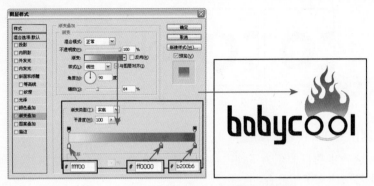

图5-6 添加"渐变叠加"图层样式示意图

3．输入和制作其他次要文字

设置前景色为黑色，选择横排文字工具 T，在其工具选项条中设置适当的字体、字号，在"babycool"文字的左下方输入两行文字，得到相应的文字图层，效果如图5-7所示。

设置前景色为黑色，选择横排文字工具 T，在其工具选项条中设置适当的字体、字号，在字母OO下方输入"贝贝"，得到相应的文字图层，效果如图5-8所示。

图5-7 输入两行文字

图5-8 输入"贝贝"

下面要制作"bobycool"的中文艺术字使其与英文对应。

右击"贝贝"文字图层名称，在弹出菜单中选择"转换为形状"命令，然后用锚点编辑工具对转换的形状进行编辑，其流程图如图5-9所示。

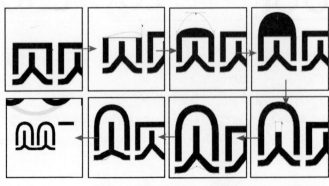

图5-9 编辑"贝贝"流程图

中文字体的运用

字体是文字的外观表象，不同的字体能够通过不同的表象为读者带去不同的情感体验。

设计领域的专家们发现，由细线构成的字体易让人联想到纤维制品、香水、化妆品等物品，笔划拐角圆滑的文字易让人联想到香皂、糕点和糖果等物品，而笔划具有较多角形的字体易让人联想到机械类、工业用品类的产品。文字在被设置为不同的字体后，由于具有了不同笔划外观或整体外形，就可以传达出不同的理念。

下图所示是为文字"繁花之舞"设置了不同字体后的效果。

汉仪粗宋简体　　汉仪综艺简体

方正黄草简体　　方正瘦金书繁体

以此为例，部分方正系列中文字体的效果展示如下：

方正粗倩简体　　方正古隶繁体

方正平和简体　方正水柱简体

方正细珊瑚简体　方正小篆体

方正艺黑繁体　方正硬笔行书

方正准圆简体　方正稚艺简体

在制作好的"贝贝"基础上，再制作"酷"字，制作流程图如图5-10所示，最终效果如图5-11所示，"图层"调板如图5-12所示。

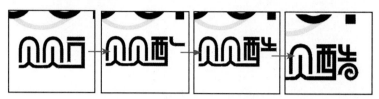

图5-10　制作"酷"流程图

图5-11　最终效果

图5-12　"图层"调板

> 提示　本例最终效果请参考随书所附光盘中的文件"第5章\5.1.psd"。

5.2　DIRECTION DIGITAL标志设计

本例主要是对制作好的标志基本形状进行编辑以将其立体化，然后制作立体化标志的明暗关系。本例运用了形状图形创建与计算、复制并移动图像、创建新的填充或调整图层、图层蒙版等技术，通过本例的学习，希望读者能够灵活掌握立体图形的制作方法。

本例的操作步骤如下。

1．制作标志基本形状

首先要制作标志的基本形状，这是标志的原型，标志的最终效果就是通过对原型的变化与修改得到的。

按快捷键Ctrl+N新建一个文件，设置弹出的对话框如图5-13所示。设置前景色的颜色值为#c40000，使用椭圆工具●，在其工具选项条中单击形状图层按钮□，按住Shift键在图像左下方绘制如图5-14所示的形状，得到"形状1"。

图5-13 "新建"对话框

图5-14 绘制"形状 1"

选择自定形状工具 ，在其工具选项条中单击从形状区域减去按钮，单击"形状"后的下三角按钮，在弹出的"自定形状"面板中选择"箭头 9"，如图5-15所示，在圆形中间绘制如图5-16所示的图形，选择工具箱中的路径选择工具，单击工具选项条中的"组合"按钮。

图5-15 "自定形状"面板

图5-16 绘制图形

使用同样的绘制方法，设置前景色的颜色值为#bfbfbf，为图形制作一个边缘，其制作流程如图5-17所示，选择工具箱中的路径选择工具，单击工具选项条中的"组合"按钮，得到"形状 2"。

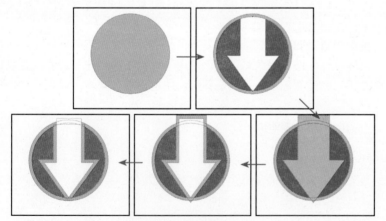

图5-17 制作边缘流程图

2. 变换标志基本形状并制作立体效果

下面要对标志的原型进行变化，制作标志的立体效果，这是将标志从平面效果转换到立体效果的关键一步。

创建自定义形状

与定义画笔、图案一样，在Photoshop中也可以自定义形状，这可使用户的工作更加得心应手。

要创建自定义形状，首先需要将要定义为形状的内容转换为路径，例如使用钢笔工具绘制路径，或先将一个形状转换成选区，再由选区转换得到路径。

由于在定义形状时，会将当前所有显示出来的路径都作为同一形状进行定义，所以一定要确认当前的路径没有多余的，然后选择"编辑>定义自定形状"命令，在弹出的对话框中输入新形状的名称，然后单击"确定"按钮退出该对话框，即完成了定义形状这一操作。

此后选择自定形状工具，显示形状列表框，在其中即可选择刚刚自定义的形状。

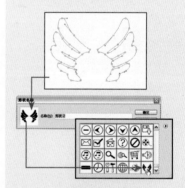

矩形选框工具

在Photoshop中，使用矩形选框工具可绘制出矩形选区，其操作非常简单，只要用鼠标拖过要选择的区域即可，学习此工具的重点是掌握在绘制选区时的特殊样式，即"样式"下拉列表中的3个选项，如下图所示，分别选择不同的选项，即可使用3种不同的方式绘制矩形选区。

![样式下拉列表]

- **正常**：选择此选项，可自由创建任何宽高比例、任何大小的矩形选择区域。
- **固定长宽比**：选择此选项，其后的"宽度"和"高度"数值框将被激活，在其中输入数值设置选择区域高度与宽度的比例，可得到精确的不同宽高比的选择区域。
- **固定大小**：选择此选项，"宽度"和"高度"数值框将被激活，在其中输入数值，可以确定新选区高度与宽度的精确数值。在此模式下只需在图像中单击，即可创建大小确定、尺寸精确的选择区域。

多边形套索工具

多边形套索工具 ☑ 主要用于创建具有直边的不规则选区，操作时在对象每个拐角处单击鼠标，直至到最后一个单击点与第一个单击点的位置重合，光标变为 ☑ 时单击鼠标左键，即可得到闭合的选区。如果无法找到第一点，在图像中双击鼠标左键也可以闭合选区。

选择"形状 1"和"形状 2"图层，按快捷键Ctrl+T调出自由变换控制框，按住Ctrl键使用控制句柄将其调节到如图5-18所示的状态，按Enter键确认变换操作。

选择"形状 2"图层为当前操作图层，按快捷键Ctrl+J复制"形状2"得到"形状 2 副本"，将其移动到"形状 1"下方以调整图层顺序，在"形状 2 副本"文字图层名称上单击鼠标右键，在弹出菜单中选择"栅格化图层"命令。

用矩形选框工具 ☐ 框选"形状 2 副本"的图像，如图5-19所示。选择移动工具 ☑，按住Alt键及键盘上的方向键以复制并移动图像来制作立体图像的高度，其移动的过程如图5-20所示，按快捷键Ctrl+D取消选区。

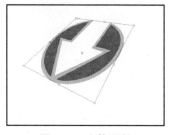
图5-18　变换形状

图5-19　框选"形状 2 副本"图像

图5-20　复制并移动图像

3．制作立体效果的阴影部分

下面要通过调色命令将图像中阴影部分的明度降下来。

使用多边形套索工具 ☑，绘制如图5-21所示的选区，单击创建新的填充或调整图层按钮 ☑，在弹出菜单中选择"亮度/对比度"命令，设置弹出的对话框后，单击"确定"按钮，得到"亮度/对比度1"，得到如图5-22所示的效果。

图5-21　绘制选区

图5-22　设置"亮度/对比度"后的效果

使用多边形套索工具，绘制如图5-23所示的选区，单击创建新的填充或调整图层按钮，在弹出菜单中选择"亮度/对比度"命令，设置弹出的对话框后，单击"确定"按钮，得到"亮度/对比度2"，得到如图5-24所示的效果。

值得一提的是，在使用此工具创建多边形选区时，按住Shift键拖动光标可得到水平、垂直或45°方向的选择线。按住Alt键可以暂时切换至套索工具，从而开始绘制任意形状的选区，释放Alt键可再次切换至多边形套索工具。

图5-23　绘制选区

图5-24　设置"亮度/对比度"后的效果

4. 处理立体图像的侧面高度

下面将处理侧面高度为图像增加明暗效果。

使用磁性套索工具，在图像右下方绘制选区，单击创建新的填充或调整图层按钮，在弹出菜单中选择"渐变填充"命令，设置弹出的对话框后，得到"渐变填充 1"，步骤示意图如图5-25所示。

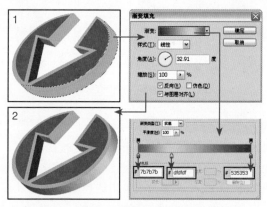

沿边角单击

首末点重合

得到的选区

图5-25　处理立体图像的侧面高度示意图

> **提示**　图1为绘制选区，图2为设置"渐变填充"后的效果。

5. 使上方立体图像的灰色边缘突起

下面将要使标志的灰色边缘突起，使其在红色底面上产生一个高度，这是为了使标志上方的变化更丰富一些。

首先制作箭头突起效果，选择"形状 1"为当前操作图层，使用多边形套索工具，沿箭头右侧边缘绘制选区，单击创建新的填充或调整图层按钮，在弹出菜单中选择"渐变填充"命令，设置弹出的对话

渐变填充图层

单击创建新的填充或调整图层按钮 ，后，在弹出菜单中选择"渐变"命令，将弹出"渐变填充"对话框，在此对话框中可以设置渐变填充图层的渐变效果，其中各个参数的解释如下。

- 渐变：单击其后面的渐变类型选择框，会弹出"渐变编辑器"对话框，在此可以自定义一个需要填充的渐变类型；或单击渐变类型选择框右侧的下三角按钮，在弹出的面板中选择已有的渐变即可。

- 样式：在该下拉列表中可以选择渐变的样式，其中包括"线性"、"径向"、"角度"、"对称的"和"菱形"5个选项。

- 角度：通过使用轮盘中的指针或在后面的数值框中输入数值，可以控制当前渐变的角度。

- 缩放：在此数值框中输入数值可以控制当前渐变的影响范围。

- 与图层对齐：勾选该复选框后，将会根据当前渐变填充图层的影响范围进行填充，否则会按照整个图像画布的大小进行填充。

将路径转换为选区

应用路径的矢量特性与可编辑性，可以创建很精确的路径形状，通过将其转换为选区，可以得到非常精确的选择区域。

要将当前选择的路径转换为

框后，得到"渐变填充 2"，步骤示意图如图5-26所示。

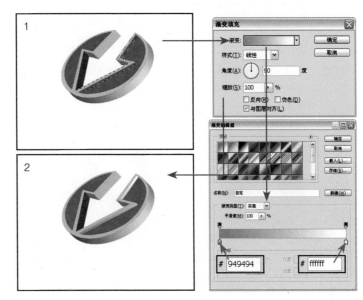

1.绘制选区　　　2.设置"渐变填充"后的效果

图5-26　制作箭头突起效果示意图

下面要制作圆形边缘突起效果，使用钢笔工具 ，并在其工具选项条中单击路径按钮 ，在圆形左上方绘制路径。

然后将路径转换为选区，单击创建新的填充或调整图层按钮 ，在弹出菜单中选择"渐变填充"命令，设置弹出的对话框后，得到"渐变填充 3"，步骤示意图如图5-27所示。

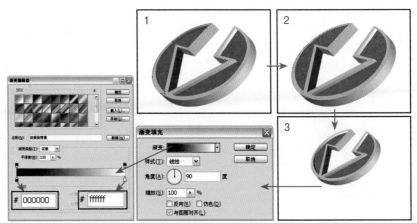

1. 绘制路径　　　　　　3.设置"渐变填充"后的效果
2.将路径转化为选区

图5-27　制作圆形边缘突起效果示意图

6．制作突起边缘的投影

新建一个图层得到"图层 1"，按快捷键Ctrl+Shift载入"渐变填充2"、"渐变填充 3"的图层蒙版选区，将选区向下移动，按快捷键Ctrl+Alt键单击"渐变填充 2"、"渐变填充 3"的图层蒙版缩览图，减去蒙版中的选区，用白色填充选区，其流程图如图5-28所示。

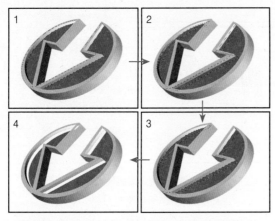

1. 载入"渐变填充 2"、"渐变填充 3"的图层蒙版选区
2. 移动选区　3. 减去"渐变填充 2"、"渐变填充 3"蒙版中的选区　4. 填充白色后的效果

图5-28　制作投影效果流程图

下面要使制作的投影有一些虚实变化。

设置"图层 1"的图层"不透明度"为30%，单击添加图层蒙版按钮为"图层 1"添加图层蒙版，设置前景色为黑色，选择画笔工具，在其工具选项条中设置适当的画笔大小后在蒙版中涂抹，将不协调的地方隐藏，得到如图5-29所示的效果，图层蒙版的状态如图5-30所示。

图5-29　添加图层蒙版后的效果

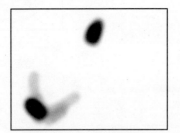

图5-30　图层蒙版的状态

7．处理突起部分的面

下面制作突起部分面的明暗变化。选择"形状 2"为当前操作图层，单击添加图层样式按钮，在弹出菜单中选择"渐变叠加"命令，设置弹出的对话框后，单击"确定"按钮，其效果如图5-31所示。

选择区域，可以按照下面的方法之一进行操作。

- 按住Ctrl键单击"路径"调板中相对应的路径缩览图。
- 按快捷键Ctrl+Enter直接将路径转换为选择区域。
- 单击"路径"调板底部的将路径作为选区载入按钮。
- 单击"路径"调板右上角的三角按钮，在弹出菜单中选择"建立选区"命令，在弹出的对话框中设置一定的参数后，即可将路径转换为选区。

另外，如果要调出"建立选区"对话框，另外一个较为快捷的操作方法就是，按住Alt键单击将路径作为选区载入按钮。

在"建立选区"对话框中，"羽化半径"参数和"消除锯齿"参数的作用，与其在选区工具选项中的作用相同，在此不再重述。

在"操作"选项区中可以指定创建选区的运算方式，各参数含义如下。

- 新建选区：仅由路径创建选区，如果当前存在选区，那么新选区将替换旧选区。
- 添加到选区：将路径所创建的选区添加至当前选区中。

- 从选区中减去：从选区中删去路径所创建的选区。
- 与选区交叉：创建的选区是由路径所创建的选区与当前存在选区重合的区域。

需要注意的是，仅在当前图像中存在选区的情况下，"添加到选区"、"从选区中减去"、"与选区交叉"3个单选按钮才可以被激活，否则将呈灰色不可用的状态。

英文字体的运用

从数量上来说，中文字体远比不上英文字体，因为制作一种英文字体只需要制作出最基本的26个字母即可，而对于中文，由于其单字数量极其庞大，所以制作周期也极长。

从功能上来说，中、英文字体都一样，不同的英文字体也能够展现出完全不同的气质，因此在设计字体时同样需要根据作品的气氛细心选择。

例如被俗称为花体的英文字体English111 Vivace，由于其笔划非常优美，因此常被用来表现浪漫、高雅、经典的气息，例如下图所示的作品。

需要注意的是，这类字体非常花哨，具有极强的装饰性，也正因为如此，它的易读性不高，

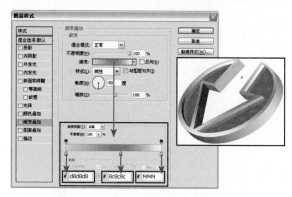

图5-31 添加"渐变叠加"图层样式

8. 制作文字部分

设置前景色的颜色值为#c40000，选择横排文字工具 T，在其工具选项条中设置适当的字体、字号，在当前画布下方输入英文文字，效果如图5-32所示，此时的"图层"调板如图5-33所示。

图5-32 输入"DIRECTION DIGITAL"　　　图5-33 "图层"调板

下面对输入的文字进行一些变化，使其与标志对应。在"DIRECTION DIGITAL"文字图层名称上单击鼠标右键，在弹出菜单中选择"转换为形状"命令，然后在"自定形状"面板中选择"箭头 9"，对转换的形状中间的"O"字进行编辑，其流程图如图5-34所示。得到如图5-35所示的最终效果。

图5-34 制作文字流程图　　　　图5-35 最终效果

提示 本例最终效果请参考随书所附光盘中的文件"第5章\5.2.psd"。

5.3 五彩云南标志设计

作为以"五彩云南"为主题的标志设计作品，利用简约的线条勾勒出孔雀的形状，作为标志的基本造型。

孔雀的尾巴采用了带有螺旋图像的锥形作为基本体，分别调整出不同的色彩并组合在一起，从而使标志看起来更加丰富、美观。

本例的操作步骤如下。

1．绘制"孔雀身体"

按快捷键Ctrl+N新建一个文件，设置其对话框如图5-36所示。

图5-36 "新建"对话框

设置前景色的颜色值为#b43e88，选择钢笔工具 ，在其工具选项条中单击形状图层按钮 ，绘制出如图5-37所示的形状。

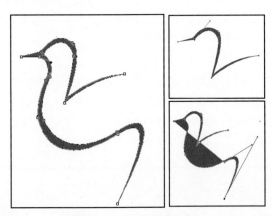

图5-37 绘制孔雀头部

选择椭圆工具 ，单击其工具选项条中的添加到形状区域按钮 ，按住Shift键在孔雀头部的上方绘制一个正圆形，如图5-38所示。选择直线工具 ，在圆的位置绘制一条直线，如图5-39所示，使用同样的方法绘制出如图5-40所示的效果，图5-41所示为整体效果。

并不适用于篇幅较长的正文文字。对于正文文字的字体，最为常用的标准字体就非Times New Roman字体莫属了。

下图所示是为英文Design设置了不同英文字体时的效果。

多边形工具

在多边形工具被选中的状态下，工具选项条中出现"边"参数，在此数值框中输入数值，可以控制多边形或星形的边数。

单击设置形状工具选项条中的下三角按钮，可弹出多边形选项框，以设置多边形的参数及选项。

在该选项框中，各个参数的解释如下。

- 半径：在此数值框中输入数值，以定义多边形的半径值。此时只要在画布中单击即可创建一个多边形。
- 平滑拐角：勾选此复选框，可以使多边形的拐角变得平滑。
- 星形：勾选此复选框，将多边形工具变为星形工具，即可以使用此工具来绘制各种样式的星形。
- 缩进边依据：在此数值框中输入数值，可以定义星形的缩进量，数值越大星形的内缩效果越明显。下图所示是"缩进边依据"数值分别为90%及20%时的效果。

缩进为90

图5-38　绘制圆形

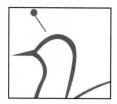

图5-39　绘制直线

图5-40　绘制图像

图5-41　整体效果

2．制作单个"羽毛"

提示　进行这一步时可以暂时隐藏"形状1"图层，方便后面的操作。

选择多边形工具，在其工具选项条中单击形状图层按钮，设置"边"为3，绘制出一个三角形，按快捷键Ctrl+T调出自由变换控制框，按住Ctrl键拖动控制句柄进行调整，得到如图5-42所示的形状。

单击其工具选项条中的添加到形状区域按钮，选择椭圆工具，按住Shift键在三角形的上部绘制一个正圆形，调整位置得到如图5-43所示的效果。

图5-42　绘制三角形

图5-43　绘制圆形

单击添加图层样式按钮，在弹的菜单中选择"渐变叠加"命令，设置其对话框如图5-44所示，单击"确定"按钮，得到的效果如图5-45所示。使用同样的方法，在对话框中选择"描边"命令，设置其参数如图5-46所示，得到的效果如图5-47所示。

图5-44 "渐变叠加"参数设置

图5-45 渐变后的效果

图5-46 "描边"参数设置

图5-47 描边后的效果

缩进为20

■ 平滑缩进: 勾选此复选框, 使星形缩进的边角非常圆滑。下图所示分别是没有平滑缩进的星形及有平滑缩进的星形。

未选择平滑缩进

选择平滑缩进

提示 "渐变叠加"选项面板中的渐变颜色条左右两端的颜色值分别为#b13784和#ffffff。"描边"选项面板中的颜色块的颜色值为#b13784。

形状与形状图层的关系

在Photoshop中, 使用任意一个形状工具都可以创建得到形状图层, 例如矩形工具■、椭圆工具●、直线工具\及自定形状工具等, 通过前面的学习可以确认, 其前提就是在形状工具的工具选项条中单击形状图层按钮■。

3. 为单个羽毛增加螺旋图像

选择自定形状工具, 在其工具选项条中单击形状图层按钮■, 单击"形状"右侧的下三角按钮, 在弹出的面板中选择如图5-48所示的形状。

在如图5-49所示的位置绘制一个螺旋状的图形, 得到"形状 3"。选择直接选择工具, 在螺旋形状上单击, 拖动其锚点调整螺旋形的宽度, 如图5-50所示。按照同样的方法将整个螺旋形状调整至如图5-51所示的效果。

图5-48 自定义形状

图5-49 绘制图形

通过创建形状图层，可以在图像中创建填充有前景色的几何形状。由于此类图层从本质上说是使用了矢量蒙版的填充图层，因此具有非常灵活的矢量可编辑性。

要创建形状图层，首先根据需要选择适当的工具，例如钢笔工具、矩形工具或自定形状工具等，然后在其工具选项条中单击形状图层按钮，再设置所需要的前景色后在图像中拖动即可得到形状，同时在"图层"调板中会生成一个对应的形状图层，如下图所示。

"色相/饱和度"命令

此命令是在进行图像调色时使用频率非常高的一个命令，原因就在于它可以非常简单、方便地修改图像的色相及饱和度属性。

此对话框中的各个参数解释如下。

图5-50　编辑图形

图5-51　调整图形

按住Shift键单击"形状 2"和"形状 3"图层，按快捷键Ctrl+E执行"合并图层"操作，得到一个新的图层"形状 3"。

按快捷键Ctrl+T调出自由变换控制框，按住Shift键拖动控制句柄进行缩放，逆时针旋转25°左右，得到的效果如图5-52所示。显示"形状1"图层，整体效果如图5-53所示。

图5-52　旋转后的效果

图5-53　整体效果

4. 制作"五彩羽毛"

> **提示**　前面已经制作出了孔雀尾巴的基本形状，为了丰富图像内容，下面将利用色彩调整命令，对各个羽毛图像进行调色。

按快捷键Ctrl+Alt+T调出自由变换和复制控制框，将控制框的中心点移到右下角，如图5-54所示。将其顺时针旋转38°左右，按Enter键结束操作，得到的效果如图5-55所示。

按4次快捷键Shift+Ctrl+Alt+T，进行连续变换复制操作，得到的效果如图5-56所示。

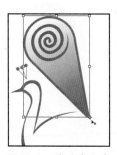

图5-54　移动中心点

图5-55　复制图像

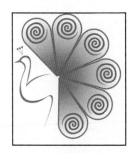

图5-56　连续复制后的效果

选择"形状 3 副本"图层，单击创建新的填充或调整图层按钮 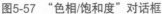，在弹出菜单中选择"色相/饱和度"命令，设置其对话框如图5-57所示，按快捷键Ctrl+Alt+G执行"创建剪贴蒙版"操作，得到的效果如图5-58所示。

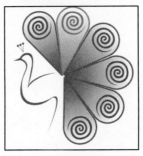

图5-57 "色相/饱和度"对话框　　图5-58 创建剪贴蒙版后的效果

使用上面的操作方法，分别选择其他4个羽毛图像所在的图层，并使用"色相/饱和度"命令为其调色，直至得到如图5-59所示的效果。

设置前景色的颜色值为#ffe200，选择椭圆工具 ◎，在其工具选项条中单击形状图层按钮 □，按住Shift键在扇形的中间处绘制一个正圆形，如图5-60所示。

图5-59 调整其他图像颜色后的效果　　图5-60 绘制圆形

单击添加图层样式按钮 ⨍，在弹出菜单中选择"描边"命令，设置其对话框如图5-61所示，得到的效果如图5-62所示。

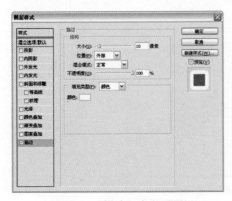

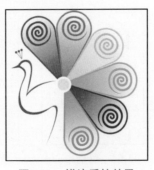

图5-61 "描边"参数设置　　图5-62 描边后的效果

- 编辑：在该下拉列表中选择"全图"，可以同时调节图像中所有的颜色，或者选择某一颜色成分，单独调节。
- 吸管：可以使用位于"色相/饱和度"对话框中的吸管工具选取图像中的颜色并修改颜色范围。使用吸管加工具可以扩大范围，使用吸管减工具 可以减小范围。
- 色相：使用"色相"调节滑块可以调节图像的色调，无论向左拖动还是向右拖动，都可以得到一个新的色相。
- 饱和度：使用"饱和度"调节滑块可以调节图像的饱和度。向右拖动增大饱和度，向左拖动减少饱和度。
- 明度：使用"明度"调节滑块，可调节像素的亮度，向右拖动增大亮度，向左拖动减少亮度。
- 颜色条：在对话框的底部显示有两个颜色条，代表颜色在颜色轮中的次序及选择范围。上面的颜色条显示调整前的颜色，下面的颜色条显示调整后的颜色。
- 着色：该参数用于将当前图像转换成为某一种色调的单色图像。
- 单色颜色条：如果在"编辑"下拉列表中选择的不是"全图"选项，颜色条则显示对应颜色区域的颜色。拖动颜色条间的深灰色区域可以实现改变颜色调整范围的操作。

下图所示是将提琴由红色调整为绿色的过程和效果。

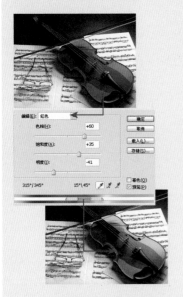

锁定图层属性

在"图层"调板的顶部位置，有4个按钮锁定：□ ✎ ✛ 🔒，依次为锁定透明像素按钮□、锁定图像像素按钮✎、锁定位置按钮✛和锁定全部按钮🔒，在选择某个图层的情况下，单击不同的按钮，即可锁定该图层对应的属性。

下面来对各个按钮的功能进行详细讲解。

1. 锁定透明像素

要锁定图层的透明区域使其不被编辑，单击锁定透明像素按钮□即可。

2. 锁定图像像素

要锁定图层中的图像不被编辑，单击锁定图像像素按钮✎即可。在此状态下，图层中的非透明区域将不可被隐藏。

5. 添加文字效果

选择横排文字工具 T，在其工具选项条中设置适当的字体、字号和颜色，输入如图5-63所示的文字。

图5-63　输入文字

单击添加图层样式按钮 ⨍，在弹出菜单中选择"投影"命令，设置其参数如图5-64所示，同时勾选对话框中的"渐变叠加"复选框，设置其参数如图5-65所示，单击渐变颜色条弹出"渐变编辑器"对话框，其设置如图5-66所示，得到的效果如图5-67所示。

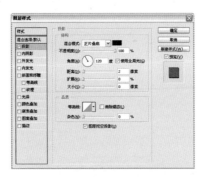

图5-64　"投影"对话框

图5-65　"渐变叠加"对话框

图5-66　"渐变编辑器"对话框

图5-67　应用"渐变叠加"后的效果

图5-68所示为本例的最终效果，对应的"图层"调板如图5-69所示。

图5-68　最终效果

图5-69　"图层"调板

> **提示**　本例最终效果请参考随书所附光盘中的文件"第5章\5.3.psd"。

5.4　SUPER DIGITAL标志设计

本例中标志的设计主要利用了文字作为主题图像，从而使标志具有了电子数字的感觉，加上对文字的处理，整个标志具有较强的艺术感。

这个标志的制作相对简单，通过运用文字工具和矢量蒙版，制作出文字特效。本例的操作步骤如下。

1．新建文件

按快捷键Ctrl+N新建一个文件，设置弹出的对话框如图5-70所示，单击"确定"按钮。

图5-70　"新建"对话框

2．用椭圆工具和钢笔工具绘制LOGO主体文字的轮廓

设置任意前景色，选择椭圆工具 ，在其工具选项条中单击形状图层按钮 ，在画布的中间绘制椭圆形状，得到形状图层"形状1"。

按快捷键Ctrl+T调出自由变换控制框，逆时针旋转60°后按Enter键确认变换操作。

3．锁定位置

要锁定图层位置不被移动，单击锁定位置按钮 即可。

4．锁定全部

要锁定图层全部属性，单击锁定全部按钮 即可。

标志的国际性

此处指的是以本土为出发点，而不是以欧美日的观点来作为诉求，让人一眼便能识别出本国的企业品牌，逐渐产生好感。简言之，即以本土文化为"意"，用西方美学作"形"，来迎向国际化。

从形状区域减去

单击从形状区域减去按钮 时，可使两个形状发生减运算，其结果是可从现有形状中删除新形状与原形状的重叠区域。

下图所示是在原图形的基础上，选择此运算模式，绘制一个矩形后得到的图形状态。

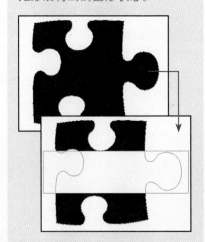

精确变换图像

除了手动对图像进行变换操作外，用户可以在调出变换控制框后，设置其工具选项条中的参数对图像进行精确的变换。

该工具选项条中各项参数介绍如下。

- 参考点位置：在变换图像时，可以使用工具选项条中的 确定操作参考点。例如，要以图像的左上角点为参考点，单击 使其显示为 形即可。
- 精确移动图像：要精确改变图像的水平、垂直位置，分别在X、Y数值框中输入数值即可。
- 如果要定位图像的绝对水平位置，直接输入数值即可，如果要使填入的数值为相对于原图像所在位置移动的一个增量，应该单击 △ 按钮，使其处于被按下的状态。
- 精确缩放图像：要精确改变图像的宽度与高度，可以分别在W、H数值框中输入数值。
- 如果要保持图像的宽高比，应该单击 按钮，使其处于被按下的状态。
- 精确旋转图像：要精确改变图像的角度，需要在 △ 数值框中输入角度数值。
- 精确斜切图像：要改变图像水平及垂直方向上的斜切变形，可以分别在H、V数值框中输入角度数值。

在保持对"形状 1"的矢量蒙版的操作状态下，选择钢笔工具，并在其工具选项条中单击从形状区域减去按钮，在椭圆的边缘上绘制以减去部分椭圆。

重复上面的操作步骤，再次在椭圆的边缘上绘制以减去部分椭圆。流程图如图5-71所示。

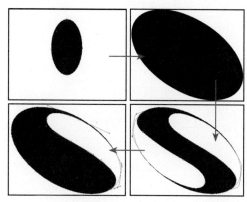

图5-71　绘制并旋转椭圆形状及对其进行编辑

依然使"形状 1"的矢量蒙版为当前的操作对象，选择矩形工具，并在其工具选项条中单击从形状区域减去按钮，在"S"的中间绘制矩形，按快捷键Ctrl+T调出自由变换控制框，顺时针旋转30°，如图5-72所示，按Enter键确认变换操作。

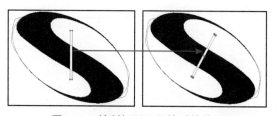

图5-72　绘制矩形及旋转后的效果

3. 为标志轮廓添加"渐变叠加"图层样式

单击添加图层样式按钮，在弹出菜单中选择"渐变叠加"命令，设置参数后得到如图5-73所示的效果。

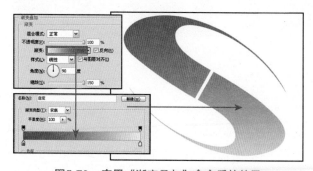

图5-73　应用"渐变叠加"命令后的效果

> **提示** 在"渐变叠加"对话框中设置参数时，"渐变编辑器"对话框中的颜色条的左侧色标的颜色值为#e600a2，右侧色标的颜色值为#fee7f2。

4. 为标志轮廓应用"色调分离"命令

单击创建新的填充或调整图层按钮 ，在弹出菜单中选择"色调分离"命令，在弹出的对话框中设置参数后得到如图5-74所示的效果，同时得到调整图层"色调分离1"。

图5-74 应用"色调分离"命令后的效果

5. 利用矩形工具和椭圆工具为主体LOGO添加装饰

设置前景色的颜色为黑色，选择矩形工具 ，在其工具选项条中单击形状图层按钮 ，在LOGO的主体文字上绘制矩形，得到形状图层"形状2"。

选择椭圆工具 ，在其工具选项条中单击从形状区域减去按钮 ，绘制椭圆并逆时针旋转60°，将其移至矩形的中间，使LOGO的主体文字显示出来，流程图如图5-75所示。

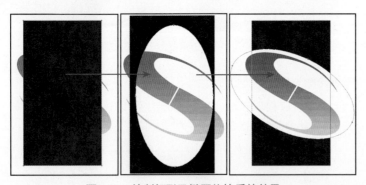

图5-75 绘制矩形及椭圆旋转后的效果

6. 输入辅助文字

选择横排文字工具 ，在其工具选项条中设置适当的字体和字号，在LOGO主体文字的下方输入文字，得到相应的文字图层"SUPER"。

按快捷键Ctrl+T调出自由变换控制框，按快捷键Ctrl+Shift向右拖曳控制框上方的控制句柄，按Enter键确认变换操作。在文字图层的图层名

在工具选项条中完成参数设置后，可以单击 按钮确认，如果要取消操作可以单击 按钮。当然，除此之外，还可以按Enter键来确认变换操作，或按Esc键来取消变换操作。

"色调分离"命令

使用"色调分离"命令可以减少图像中的色彩过渡，使作品的颜色过渡直接而又清晰，同时也会在视觉上大幅度提高图像色彩的饱和度。

此命令的工作原理是通过用户设定的色阶数量，减少颜色的层次并将近似的颜色归纳在一起。

原图像

设置参数为3的效果

输入点文字

在前面的讲解中已经提到，Photoshop包括了4种用于输入文字的工具，无论使用哪一种文字工具，都能够创建两类文本，即点文字和段落文字。

点文字的文字行是独立的，即文字行的长度随文本的增加而变长，而不会自动换行。因此，点文字对于输入一个字或一行字符很有用。如果在输入点文字时要换行必须按Enter键。

输入点文字时可以按如下步骤进行操作。

1. 选择横排文字工具 T 或直排文字工具 T。
2. 用光标在画布中单击，为文字设置插入点。
3. 在工具选项条，"字符"调板和"段落"调板中设置文字属性。
4. 在插入点后面输入所需要的文字，按提交所有当前编辑按钮 √ 确认操作。

确认输入的文字

在确认输入的文字时，可以执行下面的操作之一：

- 单击工具选项条中的提交所有当前编辑按钮 √。
- 按快捷键Ctrl+Enter。
- 按小键盘上的Enter键。
- 选择任意的工具。
- 单击任意图层的缩览图。

称上单击鼠标右键，在弹出菜单中选择"转换为形状"命令，将文字图层转换为形状图层。

用直接选择工具 选中"S"右上角的两个锚点，按住Shift键向右拖曳。

使用类似上面的操作方法，利用直接选择工具 及钢笔工具 对文字进行编辑，流程图如图5-76所示，继续输入相关性文字。

图5-76　输入并编辑文字后的效果

7. 绘制渐变条

新建一个图层"图层 1"，选择矩形选框工具 ，在两排辅助文字的中间绘制矩形选区，选择线性渐变工具 ，单击其工具选项条中的渐变类型选择框，从选区的左侧至右侧绘制渐变，按快捷键Ctrl+D取消选区，得到如图5-77所示的效果。

> 提示　在"渐变编辑器"对话框中，两色标的颜色值均为#e600a2，从左至右的第1和第3个不透明度色标为0%，中间的不透明度色标为100%。

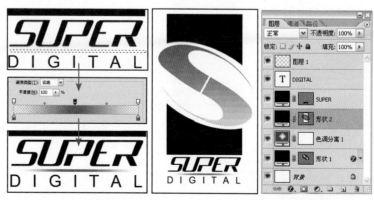

图5-77　绘制选区并应用渐变后的效果、最终效果和"图层"调板

> 提示　本例最终效果请参考随书所附光盘中的文件"第5章\5.4.psd"。

5.5 环球传媒标志设计

这个标志用于传媒领域，表现手法比较真实，圆球处在立方体的顶端，表现该媒体的前瞻性。

这个标志的制作过程相对较复杂，形状工具、"渐变叠加"图层样式和图层蒙版的搭配使用使形状具有立体感。本例的操作步骤如下。

1．新建文件

按快捷键Ctrl+N新建一个文件，设置弹出的对话框如图5-78所示，单击"确定"按钮退出对话框。

图5-78 "新建"对话框

2．绘制圆形

设置任意前景色，选择椭圆工具，在其工具选项条中单击形状图层按钮，按住Shift键在画布的中间绘制椭圆形状，得到"形状1"。

单击添加图层样式按钮，在弹出菜单中选择"渐变叠加"命令，设置参数后得到如图5-79所示的效果。

> **提示** 在"渐变叠加"选项面板中设置时，"渐变编辑器"对话框中颜色条的左侧色标的颜色值为#30444f，右侧色标的颜色为#fbf9fa。之所以不对前景色的颜色值进行设置是因为在接下来将要给"形状1"添加"渐变叠加"图层样式，会将形状的颜色覆盖，所以没有必要在绘制形状之前设置前景色。

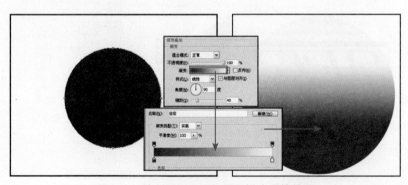

图5-79 绘制圆形及添加图层样式后的效果

从广义上来说，标志可以理解为一个具有特殊功能的符号或图案，与普通的符号或图案不同的是，它需要将所代表的对象以一定的形式展现出来，应该是商业价值与艺术价值兼而有之。以一个企业标志为例，它应该是展现企业形象的基本特征，体现企业内在气质，同时广泛传播、诉求大众认同的统一符号，目的就是使标志主题思想深化，从而达到准确传递企业信息的目的。

因此，对于设计师来说，除了需要具有高超的设计技能外，还要具备多学科知识，如符号学、美学、文学、销售心理学、市场学等，以及较强的抽象思维能力。

标志的主张性

将企业所追求的理想主张予以明确化，再转化为易懂的图形，并以最合适的题材来作为创意的表现，最后形成企业独有的价值与文化，这是企业标志所担负的使命。

标志设计要点

在标志的设计过程中，建议读者参考和借鉴以下几点经验。

■ 标志本身直接与企业和商品相联系。

■ 对于委托者的意图、要求应仔细斟酌。

■ 注意各国和各地区的民情风俗。

■ 标志本身应具有区别于同类商品的竞争性。

- 对于新开发的产品，标志需要有一定创新性。
- 设计标志时要有超前意识，使标志经得起时间的考验，以避免很快就落后于时代。

标志设计的难点在于如何准确地把含义转化为视觉形象，而不是简单的象什么或表示什么，既要有创意，还要用形象化的艺术语言表述出来。对任何主题进行设计，构思方法正确与否至关重要。美的图案很多，但好的创意来自对主题本身的深入挖掘，雷同是标志设计的忌讳，创新是标志设计成功的前提。设计者应努力寻找最佳的表达方式，创造个性鲜明、避免歧义、符合主题的标志。

图层蒙版的工作原理

图层蒙版的原理是使用一张具有256级色阶的灰度图（即蒙版）来屏蔽图像，灰度图中的黑色区域将为透明区域，而图中的白色区域为不透明区域，由于灰度图具有256级灰度，因此能够创建细腻、逼真的混合效果。

在操作方面，由于蒙版的实质是一张灰度图，因此可以采用任何作图或编辑类方法调整蒙版，从而得到需要的效果。

而且由于所有显示、隐藏图层的操作均在蒙版中进行，因此能够保护图像的像素不被编辑，从而使工作具有很大的灵活性。

下面的流程图展示了利用蒙版隐藏图像前后的效果对比。

3. 绘制圆环

选择"背景"图层为当前操作图层，重复第2步的操作方法，以正圆的圆心为圆心，绘制一个稍大一些的正圆，得到"形状 2"，为其添加"渐变叠加"图层样式，设置参数后得到如图5-80所示的效果。

 提示 之所以选择"背景"图层为当前操作图层是因为通过使用椭圆工具绘制形状而得到的形状图层会处在"背景"图层的上方。在"渐变叠加"选项面板中设置时，"渐变编辑器"对话框中颜色条从左至右的色标的颜色值分别为#30444f、#fbf9fa和#364147。

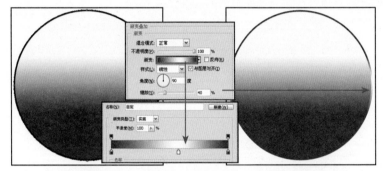

图5-80 绘制圆环及添加图层样式后的效果

复制"形状 2"得到"形状 2 副本"，双击其图层名称，以调出"图层样式"对话框"渐变叠加"选项面板，设置参数后得到如图5-81所示的效果。

 提示 在"渐变编辑器"对话框中颜色条的左侧色标的颜色值为#6a6a6a，右侧色标的颜色为白色。

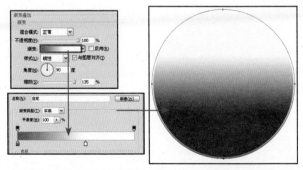

图5-81 复制图层及更改图层样式中渐变颜色值后的效果

单击添加图层蒙版按钮为"形状 2 副本"添加图层蒙版，设置前景色的颜色为黑色，选择画笔工具，在其工具选项条中设置适当的画笔大小，在圆环的两侧进行涂抹以将其隐藏，得到如图5-82所示的效果。

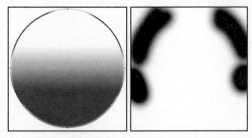

图5-82　添加图层蒙版后的效果及对应的图层蒙版状态

此时圆环的亮面还有下面的图层露出来的杂边,再次选择"形状2"为当前操作对象,重复上面的操作步骤,为其添加图层蒙版并用画笔工具 ✐ 将杂边涂抹掉,流程图如图5-83所示。

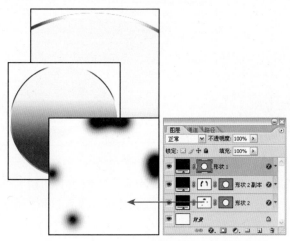

图5-83　添加图层蒙版后的效果及"图层"调板

4.绘制透视角度长方体

选择"形状 1"为当前操作对象,设置前景色的颜色值为#20afcf,使用第2步的操作方法,以渐变正圆的圆心为圆心,绘制一个稍小一些的正圆,得到"形状3"。

单击添加图层样式按钮 ,在弹出菜单中选择"内发光"命令,设置参数得到如图5-84所示的效果。

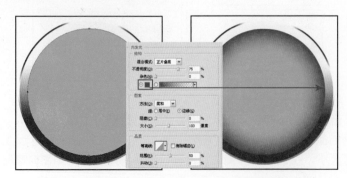

图5-84　绘制正圆形状及应用"内发光"命令后的效果

添加蒙版前的状态

用蒙版隐藏图像

对比"图层"调板与图像所显示的效果可以总结出以下几点。

- 图层蒙版中的黑色区域:可以隐藏图像对应的区域从而显示底层图像。

- 图层蒙版中的白色部分:可以显示当前图层的图像的对应区域,遮盖住底层图像。

- 图层蒙版中的灰色区域:一部分显示底层图像,一部分显示当前层图像,从而使图像在此区域内具有若隐若现的效果。

"内发光"图层样式

使用"内发光"图层样式,可以为图像增加内发光的效果,该样式的参数设置选项面板与"外发光"样式的参数设置选项面板基本相同,恰当的应用可以得到很好的效果。

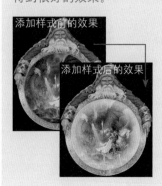

添加样式前的效果

添加样式后的效果

除了直接使用此样式制作得到内发光的效果外，还可以通过设置适当的"杂色"参数，使发光中带有一定的杂点，以模拟物体表面的特殊质感。

依据选区添加图层蒙版

在Photoshop中要依据选区创建图层蒙版，可以执行下面的方法之一：

- 选择菜单栏中的"图层>图层蒙版>显示选区"命令，或者直接单击添加图层蒙版按钮即可创建一个蒙版，以显示选区中的图像。
- 要创建一个隐藏所选选区并显示图层其余部分的蒙版，可按住Alt键单击添加图层蒙版按钮，或者选择菜单栏中的"图层>图层蒙版>隐藏选区"命令。

Photoshop中的绘图工具

Photoshop的绘图工具包括画笔工具 ✐ 及铅笔工具 ✐，两个工具的绘图方式都类似于真实的手绘笔，允许自由控制线条的走向。Photoshop绘图的优势还在于，只需要设置画笔的参数，就能得到不同类型的线条，并可以将一个图案定义为画笔的形状，从而制作出用传统绘图方法无法得到的效果。

画笔工具及铅笔工具的参数设置的不同点如下。

- 画笔工具的画笔边缘都非常柔和，并可以设置其柔和度。
- 铅笔工具的画笔边缘都是锐利的，界线分明。

提示　在"内发光"选项面板中，色块的颜色值设置为#293269。

设置前景色的颜色值为#076195，选择钢笔工具 ✐，在其工具选项条中单击形状图层按钮 ▢，在蓝色圆内部绘制菱形形状，得到"形状4"，其流程图如图5-85所示。

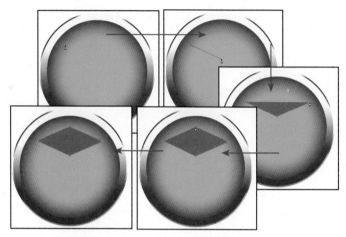

图5-85　绘制菱形流程图

设置前景色的颜色值为#1a93be。使用上面的操作方法，用钢笔工具 ✐ 绘制侧面形状，得到"形状5"。

按住Ctrl键单击"形状3"的矢量蒙版缩览图以载入其选区，单击添加图层蒙版按钮 ▣ 为"形状5"添加图层蒙版。

按照上面的操作方法，绘制形状并添加图层蒙版，在另一侧绘制形状，得到"形状6"，流程图如图5-86所示。

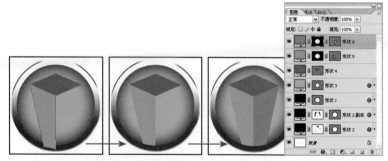

图5-86　绘制侧面并添加图层蒙版的步骤、效果及"图层"调板

设置前景色的颜色值为#00f4fd，在长方体的转角处绘制形状以代表反光，得到"形状7"。

单击添加图层蒙版按钮 ▣，设置前景色的颜色为黑色，选择画笔工具 ✐，在其工具选项条中设置适当的画笔大小和不透明度，在靠近形状的边缘处使用黑色进行涂抹以隐藏形状的边缘，使其具有一定的渐隐效果，如图5-87所示。

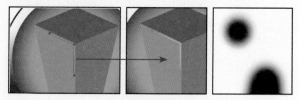

图5-87　绘制形状、添加图层蒙版后的效果及对应的蒙版状态

5．绘制彩带

设置前景色的颜色值为#ecff01，使用第4步的操作方法，用钢笔工具
绘制形状，得到形状图层"形状 8"。

选择钢笔工具，在其工具选项条中单击路径按钮，在刚才绘制
的形状上绘制路径，按快捷键Ctrl+Enter将路径转换为选区，按快捷键
Ctrl+Alt+D应用"羽化"命令，在弹出的对话框中设置"羽化半径"为8。

新建一个图层"图层 1"，设置前景色的颜色值为#c9e804，按快捷
键Alt+Delete用前景色填充选区，按快捷键Ctrl+D取消选区，得到如图
5-88所示的效果。

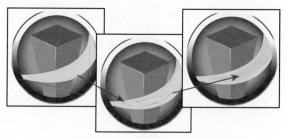

图5-88　绘制彩带流程图

6．绘制圆环内侧

设置任意前景色，选择椭圆工具，在其工具选项条中单击形状图
层按钮，在主体圆上绘制正圆形状，得到"形状 9"。

在保持选择"形状 9"的矢量蒙版状态下，按快捷键Ctrl+Alt+T调出
自由变换并复制控制框，按住快捷键Shift+Alt缩小矢量蒙版内的路径，
按Enter键确认变换操作。单击从形状区域减去按钮，得到如图5-89所
示的效果。

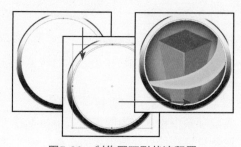

图5-89　制作圆环形状流程图

变为▢状态即可。再次单击以重新显示眼睛图标◉，即可恢复显示对应的图层样式效果。

　　要隐藏或显示全部图层样式，可以选择菜单栏中的"图层>图层样式>隐藏所有效果/显示所有效果"命令。直接单击"效果"左侧的眼睛图标◉，使它变为▢状态也可以隐藏全部效果，再次单击以重新显示眼睛图标◉，即可显示出全部的图层样式效果。

在同一文件中复制图层

　　在Photoshop中，要在同一文件内复制图层，首先选中要复制的图层，再执行下面的操作之一。

■ 选择菜单栏中的"图层>复制图层"命令，设置弹出的"复制图层"对话框，如下图所示。

　　下面为圆环添加"渐变叠加"图层样式，设置参数后得到如图5-90所示的效果。

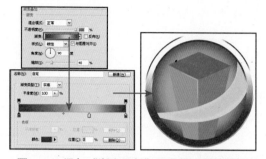

图5-90　添加"渐变叠加"图层样式后的效果

> **提示**　在"渐变编辑器"对话框的颜色条中，从左至右各个色标的颜色值依次为#30444f、#cfcfcf和#364147。

　　从图像效果可以看出圆环有了暗面，下面接着绘制稍小圆环形状（"形状10"）并添加图层样式，得到如图5-91所示的效果。

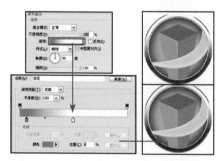

图5-91　绘制稍小圆环并添加"渐变叠加"图层样式后的效果

　　为了使圆环亮暗面对比突出，下面来为"形状10"添加图层蒙版，并结合画笔工具及渐变工具在蒙版中进行编辑，以显示出圆环上方的暗面，如图5-92所示。

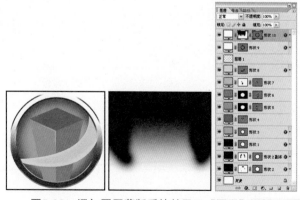

图5-92　添加图层蒙版后的效果及"图层"调板

7．绘制圆球

设置前景色的颜色值为#2bffff，选择椭圆工具 ，在其工具选项条中单击形状图层按钮 ，在长方体上面绘制椭圆形状，得到形状图层"形状11"。

复制"形状11"得到"形状11副本"，并更改"形状11副本"的颜色值为#135091。

单击添加图层蒙版按钮 为"形状11副本"添加图层蒙版，设置前景色的颜色为黑色，选择画笔工具 ，在其工具选项条中设置适当的画笔大小，在圆球上进行涂抹以得到反光的效果。流程图如图5-93所示。

如果在此对话框的"文档"下拉列表中选择"新建"，并在下面的"名称"文本框中输入一个文件名称，可以将当前图层复制为一个新的文件。

■ 将图层拖动到"图层"调板底部的创建新图层按钮 上即可执行"复制图层"操作。

■ 在Photoshop CS2中，用户按住Alt键单击并拖动要复制的图层至目标位置，释放鼠标即可完成复制。

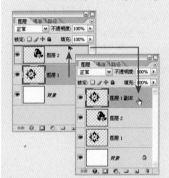

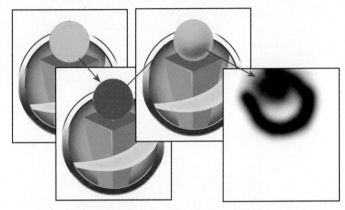

图5-93　绘制圆球形状以及立体效果

复制"形状11"得到"形状11副本2"，并更改其颜色值为#9aa7f2，添加图层蒙版以表现圆球底部的反光效果，如图5-94所示。

羽化选区

羽化是专门针对选区的一个参数，当一个选区具有羽化值时，其边缘处将发生变化，外部的一部分像素将被选中，而内部的一部分像素将被取消选择。具体有多少外部的像素被选中，多少内部的像素被取消选择，将视羽化值大小而定。

图5-94　绘制圆球反光效果及"图层"调板

新建一个图层"图层2"，设置前景色的颜色为白色，选择椭圆选框工具 ，按住Shift键在圆球的左上方绘制一个正圆选区，按快捷键Ctrl+Alt+D执行"羽化"命令，在弹出的对话框中设置"羽化半径"为10，按快捷键Alt+Delete用前景色填充选区，按快捷键Ctrl+D取消选区，得到如图5-95所示的效果。

在Photoshop中实现羽化效果，可以采取两种方法。第一种为在使用矩形选框工具、椭圆选框工具、套索工具、多边形套索等工具时，在工具选项条中的"羽化"数值框中设置不为零的羽化值。

如果已经存在一个选区，可以选择菜单栏中的"选择>羽化"命令，在弹出的对话框中输入数值，使当前选区具有羽化效果。

创建文字选区

除了使用横排文字工具 T.和直排文字工具 IT.创建文字以外，还可以利用横排文字蒙版工具 T.和直排文字蒙版工具 T.创建文字型选区，其操作步骤如下。

1. 选择横排文字蒙版工具 T.或直排文字蒙版工具 T.。

2. 在页面中单击设置插入点。

3. 设置适当的文字属性。

4. 在插入点后面输入所需的文字，此时图像将显示为快速蒙版状态，如下图所示。

图5-95 绘制圆球高光的效果

新建一个图层"图层 3"，将其拖至"形状 11"的下方，设置前景色的颜色值为#023375，使用上一步的操作方法，用椭圆选框工具 ○.绘制选区，应用"羽化"命令，设置羽化值为10，填充颜色并取消选区后得到如图5-96所示的效果，以表现圆球的投影。

图5-96 绘制圆球阴影流程图

8. 输入文字

选择所有图层上方的图层为当前操作对象，设置前景色的颜色为黑色，选择横排文字工具 T.，并在其工具选项条中设置适当的字体与字号，在主体圆球的两侧输入文字，如图5-97所示。

图5-97 最终效果及"图层"调板

提示 本例最终效果请参考随书所附光盘中的文件"第5章\5.5.psd"。

5.6 G-MEDIA标志设计

这个标志使用圆形来表现地球，从而展现该媒体的流传之广泛，火红的颜色体现了该媒体的火爆程度，文字的字体设计又为标志的整体效果添加了几分严肃性。

标志的制作相对简单，只是应用了形状工具、"渐变叠加"图层样式、钢笔工具及文字工具，相反困难的是标志的创意，读者需要多加练习。本例的操作步骤如下。

1. 绘制形状及载入变换选区填充颜色

按快捷键Ctrl+N新建一个文件，设置弹出的对话框如图5-98所示，单击"确定"按钮退出对话框。

图5-98 "新建"对话框

设置前景色的颜色值#为#fe7040，选择椭圆工具，在其工具选项条中单击形状图层按钮，按住Shift键在画布的中间绘制形状，得到形状图层"形状 1"。

按住Ctrl键单击"形状 1"的图层缩览图以载入其选区，选择菜单栏中的"选择>变换选区"命令以调出变换选区控制框，按快捷键Ctrl+Alt+Shift+T向下拖动控制框右上角的控制句柄以缩小选区，按Enter键确认变换操作。

按快捷键Ctrl+Alt+D应用"羽化"命令，在弹出的对话框中设置"羽化半径"为7，新建一个图层"图层 1"，设置前景色的颜色值为#ff4206，按快捷键Alt+Delete用前景色填充选区，按快捷键Ctrl+D取消选区，得到如图5-99所示的效果。

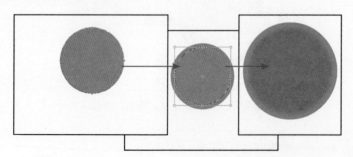

图5-99 绘制正圆形状、变换选区及填充颜色后的效果

5. 单击提交所有当前编辑按钮，得到文字选区。

下图是对选区进行羽化并填充颜色后的效果。

新建图层

在Photoshop中，创建新图层是一个经常性的操作，下面来了解一下最基本的创建新图层的操作方法。

要创建新图层，可以选择菜单栏中的"图层>新建>图层"命令，或单击"图层"调板右上角的按钮，在弹出菜单中选择"新建图层"命令，弹出下图所示的"新建图层"对话框。

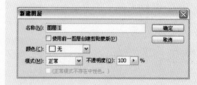

在上图所示的"新建图层"对话框中，各参数的解释如下。

- 名称：在此文本框中输入新图层的名称，默认情况下其名称为"图层X"，其中X代表图层的序号。
- 使用前一图层创建剪贴蒙版：勾选该复选框后，新建的图层与当前所选图层之间会创建剪贴蒙版。
- 颜色：在此下拉列表中可以为新建的图层选择一个颜色，以便于在"图层"调板中管理和查看这些特殊色彩的图层，如下图所示。

- 模式：在此下拉列表中可选择新图层的混合模式。
- 不透明度：此参数用于设置新图层的不透明度。

完成参数设置后单击"确定"按钮即可创建一个新图层。

另外，直接单击"图层"调板底部的创建新图层按钮 也可创建一个新图层，这也是创建新图层时最常用的方法，对应的快捷键是Ctrl+Alt+Shift+N，但由于该快捷键需要同时按下的键太多，因此并不是非常方便，读者可以在工作过程中视情况需要使用。

2. 绘制形状并添加图层样式

设置任意前景色，选择钢笔工具 ，在其工具选项条中单击形状图层按钮 ，在正圆形状上面绘制形状，得到"形状 2"。

单击添加图层样式按钮 ，在弹出菜单中选择"渐变叠加"命令，在弹出的对话框中设置"渐变叠加"相关参数，然后勾选"投影"复选框并设置"投影"相关参数，得到如图5-100所示的效果。

> **提示**　在"渐变编辑器"对话框中颜色条的颜色值从左至右分别为#707070、#ededed、#a6a6a6、#ffffff和#c5c5c5。

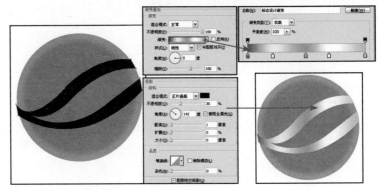

图5-100　绘制形状并添加图层样式后的效果

3. 绘制形状并添加图层样式及图层蒙版

设置任意前景色，选择钢笔工具 ，在其工具选项条中单击形状图层按钮 ，在金属形状内侧绘制立体形状，得到"形状 3"。

单击添加图层样式按钮 ，在弹出菜单中选择"渐变叠加"命令，在弹出的对话框中设置"渐变叠加"相关参数，得到如图5-101所示的效果。

> **提示**　在"渐变编辑器"对话框中颜色条从左至右各个色标的颜色值分别为#ededed、#7e7d7d、#d3d3d3、#9c9c9c和#bebebe。

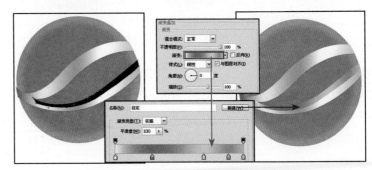

图5-101　绘制形状并添加图层样式后的效果

单击添加图层蒙版按钮 ，为"形状3"添加图层蒙版，设置前景色为黑色，选择画笔工具 ，在其工具选项条中设置适当的画笔大小和不透明度，在图像的左侧进行涂抹以将其虚化，得到如图5-102所示的效果。

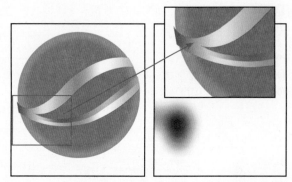

图5-102　为转折面添加图层蒙版后的效果及图层蒙版状态

4．绘制形状并粘贴图层样式及图层蒙版

设置任意前景色，选择钢笔工具 ，在其工具选项条中单击形状图层按钮 ，在金属形状外侧绘制形状，得到"形状4"。

在"形状3"的图层名称上单击鼠标右键，在弹出菜单中选择"拷贝图层样式"命令，在"形状4"的图层名称上单击鼠标右键，在弹出菜单中选择"粘贴图层样式"命令，为其添加图层样式。

单击添加图层蒙版按钮 ，为"形状4"添加图层蒙版，设置前景色的颜色为黑色，选择画笔工具 ，在其工具选项条中设置适当的画笔大小和不透明度，在图像的左侧进行涂抹以将其虚化，得到如图5-103所示的效果。

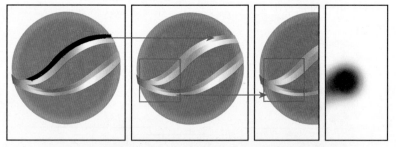

图5-103　绘制形状并粘贴图层样式及添加图层蒙版后的效果

5．绘制金属转折面

设置前景色的颜色值为#3c3c3c，选择钢笔工具 ，在其工具选项条中单击形状图层按钮 ，在圆球的左侧绘制一个如图5-104所示的形状，使其看起来像是金属条的转折面，得到"形状5"及对应的"图层"调板的状态。

值得一提的是，直接单击创建新图层按钮 得到的图层的相关属性均为默认值，如果需要在创建新图层时显示对话框，可以在按住Alt键的同时单击此按钮。

选择路径

在Photoshop中，用于选择路径的工具主要有两个，即路径选择工具 和直接选择工具 。

要选择整条路径，在工具箱中选择路径选择工具 ，直接单击需要选择的路径即可，当整条路径处于选中状态时，路径线呈黑色显示。

使用直接选择工具 单击路径上的某个锚点可以选择该点。如果需要选择多个锚点，可以按住Shift键单击要选择的锚点，所选锚点以实心显示，未选择的锚点以空心显示。

图层样式的搭配

使用"内阴影"图层样式，可以为非"背景"图层中的图像添加阴影效果，使图像具有凹陷效果。

最为常用的一种搭配就是将"内阴影"图层样式与"斜面和浮雕"图层样式一起使用，来表现图像的凹陷效果。以下图所示的图像为例。

下图是添加了"斜面和浮雕"及"内阴影"混合模式后的效果。

如果此时不加入"斜面和浮雕"图层样式来增加图像的立体感，则效果就要逊色许多，如下图所示。

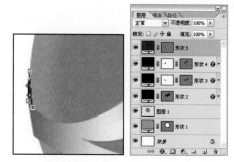

图5-104　绘制转折面及对应的"图层"调板状态

6．绘制金属光点

新建一个图层"图层 2"，将其拖至"图层 1"的上方，选择椭圆选框工具 ，在圆球中间的位置绘制椭圆选区，按快捷键Ctrl+Alt+D应用"羽化"命令，在弹出的对话框中设置"羽化半径"为18。

设置"图层 2"前景色的颜色为白色，按快捷键Alt+Delete用前景色填充选区，按快捷键Ctrl+D取消选区，得到如图5-105所示的效果。

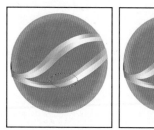

图5-105　绘制椭圆选区并填充白色后的效果

7．绘制形状并添加图层样式

设置任意前景色，选择钢笔工具 ，在其工具选项条中单击形状图层按钮 ，在金属线条的中间绘制形状，得到"形状 6"。

单击添加图层样式按钮 ，在弹出菜单中选择"渐变叠加"命令，在弹出的对话框中设置"渐变叠加"相关参数，然后勾选"内阴影"复选框并设置"内阴影"相关参数，得到如图5-106所示的效果。

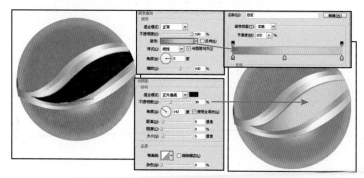

图5-106　绘制形状并添加图层样式后的效果

> **提示** 在"渐变编辑器"对话框中颜色条上从左至右的各个色标的颜色值分别为 #ff4206、#ffc30c和#feb706。

8. 绘制形状及添加亮面

　　设置前景色的颜色为白色，选择钢笔工具 ，在其工具选项条中单击形状图层按钮 ，在圆球的左侧绘制形状，得到"形状 7"，设置"不透明度"为10%，得到如图5-107所示的效果。

图5-107　绘制形状并设置不透明度后的效果

　　选择椭圆工具 ，在其工具选项条中单击路径按钮 ，在圆球中绘制一条椭圆路径，再在工具选项条中单击从路径区域减去按钮 ，绘制一条稍小的椭圆路径。

　　按快捷键Ctrl+Enter将路径转换为选区，按快捷键Ctrl+Alt+D应用"羽化"命令，在弹出的对话框中设置"羽化半径"为 7，新建一个图层得到"图层 3"，设置前景色的颜色值为#ffee03，按快捷键Alt+Delete用前景色填充选区，按快捷键Ctrl+D取消选区，得到如图5-108所示的效果。

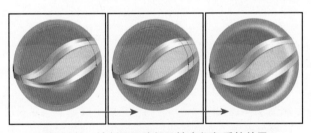

图5-108　绘制圆环路径及填充颜色后的效果

　　单击添加图层蒙版按钮 ，设置前景色的颜色为黑色，选择画笔工具 ，在其工具选项条中设置适当的画笔大小和不透明度，对图像的边缘进行涂抹以将其虚化，得到如图5-109所示的效果。

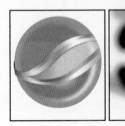

图5-109　添加图层蒙版后的效果及对应图层蒙版状态

红色的搭配

　　红色是太阳的颜色，是一种热情奔放、活力四射的暖色。它象征着欢乐、祥和、幸福等情感，常用于表示喜庆的灯笼、喜字、彩带等上面。同时它也象征着革命与危险，容易使人产生焦虑和不安情绪，常用于各类警示牌、消防车等。

　　红色除了自身所带的含义外，当它与不同的色彩混合在一起时，得到的视觉效果也不尽相同。

　　在红色中加入少量的黄色，会使其表现的暖色感觉升级，产生浮躁、不安的心理感受。

　　在红色中加入少量的蓝色，会使其表现的暖色感觉降低，产生静雅、温和的心理感受。

　　在红色中加入少量的白色，会使其明度提高，产生柔和、含蓄、羞涩、娇嫩的心理感受。

　　在红色中加入少量的黑色，会使其明度与纯度同时降低，产生沉重、质朴、结实的心理感受。

转换水平或垂直文字

在需要时，可以相互转换水平文字及垂直文字的排列方向。

要转换文字的方向，执行下面的操作方法之一。

- 选择任意一个文字工具，在其工具选项条中单击更改文本方向按钮，即可转换水平及垂直排列的文字。反复单击此按钮，即可让文字在水平和垂直排列方式之间进行切换。
- 如果当前是水平文字，可以选择菜单栏中的"图层>文字>垂直"命令，将文字转换成为垂直排列。
- 如果当前是垂直文字，可以选择菜单栏中的"图层>文字>水平"命令，将文字转换成为水平排列。

下图所示为一个横排与直排文字的转换实例。

9．绘制标志的亮面

选择钢笔工具，在其工具选项条中单击路径按钮，在圆球的上方绘制路径，按快捷键Ctrl+Enter将路径转换为选区，按快捷键Ctrl+Alt+D应用"羽化"命令，在弹出的对话框中设置"羽化半径"为2。

新建一个图层得到"图层4"，设置前景色的颜色值为#ffc407，按快捷键Alt+Delete用前景色填充选区，按快捷键Ctrl+D取消选区，得到如图5-110所示的效果。

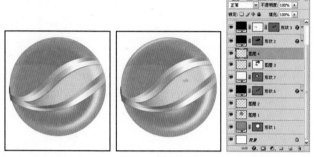

图5-110　绘制路径并填充颜色后的效果及对应的"图层"调板

10．输入并编辑主题文字及绘制形状

选择所有图层上方的图层为当前操作图层，设置前景色的颜色值为#ff0000，选择横排文字工具，在其工具选项条中设置适当的字体与字号，在圆球的下方输入文字，得到相应的文字图层。在文字图层的图层名称上单击鼠标右键，在弹出菜单中选择"转换为形状"命令以便对文字进行编辑，将得到的图层命名为"文字形状"。

使用直接选择工具选中字母"A"中的一横再将其删除，并调整路径，按Esc键退出对"文字形状"的编辑状态。

设置前景色的颜色为黑色，选择钢笔工具，在其工具选项条中单击形状图层按钮，在字母"A"的下方绘制三角形形状，得到"形状8"。

设置前景色的颜色值为#bebebe，选择横排文字工具，在主题文字下方输入相关文字，流程图及最终效果与"图层"调板如图5-111所示。

图5-111　流程图及最终效果与"图层"调板

提示 本例最终效果请参考随书所附光盘中的文件"第5章\5.6.psd"。

5.7 HealthyHome标志设计

这个标志通过形状组合的立体效果体现了房子的空间感,最主要的是通过形状的暖色调,展示了家的温馨,只有健康的家,才是最温馨的。

标志的制作相对简单,只是应用了形状工具、"渐变叠加"图层样式及文字工具,困难的同样是标志的创意,读者需要多体会、多练习。本例的操作步骤如下。

1.为背景填充颜色

按快捷键Ctrl+N新建一个文件,设置弹出的对话框如图5-112所示,单击"确定"按钮退出对话框。设置前景色的颜色值为#e6e6e6,按快捷键Alt+Delete用前景色填充图层。

图5-112 "新建"对话框

2.绘制及编辑形状

设置任意前景色,选择矩形工具,在其工具选项条中单击形状图层按钮,按住Shift键在画布的正中央绘制正方形形状,得到形状图层"形状 1"。

 提示 之所以不对前景色的颜色值进行设置是因为在接下来将要给"形状 1"添加"渐变叠加"图层样式,会将形状的颜色覆盖,所以没有必要在绘制形状之前设置前景色。

按快捷键Ctrl+T调出自由变换控制框,逆时针旋转30°并向左移动一定距离,按Enter键确认变换操作。

在保持对"形状 1"的矢量蒙版的选择状态下,选择椭圆工具,在其工具选项条中单击交叉形状区域按钮,在刚刚绘制的矩形的右侧绘制一个椭圆,流程图如图5-113所示。

矩形工具

矩形工具的使用方法非常简单,只需要按住鼠标左键在画布中拖动即可。

在此工具被选中的状态下,单击设置形状工具选项三角按钮,弹出下图所示的矩形选项框。

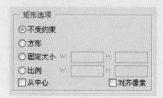

上图所示的选项框中各个参数的解释如下。

- 不受约束:单击此单选按钮,可自由控制矩形的大小。
- 方形:单击此单选按钮,绘制的形状都是正方形。
- 固定大小:单击此单选按钮,并在W及H数值框中输入数值,可以定义矩形的宽和高。
- 比例:单击此单选按钮,并在W及H数值框中输入数值,可以定义矩形宽和高的比例。
- 从中心:勾选此复选框,将从中心向外放射性地绘制矩形。
- 对齐像素:勾选此复选框,可使矩形边缘的像素对齐。

下图所示的作品,就用到了矩形工具来进行图形绘制。

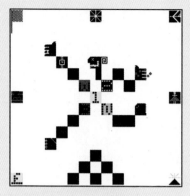

值得一提的是，在"不受约束"单选按钮呈选中状态的情况下，按住Shift键可以绘制正方形；按住Alt键可以从中心向外放射性地绘制；按住快捷键Alt+Shift，可以从中心向外放射性地绘制正方形。

填充不透明度与不透明度之间的区别

在Photoshop中，除了可以利用图层的"不透明度"属性来控制其透明度外，使用"填充不透明度"也可以得到类似的效果。

需要注意的是，虽然乍看起来二者得到的效果几乎是相同的，但在某些较为特殊的情况下，二者的区别就十分明显了。

首先来看不透明度，它可以对图层中的图像、图层样式所产生的效果，进行无差别的透明属性设置。例如将某个带有图层样式的图层"不透明度"设置为50%，那么对应的图层样式透明度也变为原来的一半，如下图所示。

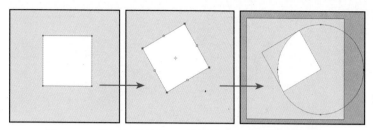

图5-113　绘制矩形形状、对其进行旋转及编辑后的效果

3. 为形状添加图层样式

单击添加图层样式按钮 ，在弹出菜单中选择"渐变叠加"命令，设置参数后得到如图5-114所示的效果。

> **提示**　在"渐变叠加"选项面板中进行设置时，"渐变编辑器"对话框中颜色条左侧色标的颜色值为#f7d3ae，右侧色标的颜色值为#e33904。

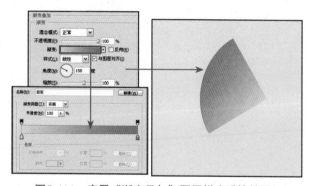

图5-114　应用"渐变叠加"图层样式后的效果

4. 绘制侧面形状并添加图层样式1

选择"背景"图层为当前操作图层，设置任意前景色，选择钢笔工具 ，在其工具选项条中单击形状图层按钮 ，在1/4半圆右侧绘制形状，得到"形状 2"。

> **提示**　之所以选择"背景"图层为当前操作图层，是因为在绘制形状时得到的形状图层会处于"背景"图层的上方，选择其他图层也是同理。

在"图层"调板中设"填充"为0%，单击添加图层样式按钮 ，在弹出菜单中选择"渐变叠加"命令，设置参数后得到如图5-115所示的效果。

> **提示**　在"渐变叠加"选项面板中设置时，"渐变编辑器"对话框中颜色条的色标颜色值均为#f43d04，左侧的不透明度色标的"不透明度"为100%，右侧的不透明度色标的"不透明度"为0%。

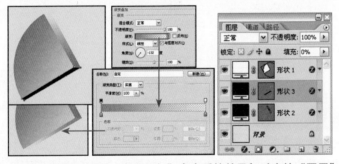

图5-115　绘制形状及应用"渐变叠加"图层样式后的效果

5．绘制侧面形状并添加图层样式2

　　设置任意前景色，选择钢笔工具 ，在其工具选项条中单击形状图层按钮 ，在1/4半圆下方绘制形状，得到"形状3"。

　　设置"形状3"的"填充"为0%，单击添加图层样式按钮 ，在弹出菜单中选择"渐变叠加"命令，在弹出的对话框中设置参数后，得到的效果及此时"图层"调板的状态如图5-116所示。

> **提示** 在"渐变叠加"对话框中设置时，"渐变编辑器"对话框中颜色条的色标颜色值均为#e36306，左侧的不透明度色标的"不透明度"为100%，右侧的不透明度色标的"不透明度"为0%。

了解图层不透明度的工作原理后，再来看一下填充不透明度。

填充不透明度影响在图层中绘制的像素或图层上绘制的形状等内容的不透明度，但不影响已应用于图层的任何图层样式的不透明度，如下图所示。

图5-116　绘制形状及应用"渐变叠加"命令后的效果与对应的"图层"调板

6．绘制具有立体效果的形状并添加图层样式

　　选择"背景"图层为当前操作图层，设置前景色的颜色值为#103a6a，选择钢笔工具 ，在其工具选项条中单击形状图层按钮 ，在第1/4半圆的左侧绘制形状，得到"形状4"。选择"背景"图层为当前操作图层，任意设置前景色，接着在蓝色形状的右侧绘制形状，得到"形状5"。设置"形状5"的"填充"为0%，为其添加"渐变叠加"图层样式，流程图及此时"图层"调板的状态如图5-117所示。

> **提示** 在"渐变叠加"选项面板中设置时，"渐变编辑器"对话框中颜色条的色标颜色值均为#1d436f，左侧的不透明度色标的"不透明度"为100%，右侧的不透明度色标的"不透明度"为0%。

通过上面的实例不难看出设置图层不透明度与设置填充不透明度之间的区别。

除此之外，由于图层不透明度与填充不透明度在为图像设置透明属性时的方式不同，所以在运用混合模式时，得到的效果也不尽相同。下面通过实例进行验证。随意打开一幅图像，新建一个图层并填充为白色，设置该图层的混合模式为"颜色减淡"。

首先设置图层不透明度为80%、50%和30%。可以看出，白色图像除了发生了不同透明度的变化外，并没有与下面的图像发生混合。

恢复图层的不透明度为100%，然后分别设置其填充不透明度为80%、50%和30%。此时不难看出，白色图像不仅变得越来越透明，同时还与下面的图像发生了一定的混合。

原图像　　　　填充为80%
填充为50%　　填充为30%

要改变图层的填充不透明度，除了可以在"图层"调板中调节"填充"数值，还可以通过在"图层"调板中双击图层的缩览图，在弹出的对话框中设置"高级混合"选项区的"填充不透明度"数值。

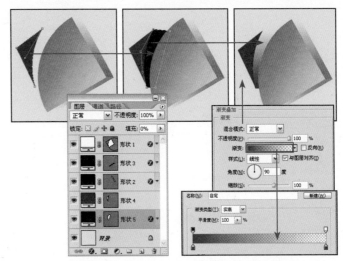

图5-117　绘制形状及应用"渐变叠加"命令后的效果与对应的"图层"调板

7. 绘制矩形形状、输入相关性文字及添加装饰性直线

选择所有图层上方的图层为当前操作图层，设置前景色的颜色值为#103a6a，选择矩形工具，在其工具选项条中单击形状图层按钮，在画布的下方绘制矩形形状，得到"形状6"。

设置前景色的颜色为白色，选择横排文字工具 T，并在其工具选项条中设置适当的字体与字号，在矩形形状中输入文字，并得到相应的两个文字图层。

设置前景色为白色，选择直线工具，在其工具选项条中单击形状图层按钮，并设置"粗细"为1 px，在两排文字的中间绘制一条直线，得到"形状7"，流程图及"图层"调板的状态如图5-118所示。

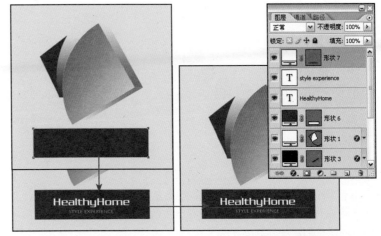

图5-118　绘制形状、输入文字、绘制装饰直线后的效果与对应的"图层"调板

提示　本例最终效果请参考随书所附光盘中的文件"第5章\5.7.psd"。

色彩搭配

色相环是进行色彩设计搭配的工具，根据颜色在色相环上的
位置的不同可分为：互补色、类似色和中间色。

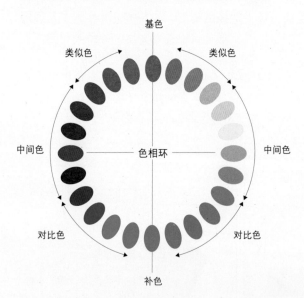

选择色彩的搭配很大程度上取决于设计作品所要传达的信
息。在任何设计中，辅色和强化色应突出主色，色彩的应用
一定要引起读者的兴趣和反应。

主色：作品的主要颜色，用来吸引读者注意的颜色。

辅色：与主色形成对比，但从视觉上比主色要弱一些。

强化色：引起读者视觉敏感的细节色彩。

宣传页设计

除了广告以外，宣传页是商家极为钟爱的一种宣传自己的方式。尤其在举行一些短期性的活动时，利用宣传页可以快速、详细地传递出相关的信息。

本章列举了4个典型的宣传页设计案例，读者除了学习技术以外，更要注重掌握各案例的构成形式，以及元素、色彩等方面的运用技巧。

另外，本章还加入了一些相关的设计知识，以供读者学习和参考。

6.1　特色菜宣传页设计

本例为餐馆特色菜的宣传页设计，重在视觉上的吸引力，干净的盘子与精巧的筷子给人一种优雅、清洁的感觉，再配以暗红的底色，更具有亲和力，让消费者一看就能产生信赖感。

制作过程中主要使用了通道、蒙版及画笔描边等技术，以及简单的绘制技巧。本例的操作步骤如下。

1．制作作品底图

打开随书所附光盘中的文件"第6章\6.1-素材1.psd"，此时"图层"调板如图6-1所示。

隐藏所有素材图层，选择"背景"图层，将前景色设置为#a10052，选择矩形工具 ▢，在其工具选项条中单击形状图层按钮 ▢，在画布内绘制矩形，如图6-2所示，得到图层"形状 1"。

显示图层"素材1"，配合自由变换控制框调整到如图6-3所示的状态，将图层名称修改为"图层 1"。设置图层属性得到如图6-4所示的效果，然后按快捷键Ctrl+Alt+G创建剪贴蒙版，得到如图6-5所示的效果。

图6-1　"图层"调板　　图6-2　绘制矩形　　图6-3　调整素材的状态

图6-4　图层属性设置及效果　　图6-5　创建剪贴蒙版后的效果

2．编辑素材——盘子

显示图层"素材2"，配合自由变换控制框调整到如图6-6所示的状态，将图层名称修改为"图层 2"，并复制"图层 2"得到"图层 2 副

将上方图层的混合模式设置为"差值"时，上方图层的亮区将下方图层的颜色进行反相，表现为补色，暗区将下方图层的颜色正常显示出来，以表现与原图像完全相反的颜色。

下图所示是将上方图层的混合模式设置为"差值"后的效果。

创建图层组

经常制作复杂图像的用户会有这样的感触，繁多的图层让人眼花缭乱，有时为了选择一个图层需要通过显示或隐藏若干个图层来仔细判断是否选中了要选择的图层，而利用图层组对图层进行分类管理可以很好地解决这个问题。

图层与图层组间的关系有些类似于文件与文件夹，因此图层组的功能与使用方法非常容易理解和掌握。

如果要创建一个新的图层组，可以选择菜单栏中的"图层>新建>组"命令，或选择"图层"调板弹出菜单中的"新建组"命令，弹出如下图所示的"新建组"对话框。

在此对话框中可以设置新图层组的一些相关属性，例如"名称"、"颜色"、"模式"及"不透明度"等，其含义与"新建图层"对话框中的完全相同，故不再予以详细讲解。设置参数完毕后，单击"确定"按钮退出该对话框，即可创建出一个新图层组。

删除图层

在Photoshop中操作时，会因各种各样的原因需要进行删除图层操作，现将各种删除图层的操作方法列举如下，读者可以根据实际需要选择其中的一种方法。

本"，利用自由变换控制框调整到如图6-7所示的状态，按Enter键确认操作。

将"图层 2 副本"复制两次得到"图层 2 副本 2"和"图层 2 副本 3"，利用移动工具 分别调整两个盘子到如图6-8所示的位置。选择"图层 2"、"图层 2 副本"、"图层 2 副本 2"和"图层 2 副本 3"，按快捷键Ctrl+G创建组，得到"组 1"，将图层放在一个组内。

图6-6 调整素材的状态　　图6-7 复制并调整后的状态　　图6-8 多次复制调整后的状态

提示　需要选择多个图层时，可先选中一个图层，按住Shift键单击另一个图层，即可将两个图层及中间的所有图层选中；也可以先选中一个图层，按住Ctrl键单击其他要选择的图层。两者各自的优点为，前者可方便地选择较多的前后紧临的图层，而后者可方便地选择不相邻的图层。

3. 向盘子内添加菜

显示图层"素材3"，配合自由变换控制框调整到如图6-9所示的状态，将图层名称修改为"图层 3"。

提示　调整素材大小时参照下面的盘子，尽量让素材盘子里的菜比下面的盘子稍小，方便下面操作。

选择椭圆选框工具 ，绘制选区将盘中的菜图像选中，将选区羽化5个像素，然后单击添加图层蒙版按钮 ，为"图层3"添加蒙版得到如图6-10所示的效果。利用移动工具 将其调整到盘子的中央，效果如图6-11所示。

图6-9 调整素材的状态　　　　　图6-10 添加蒙版

提示 绘制圆形选区时配合Shift键和Alt键绘制,可得到同心的正圆。羽化操作可按快捷键Ctrl+Alt+D调出"羽化"对话框设置参数然后确认。

显示图层"素材4"及"素材5",使用上述方法制作出如图6-12所示的效果。

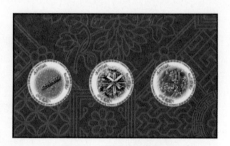

图6-11 调整素材位置　　　　图6-12 编辑其他素材

4．添加筷子并设置图层样式

显示图层"素材6",配合自由变换控制框调整到如图6-13所示的位置,将图层名称修改为"图层6"并为其添加"投影"图层样式,得到如图6-14所示的效果,此时"图层"调板如图6-15所示。

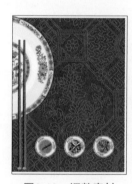

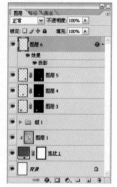

图6-13 调整素材　　 图6-14 添加投影效果　　 图6-15 "图层"调板

5．绘制路径并描边

新建一个图层得到"图层7",按F5键调出"画笔"调板,载入随书所附光盘中的文件"第6章\6.1-素材2.abr",并注意设置"形状动态"的"控制"类型为"钢笔压力"。

提示 设置"画笔"调板中"钢笔压力"选项的目的是,在后面描边时能够产生一种渐变的趋势,即两边细而中间粗的效果。

将前景色设置为白色,选择椭圆工具　,单击路径按钮　,在画布内绘制如图6-16所示的路径。选择路径选择工具　,选择刚绘制的路径

- 选择需要删除的一个或多个图层,单击"图层"调板底部的删除图层按钮,在弹出的对话框中直接单击"是"按钮,即可删除选择的图层。如果在单击删除图层按钮时按住Alt键,则不会弹出提示框而直接删除选中的图层。

- 选择需要删除的一个或多个图层,然后直接将其拖至删除图层按钮上即可。

- 选择需要删除的一个或多个图层,选择菜单栏中的"图层>删除>图层"命令,在弹出的对话框中直接单击"是"按钮,即可删除选择的图层。

- 选择需要删除的一个或多个图层,选择"图层"调板弹出菜单中的"删除图层"命令。

- 选择移动工具,接着选择需要删除的一个或多个图层,直接按Delete键或Backspace(退格键)键即可。

载入画笔

Photoshop CS2有多种预设的画笔,默认情况下只显示其中的一部分,要显示其他预设的画笔,可以单击"画笔"调板右侧的三角按钮　,在弹出菜单最下面一栏中选择要载入的画笔名称。

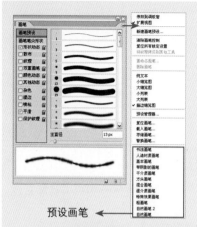

预设画笔 ←

选择需要的画笔后，将弹出一个如下图所示的对话框。

在此对话框中单击"确定"按钮即可使用载入的画笔覆盖当前已有的画笔；单击"追加"按钮，可在不改变原有画笔的基础上，将画笔载入到"画笔"调板中。

另外，还有一个非常快捷方便的操作方法来载入画笔，那就是直接选择画笔素材文件，将其拖入Photoshop的操作界面中，释放鼠标后即可载入画笔。

选区运算模式

无论选择哪个选区工具，其工具选项条中都会出现操作模式按钮，选择不同的操作模式可以控制在绘制选区时得到的最终选区状态。

值得一提的是，在当前没有选区的情况下，无论选择哪个选区模式，绘制得到的都是一个新的选区，也就是说，任意一种选区绘制模式，都是在当前存在选区的前提下完成绘制的。

后单击鼠标右键，在弹出菜单中选择"描边路径"命令，在弹出对话框的"工具"下拉列表中选择"画笔"，确认后得到如图6-17所示的效果。

图6-16 绘制路径

图6-17 描边路径的状态

6. 编辑描边生成的图像

隐藏路径，按快捷键Ctrl+T调出自由变换控制框，选择菜单栏中的"编辑>变换>垂直翻转"命令，效果如图6-18所示，再调整到如图6-19所示的状态，按Enter键确认操作。

图6-18 应用"垂直翻转"命令的效果

图6-19 调整控制框的状态

单击添加图层蒙版按钮，给"图层 7"添加蒙版，选择画笔工具，选择"滴溅"类型的画笔，使用黑色在描边图下面的蒙版上涂抹，得到如图6-20所示的效果。

提示 使用"滴溅"类型的画笔主要是为了在涂抹蒙版后不出现透明的图像，但还具有变化趋势，"滴溅"类型画笔如图6-21所示。

图6-20 蒙版状态

图6-21 "滴溅"类型画笔

7．制作一个具有不规则外形的图像

选择"通道"调板，新建一个通道"Alpha 1"，利用矩形选框工具，在通道内绘制如图6-22所示的图像。

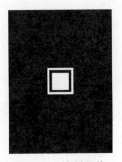

图6-22　绘制图像

> **提示**　图6-23为制作通道内图像的流程图，用矩形选框工具选择不同的区域进行填充即可得到图像。

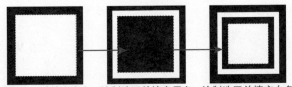

绘制选区并填充白色　绘制选区并填充黑色　绘制选区并填充白色

图6-23　绘制图像的流程图

选择通道"Alpha 1"，依次应用"高斯模糊"、"海洋波纹"、"撕边"及"色阶"命令，图6-24为操作的流程图。

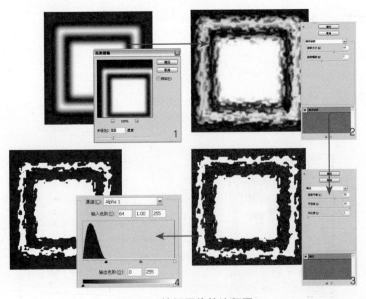

图6-24　编辑图像的流程图

单击新选区按钮，将在工作区中创建新选区，以后创建的选区总是替换上一个选区。

"高斯模糊"滤镜

使用此滤镜可以精确控制图像的模糊程度，产生自然的柔化效果。

高斯模糊与图层混合模式结合使用，还可以制作出照片的柔光镜效果。

打开需要进行柔光处理的图像，然后复制该图像，并使用"高斯模糊"命令进行处理，此处设置的参数越大，则模糊的效果就越显著，得到的柔光效果也就越强烈。

使用"高斯模糊"命令对图像进行模糊处理后，再将图层的混合模式设置为"滤色"即可。

需要注意的是，如果图像本身就已经很亮，用上述方法处理后会使图像变得过亮，并损失大量的细节，所以在处理前应适当

降暗图像。

如果觉得处理后的效果显得对比度不足，或颜色饱和度不够，也可以再复制一次图层，然后设置其混合模式为"柔光"即可。

"海洋波纹"滤镜

此滤镜能够通过为图像增加随机波纹，使图像类似于在水面之下的效果。读者可以产生打开一幅图像，然后对其使用此命令并观察效果，以熟悉该滤镜功能。

通过图层创建图层组

在Photoshop CS2中新增了同时选中多个图层的功能，由此引出了对选中的图层进行编组的操作，用户可以通过选择多个图层创建一个新的图层组，并使这些被选择的图层包含于图层组中。

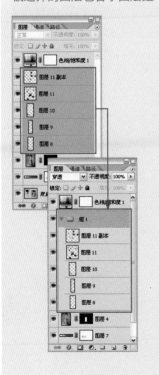

 各滤镜和命令操作的方法：1."滤镜>模糊>高斯模糊"；2."滤镜>扭曲>海洋波纹"；3."滤镜>素描>撕边"；4."图像>调整>色阶"，或按快捷键Ctrl+L。

8．将图像应用到图层并调整

按住Ctrl键单击通道"Alpha 1"载入选区，返回"图层"调板，新建一个图层"图层8"，使用白色填充得到如图6-25所示的效果，配合自由变换控制框调整到画布的右上角，如图6-26所示，然后添加图层样式得到如图6-27所示的效果。

图6-25 填充颜色后的状态

图6-26 调整图像的状态

图6-27 添加图层样式及生成的效果

复制"图层8"两份，得到"图层8副本"和"图层8副本2"，配合自由变换控制框调整到如图6-28所示的状态。

图6-28 复制并调整后的状态

9．制作画布内的文字

使用横排文字工具 T，设置适当的字体、字号后，在刚绘制的图像上输入如图6-29所示的文字，得到对应的文字图层。选择"图层8"以上的所有图层，按快捷键Ctrl+G创建组，将选择的图层放在一个组内，修改组名为"巧食轩"。

选择钢笔工具 ，单击路径按钮，在图像的顶部中间位置绘制如图6-30所示的路径。

图6-29　输入文字　　　　图6-30　绘制路径

提示 绘制路径后，下面要将文字放在路径内，并输入其他的文字。

选择路径选择工具 ，选中刚绘制的路径，选择横排文字工具 T，在路径内单击，出现如图6-31所示的光标形态时在插入点之后输入文字，效果如图6-32所示，得到对应的文字图层，将文字图层拖到图层的最顶层。

图6-31　输入文字时的光标形状　　　图6-32　输入文字的效果

将前景色设置为白色，选择文字工具，设置适当的字体字号后输入如图6-33所示的文字。

图6-33　输入其他文字

在多个图层被选中的情况下，也可以直接按快捷键Ctrl+G完成由图层创建图层组的操作。

输入直排文字

创建直排文本的操作方法与创建横排文本相似。

首先在横排文字工具 T 的图标上单击鼠标右键，以显示出其隐藏的其他工具，并选择直排文字工具 T。然后在工具选项条或"字符"调板中设置适当的字体、字号及文字颜色等属性，在工作区中单击并在插入点后面输入文字，文本即呈竖向排列。

复制路径

在Photoshop中，用户可以在按住Alt键的同时，使用路径选择工具 选中并拖动一条路径进行复制；如果当前选择的是直接选择工具 ，按住Alt键后拖动该路径，同样可以达到复制路径的效果。

另外，在使用路径选择工具 或直接选择工具 选中任意一个路径时，按住Ctrl键在画布中单击，可以在两个工具之间进行切换。

选择工具

在Photoshop的工具箱中，包括了多种功能各异的工具。要选择这些工具进行操作，可以采用两种不同的方法，即在工具箱中直接单击工具或在键盘上按下所选工具的快捷键。

通过观察该工具的全称或其工具提示，可以找到该工具对应的快捷键。

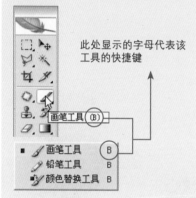

此处显示的字母代表该工具的快捷键

如果不同的工具有同样一个字母快捷键，则表明这些工具属于同一工具组。例如上图所示例的画笔工具，在该工具组中，3个工具后面的字母都是B，默认情况下按B键的同时加按Shift键，就可以在这些工具之间切换。

10. 绘制文字的括号形状

保持前景色为白色，选择矩形工具，单击形状图层按钮，在画布中绘制如图6-34所示的矩形，得到"形状 2"。

使用路径选择工具选择刚绘制的形状，按住Alt键拖动复制出一个，再使用添加锚点工具添加锚点，最后使用直接选择工具向左拖动，得到如图6-35所示的效果，图6-36为制作流程图。

图6-34 绘制形状

图6-35 编辑后的状态

图6-36 编辑形状的流程图

按快捷键Ctrl+T调出自由变换控制框，调整"形状"到如图6-37所示的状态。复制"形状 2"得到"形状 2 副本"，应用菜单栏中的"编辑>变换>垂直翻转"命令，然后使用移动工具将其调整到文字的上面，效果如图6-38所示。

图6-37 调整形状

图6-38 复制并调整后的状态

按照上面的方法，再为右侧的文字"湘豆腐"和"怪味豆"添加形状，得到如图6-39所示的最终效果，选中图层"形状 2"以上的所有图层，按快捷键Gtrl+G创建组，将选择的图层放在一个组内，此时的"图层"调板如图6-40所示。

图6-39 最终效果

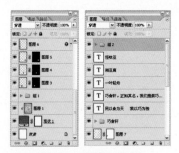

图6-40 "图层"调板

产品推广、市场开拓离不开宣传页（手册）。市场营销活动越多，对营销资料的要求就越高。好的宣传页不仅能让客户了解企业的产品和服务，更代表了公司的品牌和文化，是品质的象征和精神的展示。

由于这样的宣传单页在成本上比较低廉，印刷也很精美，而且使用起来非常方便，因此特别适合中小型企业采用，只需投入少量资金便能提升企业形象。目前，餐饮、美容、服装等众多行业的企业均已使用这种方式，来对企业的短期甚至长期活动进行宣传。

> **提示** 本例最终效果请参考随书所附光盘中的文件"第6章\6.1.psd"。

6.2 旅游宣传单页设计

这个宣传页的主题是整装待发，万事俱备只欠东风，这里的"东风"就是消费者的参与，说明企业的产品（旅游服务）时刻都在为消费者准备着，表现出企业的经营精神。画面中人物的动感处理是在激发消费者的兴趣，精美的风景图片配以恰当的文字说明，有效地传达出主题。

此例的处理手法主要有径向模糊、蒙版与混合模式，制作时请读者仔细体会。本例的操作步骤如下。

1．制作作品底图

打开随书所附光盘中的文件"第6章\6.2-素材.psd"，此时的"图层"调板如图6-41所示。

隐藏所有素材图层，选择"背景"图层，单击创建新的填充或调整图层按钮 ，在弹出菜单中选择"渐变"命令，设置弹出的对话框如图6-42所示，单击"确定"按钮，得到如图6-43所示的效果。

> **提示** 在"渐变编辑器"对话框中，渐变条中左、右色标的色值分别为#03a04c和#015a2a。

图6-41 "图层"调板

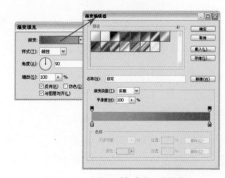

图6-42 "渐变填充"对话框

"柔光"混合模式

该图层混合模式能够使颜色变亮或变暗，具体取决于混合色。如果上方图层的像素比50%灰色亮，则图像变亮；反之则图像变暗。

下图所示为两幅素材图像，以及设置了"柔光"混合模式后的"图层"调板状态。

下图所示是设置混合模式后的图像效果。

显示图层"素材1"，将图层名称修改为"图层 1"，配合自由变换控制框调整至如图6-44所示的状态。

图6-43 绘制的渐变

图6-44 素材图像

> **提示** 自由变换控制框的调出方法为选择要调整的图像后应用菜单栏中的"编辑>变换"的子命令，或者按快捷键Ctrl+T。按快捷键Ctrl+Alt+T可以调出自由变换并复制控制框，除有自由变换控制框功能外，能够同时复制出图像。

将图层混合模式设置为"柔光"，效果如图6-45所示。单击添加图层蒙版按钮 ，给"图层 1"添加蒙版，选择线性渐变工具 ，设置渐变类型为"黑色、白色"，在蒙版中从左至右拖动，得到如图6-46所示的效果。

图6-45 设置混合模式

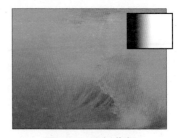

图6-46 添加蒙版

显示图层"素材2"，将图层名称修改为"图层 2"，配合自由变换控制框调整至如图6-47所示的状态。单击添加图层蒙版按钮 ，给"图层 2"添加蒙版，选择画笔工具 ，设置适当的参数后在蒙版上涂抹，得到如图6-48所示的效果，蒙版状态如图6-49所示，将图层混合模式设置为"柔光"，效果如图6-50所示。

图6-47 素材图像

图6-48 添加蒙版

图6-49　添加的蒙版

图6-50　设置混合模式后的效果

显示图层"素材3"，将图层名称修改为"图层3"，配合自由变换控制框调整至如图6-51所示的状态。单击添加图层蒙版按钮 ，给"图层3"添加蒙版，选择画笔工具 ，设置适当的参数后在蒙版上涂抹，得到如图6-52所示的效果，蒙版状态如图6-53所示，将图层混合模式设置为"柔光"后的效果如图6-54所示。

图6-51　素材图像

图6-52　添加蒙版

图6-53　添加的蒙版

图6-54　设置混合模式后的效果

2．绘制辐射光线

> **提示** 首先制作一幅具有辐射效果的图像。

新建一个图层"图层4"，按D键将前景色与背景色设置为默认颜色，选择菜单栏中的"滤镜>渲染>云彩"命令，得到如图6-55所示的效果。选择菜单栏中的"滤镜>像素化>铜版雕刻"命令，设置弹出的对话框如图6-56所示，确认后得到如图6-57所示的效果。

"云彩"滤镜

在Photoshop中，"云彩"是一个随机性非常强的滤镜，几乎每次应用该滤镜时，得到的效果都是不同的，因此常用于制作各种随性的效果，例如闪电、云雾、炫光及模拟物体上的明暗等。

"铜版雕刻"滤镜

该滤镜将图像转换为黑白区域的随机图案，或彩色图像的全饱和颜色随机图案。用户可以在"铜版雕刻"对话框的"类型"下拉列表中，选取任何一种需要的网点图案。

"径向模糊"滤镜

在"径向模糊"对话框中单击"旋转"单选按钮，可以制作出旋转模糊的效果；单击"缩放"单选按钮，可以制作出从中心向外辐射的模糊效果。默认情况下旋转或放射的中心点是画布的中心点，如果要改变其中心点，可以在对话框右下角的缩览图内单击，单击的位置就是新的中心点。

"滤色"混合模式

在使用此混合模式的情况下，在整体效果上显示由上方图层及下方图层的像素值中较亮的像素合成的图像效果，通常能够得到一种漂白图像颜色的效果。

下图所示是混合前的两幅素材图像，以及设置混合模式后对应的"图层"调板。

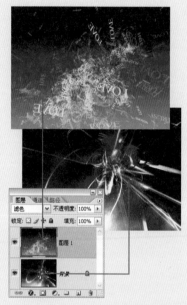

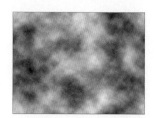

图6-55　应用"云彩"滤镜的效果

图6-56　"铜版雕刻"对话框

> **提示**　绘制辐射光线的思路是：应用"云彩"命令产生一种无机的图像，应用"铜版雕刻"命令使其产生强对比并留有空隙，再应用"模糊"命令产生光线效果。

选择菜单栏中的"滤镜>模糊>径向模糊"命令，设置弹出的对话框如图6-58所示，确认后按快捷键Ctrl+F再模糊一次得到如图6-59所示的效果。将图层混合模式设置为"滤色"，得到如图6-60所示的效果，利用移动工具 ⊕ 调整到如图6-61所示的位置。

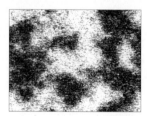

图6-57　应用"铜版雕刻"滤镜的效果

图6-58　"径向模糊"对话框

下图所示是将上方图层的混合模式设置为"滤色"后的效果。

图6-59　模糊效果

图6-60　设置混合模式后的效果

单击添加图层蒙版按钮 ▢ ，给"图层4"添加蒙版，选择画笔工具 ✐ ，设置适当的大小及"不透明度"后在蒙版上涂抹，使过渡生硬的地方过渡自然。将图层的"不透明度"设置为80%，得到如图6-62所示的效果。

图6-61　调整图像的位置

图6-62　添加蒙版

3．制作动感人物

　　显示图层"素材4"，将图层名称修改为"图层 5"，配合自由变换控制框调整至如图6-63所示的状态。复制"图层 5"得到"图层 5 副本"，选择"图层 5"及副本将其链接。

图6-63　素材图像

> 提示
> 由于在后面的操作过程中，一个图层的图像将用来制作径向模糊效果，而另外一个将用来保留径向模糊中心的实体图像，为保证这两个图像的位置不变，所以这里将这两个图层链接起来，以便于后面进行移动图像的操作。当然，如果读者不希望将它们链接起来，可以在后面操作时，同时选中"图层5"和"图层5副本"。

　　选择"图层5 副本"，选择菜单栏中的"滤镜>模糊>径向模糊"命令，设置弹出的对话框如图6-64所示，确认后按两次快捷键Ctrl+F再模糊两次，得到如图6-65所示的效果。

图6-64　"径向模糊"对话框

图6-65　模糊后的效果

　　使用移动工具，将其调整到如图6-66所示的位置，将混合模式设置为"线性光"，"不透明度"设置为50%，得到如图6-67所示的效果。

图6-66　多次模糊的效果

图6-67　设置图层属性后的效果

链接图层

　　一个或者几个图层能够被链接起来成为一个图层整体，在此情况下如果对其中的某一个图层进行移动、缩放或旋转，则其他链接图层将随之一起发生移动、缩放或旋转。

　　如果要链接图层，可以按住Ctrl键并单击需要链接的图层以将其选中，再单击"图层"调板左下角的链接图层按钮即可链接选择的图层，如下图所示。

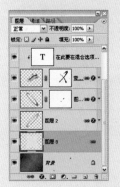

　　如果图层处于链接状态，在图层缩览图或图层蒙版缩览图右侧会出现图标。如果要取消图层的链接状态，可以选择要取消链接的图层并单击"图层"调板左下角的链接图层按钮。

宣传页常用规格及尺寸

一份企业形象呼之欲出、设计品质卓尔不群的宣传页（册），让客户了解的不仅是产品和服务，更代表了公司的品牌和文化，是品质的象征和精神的展示。设计宣传页时，应力求将对客户的感受和对市场的理解演绎得更新鲜、更有视觉效果、更具操作性。

下面介绍几种较为常见和常用的宣传页规格及尺寸。

宣传单页规格一
- 净尺寸：210mm×285mm
- 出血尺寸：216mm×291mm
- 纸张：157g太空梭铜版纸

宣传单页规格二
- 尺寸：95mm×210mm
- 出血尺寸：101mm×216mm
- 纸张：157g太空梭铜版纸

宣传单页规格三
- 尺寸：142mm×210mm
- 出血尺寸：148mm×216mm
- 纸张：157g太空梭铜版纸

宣传单页规格四
- 尺寸：179mm×92mm
- 出血尺寸：185mm×98mm
- 纸张：157g太空梭铜版纸

提示　利用径向模糊将人物图像缩放模糊，能够产生一种动感，增强画面的活力。

选择"图层5"并将其拖到"图层5副本"的上方，效果如图6-68所示。单击添加图层蒙版按钮，给"图层5"添加蒙版，选择画笔工具，设置适当的参数后用黑色在蒙版上涂抹，得到如图6-69所示的效果。

图6-68　调整图层　　　　图6-69　添加蒙版后的效果

4. 绘制圆环组

将前景色设置为白色，选择椭圆工具，单击形状图层按钮，按住Shift键绘制如图6-70所示的正圆，得到图层"形状 1"。按快捷键Ctrl+Alt+T调出自由变换控制框并复制图像，调整到如图6-71所示的状态，按Enter键确认操作。

选择路径选择工具，选择刚复制的圆，单击工具选项条中的从形状区域减去按钮，得到如图6-72所示的效果。

图6-70　绘制正圆

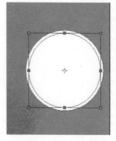 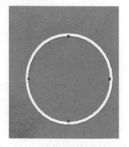

图6-71　调整状态　　　　图6-72　路径运算后的状态

提示 此步的操作原理是，复制出一个圆后将其调整到比被复制的圆要小，将路径运算设置为从形状区域减去，即用大圆形状减去复制出的小圆，得到圆环。

选择路径选择工具 ▶，框选刚才绘制的圆环，按快捷键Ctrl+Alt+T调出自由变换和复制控制框，调整到如图6-73所示的状态，按Enter键确认操作。利用同样的方法多次复制圆环并调整大小，得到如图6-74所示的效果。

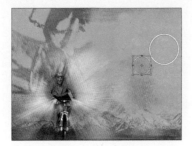 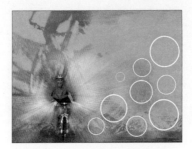

图6-73　复制圆环　　　　图6-74　多次复制的效果

5. 绘制圆环连接形状

保持前景色为白色，选择钢笔工具 ▲，单击形状图层按钮 ▢，在两个圆环之间绘制如图6-75所示的形状，使两个圆环连接，得到图层"形状 2"。单击添加到形状区域按钮 ▢，在其他的圆环之间绘制形状，得到如图6-76所示的效果。

 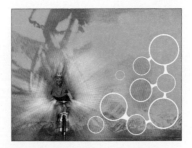

图6-75　绘制形状　　　　图6-76　绘制其他的形状

提示 绘制形状时要注意圆环与形状的关系，形状的外缘要具有弧度，顺应圆环的弯曲趋势。

6. 制作圆环内的图像

显示"素材5"，将其图层名称修改为"图层 6"，并调整到如图6-77所示的状态。使用椭圆选框工具 ○，绘制一个与图像右下角圆环内圆大小相近的正圆选区，单击添加图层蒙版按钮 ▢，给"图层 6"添加蒙版，得到如图6-78所示的效果。

将图层移入组

要将某一个图层移入组中，可以按如下步骤进行操作。

1. 在"图层"调板中选择需要移动的图层。
2. 如果目标组处于折叠状态，将该图层拖至组文件夹 ▢或组名称上。当组文件夹和名称四周出现高亮显示线时，释放鼠标左键，则图层被添加于组的底部，其操作过程如下图所示。

3. 如果目标组处于展开状态，将图层拖动到组中某一图层上方或下方，当高亮显示线出现在该位置时，释放鼠标左键。

将图层移出组

要将图层移出组，只需在"图层"调板中选择该图层，将其拖至组文件夹📁或组名称以外的位置上，当高亮显示线出现时，释放鼠标左键即可，其操作过程如下图所示。

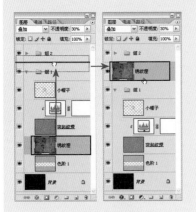

绘制椭圆选区

在当前存在选区的情况下，所做的操作只能影响选区以内的图像，此外，选区只能是一个闭合的区域。

本例使用的是椭圆选框工具○，绘制椭圆形选区时只要按住鼠标左键在需要的位置上拖曳即可，需要绘制正圆形选区时则需要按住Shift键再拖曳绘制选区。

图6-77　素材图像

图6-78　添加蒙版后的效果

> **提示**　绘制选区时为了便于观看效果，可将素材图像的"不透明度"降低，绘制完毕后再将"不透明度"设置为100%，单击添加图层蒙版按钮◻，添加蒙版。

分别显示"素材6"到"素材9"，利用同样的方法制作出如图6-79所示的效果。选择"形状 1"以上的图层，按快捷键Ctrl+G创建组，修改组名称为"图"。

图6-79　制作其他的素材

> **提示**　为了便于管理图层，通常将同一类型的图层放在一个组内，并用组名代表这类图层的属性。

7. 制作直线框

保持前景色为白色，选择矩形工具◻，单击形状图层按钮◻，在画布的左边绘制如图6-80所示的直线，得到图层"形状 3"。选择路径选择工具▶，按住Alt键向右拖动直线复制出一份，调整到如图6-81所示的位置。

图6-80　绘制直线

图6-81　复制直线

选择"形状 3"的矢量蒙版，使用矩形工具▣，单击添加到形状区域按钮▣，在两条直线中间偏上处绘制如图6-82所示的直线。选择路径选择工具▶，按住Alt键向下拖动直线复制出一份，调整到如图6-83所示的位置。

图6-82　绘制直线

图6-83　复制直线

保持前景色为白色，选择矩形工具▣，单击形状图层按钮▣，在两条直线的上方绘制如图6-84所示的矩形，得到图层"形状 4"，并将图层的"不透明度"设置为30%，得到如图6-85所示的效果。

图6-84　绘制形状

图6-85　设置"不透明度"后的效果

8. 编辑文字

选择横排文字工具⊤，设置适当的参数后输入如图6-86所示的文字，得到对应的文字图层。

图6-86　输入文字

选择横排文字工具⊤，设置较大的字号后在直线的中间输入"穿行"，得到图层"穿行"，如图6-87所示。单击添加图层样式按钮，在弹出菜单中选择"投影"命令，设置弹出对话框如图6-88所示，勾选"外发光"复选框，设置参数如图6-89所示，确认后得到如图6-90所示的效果。

"外发光"样式

使用"外发光"图层样式，可为图层增加发光效果。

由于"外发光"选项面板中大部分参数、选项与"投影"选项面板相同，故在此仅讲解其特有的参数与选项。

- 发光方式：在"结构"选项组底端可以设置两种不同的发光方式，一种为纯色光，另一种为渐变式光。在默认情况下，发光效果为纯色。如果要得到渐变式发光效果，需要单击渐变类型下拉列表，并在弹出的"渐变编辑器"对话框中选择一种渐变效果，即可得到渐变式外发光效果。

- 方法：在该下拉列表中可以设置发光的方法，选择"柔和"，所发出的光线边缘柔和；选择"精确"，光线按实际大小及扩展度表现。

- 范围：此参数控制发光中作为等高线目标的部分或范围，数值偏大或偏小都会使等高线对发光效果的控制作用不明显。

图层蒙版隐藏效果

在"图层样式"对话框的"混合选项"选项面板中，勾选"图层蒙版隐藏效果"复选框，可以将图层中的所有图像（包括由图层样式生成的图像）视为一个整体，然后利用蒙版对其进行显示或隐藏操作。

下图所示是添加图层样式后对图像效果。

下图所示是为中间的龙形图像添加蒙版，并使用画笔在龙形图像上添加圆洞后的效果。

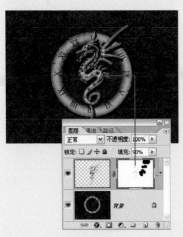

此时调出龙形图像所在图层的"图层样式"对话框"混合选

图6-87　输入文字

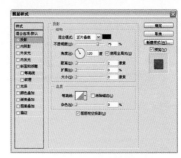

图6-88　"投影"参数设置

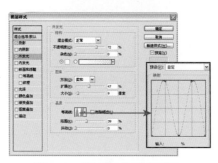

图6-89　"外发光"参数设置

图6-90　添加图层样式后的效果

选择横排文字工具 T，在画布右上角输入文字"整装待发"，得到图层"整装待发"，如图6-91所示，将图层的"填充"设置为0%，单击添加图层样式按钮，在弹出菜单中选择"描边"命令，设置弹出对话框如图6-92所示，单击"混合选项"选项，设置参数如图6-93所示，确认后得到如图6-94所示的效果。

图6-91　输入文字

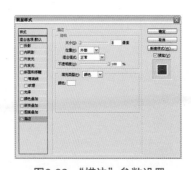

图6-92　"描边"参数设置

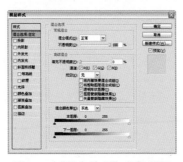

图6-93　"混合选项"参数设置

图6-94　添加图层样式后的效果

单击添加图层蒙版按钮 ![] ，给图层"整装待发"添加蒙版，选择线性渐变工具 ![] ，设置渐变类型为"黑色、白色"，从文字的底部至顶部拖动以隐藏图像，得到如图6-95所示的效果。

选择形状图层"形状 3"以上的所有文字图层，按快捷键Ctrl+G创建组，修改组名称为"字"，完成作品设计，此时"图层"调板如图6-96所示。

图6-95　最终效果

图6-96　"图层"调板

项"选项面板，并勾选"图层蒙版隐藏效果"复选框，将得到下图所示的效果。

由上面的效果对比不难看出，"图层蒙版隐藏效果"参数的真实作用。

向下合并图层

要合并一上一下两个图层，可以采取向下合并图层的方法。

确保想要合并的两个图层相邻而且都可见，可在"图层"调板中选择处于上方的图层，选择"图层>向下合并"命令或者选择"图层"调板弹出菜单中的"向下合并"命令。

6.3　手机宣传双折页封面设计

本例为手机的促销宣传单，作为主体的手机位于画布中的重点视觉位置，下方的地球让人联想到科技与广阔，从侧面体现出手机的非凡功能。地球表面手机的倒影也表达出手机的精致感觉。简略的文字标题富有设计感，也响应了手机的宣传口号。

本例的操作步骤如下。

1. 制作作品底图

打开随书所附光盘中的文件"第6章\6.3-素材.psd"，此时"图层"调板如图6-97所示。隐藏所有素材图层，选择"背景"图层。

将前景的颜色值设置为#010b0e，背景色设置为#065b77，选择线性渐变工具 ![] ，设置渐变类型为"前景到背景"，从画布的左上角向右下角拖动，制作倾斜45°的渐变。单击创建新的填充或调整图层按钮，在弹出菜单中单击"亮度/对比度"命令，设置"亮度"为9，确认后得到如图6-98所示的渐变效果和图层"亮度/对比度1"。

线性减淡

将上方图层的混合模式设置为"线性减淡"时，上方图像依据下方图像的灰阶程度变亮后，再与下方图像融合。

删除图层样式

要删除图层样式可以按如下方法之一进行操作。

- 要删除某一图层样式，在"图层"调板中将图层样式名称选中，然后拖至"图层"调板的删除图层按钮上即可。
- 双击包含要删除图层样式的图层所在栏，在"图层样式"对话框中，取消图层样式名称左侧复选框的勾选即可。
- 要一次性删除应用于图层的所有图层样式，可以在"图层"调板中选中图层名称下的"效果"，将其拖动到删除图层按钮上，如下图所示。

图6-97　"图层"调板

图6-98　渐变效果

显示图层"素材1"，将图层名称修改为"图层 1"，并调整到如图6-99所示的状态。设置图层混合模式为"线性减淡"，"填充"为30%，得到如图6-100所示的效果。

图6-99　素材图像

图6-100　设置图层属性后的效果

提示　下面为加强图像对比，制作一个具有外发光的圆。

新建一个图层"图层 2"，将前景色设置为白色，选择椭圆工具 ，单击填充像素按钮 ，在图中绘制圆，状态如图6-101所示，单击添加图层样式按钮 ，在弹出菜单中选择"外发光"命令，设置弹出的对话框如图6-102所示，确认后得到如图6-103所示的效果。

图6-101　绘制圆

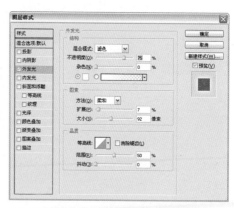

图6-102　"图层样式"对话框

图6-103　添加图层样式后的效果

> **提示**　绘制圆时按住Shift键可绘制出正圆，按住Alt键可确定中心绘制圆。两个键同时按住可绘制确定中心的正圆。

新建一个图层"图层3"，将前景色设置为黑色，选择画笔工具 ，设置适当的大小和不透明度后在图中绘制如图6-104所示的黑斑。

按住Ctrl键单击"图层2"缩览图载入选区，选择"图层3"单击添加图层蒙版按钮 ，给"图层3"添加蒙版。选择蒙版缩览图后选择菜单栏中的"滤镜>模糊>高斯模糊"命令，在弹出对话框中设置"半径"为45，确认后得到如图6-105所示的效果。

图6-104　绘制图像　　　　　图6-105　添加蒙版后的效果

2．调整网格参数

选择菜单栏中的"编辑>首选项>参考线、网格和切片"命令，设置弹出的对话框如图6-106所示（红框部分），确认后按快捷键Ctrl+'显示出网格。

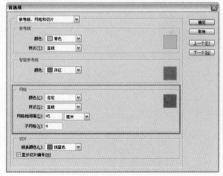

图6-106　"首选项"对话框

在"首选项"对话框的"参考线、网格和切片"选项面板中，各参数的解释如下。

- 参考线：在"颜色"下拉列表中，可以选择预设的数种参考线颜色；在"样式"下拉列表中则可以定义参考线的类型。
- 智能参考线：在"颜色"下拉列表中，可以选择智能参考线显示时的颜色。
- 网格：在"网格线间隔"数值框中输入数值，可以设置主网格线之间的距离；在"子网格"数值框中输入数值，可以设置各主网格中包含子网格的数量。

以下图所示的图像为例，其中由粗线条构成的网格就是主网格，由细线条构成的网格就是子网格。

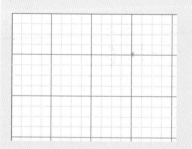

> 提示　在后面的操作中需要依据网格来创建方格图像，因此这里先将网格的大小定义好。这里的设置只是笔者操作时使用的参数，读者也可尝试其他的参数。

3. 制作底图纹理

> 提示　首先需要结合选框工具制作一个基本的网格。

新建一个图层"图层4"，选择单行选框工具 ，按住Shift键单击每个网格横线，制作选区，再选择单列选框工具 ，按住Shift键单击每个网格列线，制作选区，最终选区如图6-107所示。

> 提示　生成了第一个选区后，按住Shift键再单击另一个网格线来添加选区，在制作选区的过程中除第一个选区不用按住Shift键，添加其他的选区均需按住Shift键。下面填充选区，再利用最小值与最大值来制作一个网格底纹。

选择"图层4"，使用黑色填充选区，取消选区后的效果如图6-108所示。选择菜单栏中的"滤镜>其他>最小值"命令，设置弹出的对话框如图6-109所示，确认后状态如图6-110所示。

图6-107　制作的选区

图6-108　填充颜色

图6-109　"最小值"对话框

图6-110　应用"最小值"后的效果

> 提示　此处应用滤镜的目的是先将网格通过最小值变粗，随后通过将网格旋转45°再应用"最大值"滤镜可以生成一个具有交叉点的网格效果。

按快捷键Ctrl+T调出自由变换控制框，按住Shift键顺时针旋转图像45°，按Enter键确认，然后选择菜单栏中的"滤镜>其他>最大值"命令，设置弹出的对话框如图6-111所示，确认后状态如图6-112所示。

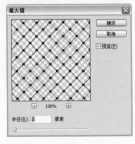

图6-111 "最大值"对话框

图6-112 应用"最大值"后的效果

按快捷键Ctrl+T调出自由变换控制框，按住Shift键逆时针旋转图像45°，按Enter键确认，效果如图6-113所示。将图层"不透明度"设置为10%，得到如图6-114所示的效果。

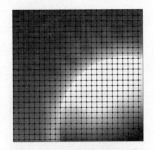

图6-113 调整图像后的效果

图6-114 设置"不透明度"后的效果

4．调整球体图像

显示图层"素材2"，将图层名称修改为"图层5"，将图像调整成如图6-115所示的效果，单击添加图层样式按钮 ，在弹出菜单中选择"投影"命令，设置弹出对话框如图6-116所示，然后分别勾选"斜面和浮雕"复选框、"渐变叠加"复选框和"内阴影"复选框，设置参数如图6-117、图6-118、图6-119所示，确认后得到如图6-120所示的效果。

图6-115 素材图像

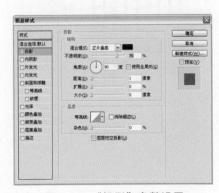

图6-116 "投影"参数设置

"最大值"滤镜

使用"最大值"滤镜可以扩大亮区缩小暗区，该滤镜用周围像素的最大亮度值替换当前像素的亮度值，周围像素的范围由"半径"数值框中的数值决定。

"最小值"滤镜

与"最大值"滤镜刚好相反，使用"最小值"滤镜可以扩大暗区缩小亮区，该滤镜用周围像素的最小亮度值替换当前像素的亮度值，周围像素的范围由"半径"数值框中的数值决定。

自定新图层样式

如果需要一些特殊的图层样式，可以自定义图层样式并将其保存到"样式"调板中。将某种图层样式保存到"样式"调板中的操作步骤如下。

1. 在"图层"调板中选择具有需要保存的图层样式的图层。
2. 显示"样式"调板，单击调板中的创建新样式按钮 ，或者将光标放置于调板中的空白处，待光标变为 形时单击鼠标左键。
3. 设置如下图所示的弹出对话框中的参数。

"新建样式"对话框中的各参数解释如下。

- 名称：在该文本框中可以输入新样式的名称。
- 包含图层效果：勾选该复选框后，新样式会记录当前图层中所有的图层样式及其参数设置。
- 包含图层混合选项：勾选该复选框后，新样式会将图层的高级混合参数也记录下来，例如"填充"值、图层的"混合模式"设置等。

要为某图层应用某个自定义的样式，只需要在此图层被选中的状态下，在"样式"调板中单击需要应用的样式。

显示与隐藏图层蒙版

按住Shift键并单击"图层"调板中的图层蒙版缩览图，或选择菜单栏中的"图层>图层蒙版停用"命令，可以暂时屏蔽图层蒙版，此时图层蒙版缩览图上将显示一个红色的"×"，如下图所示。

如果要启用图层蒙版可以再次按Shift键单击"图层"调板中的图层蒙版缩览图，或选择菜单栏中的"图层>图层蒙版>启用"命令。

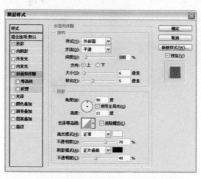

图6-117 "斜面和浮雕"参数设置

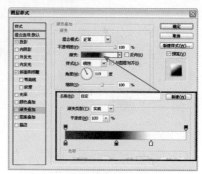

图6-118 "渐变叠加"参数设置

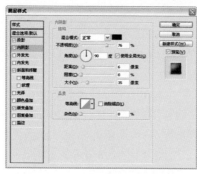

图6-119 "内阴影"参数设置

图6-120 图像效果

提示 单击"渐变叠加"选项面板中的渐变颜色条弹出"渐变编辑器"对话框，设置渐变色值从左到右依次为#444444、#151515和#ffffff。

单击添加图层蒙版按钮，给"图层5"添加蒙版，选择画笔工具，设置适当的大小并在蒙版上用黑色涂抹，得到如图6-121所示的效果，蒙版状态如图6-122所示。

图6-121 添加蒙版后的效果

图6-122 添加的蒙版

提示 由于地球的光泽效果不够突出，下面为其绘制一个亮斑。

新建一个图层"图层6"，将前景色设置为白色，选择画笔工具，设置适当的大小，在地球上拖动绘制出如图6-123所示的图像（红框部分），按住Ctrl键单击"图层5"的图层缩览图载入选区，选择"图层

6"，单击添加图层蒙版按钮 ，添加蒙版后的效果如图6-124所示。

| 图6-123　绘制图像 | 图6-124　添加蒙版后的效果 |

> **提示** 此时整体图像偏暗,下面的操作将调整图像使其变亮。

新建一个图层"图层 7"，使用色值#64858f填充图层并设置图层混合模式为"叠加"，得到如图6-125所示的效果。

复制"图层 5"得到"图层 5 副本"，将图层样式及蒙版删除，将图层调整到"图层 7"的上面，创建剪贴调整图层，设置对话框如图6-126所示，确认后将图像设置为白色，得到如图6-127所示的效果，并将"图层 5 副本"的混合模式设置为"柔光"，得到如图6-128所示的效果。

 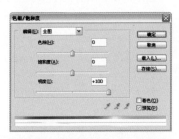

| 图6-125　设置"叠加"后的效果 | 图6-126　"色相/饱和度"对话框 |

| 图6-127　调整颜色后的效果 | 图6-128　设置混合模式后的效果 |

> **提示** 创建剪贴调整图层有两种方法。第1种方法是按住Alt键单击创建新的填充或调整图层按钮，在弹出菜单中选择"色相/饱和度"命令，在弹出对话框中勾选"使用前一图层创建剪贴蒙版"复选框，确认后在弹出的"色相/饱和度"对话框中单击"确定"按钮生成剪贴调整图层。第2种方法是先单击创建新的填充或调整图层按钮，在弹出菜单中选择"色相/饱和度"命令，在弹出对话框中单击"确定"按钮生成图层，随后按快捷键Ctrl+Alt+G创建剪贴调整图层。

删除图层蒙版

删除图层蒙版是指对原有的图层蒙版不满意时将其删除的操作，由于图层蒙版在实质上是以Alpha通道的状态存在的，因此删除无用的图层蒙版有助于缩小文件体积。

要删除图层蒙版，可以选择图层蒙版缩览图，单击"图层"调板下方的删除图层按钮 ，或选择菜单栏中的"图层>图层蒙版>删除"命令。

"叠加"混合模式

选择此混合模式，上层图像的最终效果取决于下方图层。但上方图层的明暗对比效果也将直接影响到整体效果，叠加后下方图层的亮度区与投影区仍被保留。

相比较而言，"叠加"混合模式得到的混合效果要强于"柔光"混合模式得到的效果。下图所示是前面在讲解"柔光"混合模式时运用到的示例效果。

如果仍然保持上面的其他参数及图层不变，然后将上面两个图层的混合模式设置为"叠加"，则得到的图像效果如下图所示。

变形功能

使用变形功能可以对图像进行更为灵活和细致的变形操作。选择菜单栏中的"编辑>变换>变形"命令即可调出变形控制框，同时工具选项条将变为下图所示的状态。

在调出变形控制框后，可以采用两种方法对图像进行变形操作。

第1种方法是直接在图像内部、锚点或控制句柄上拖动，直至将图像变形为所需的效果。第2种方法是在工具选项条中的"变形"下拉列表中选择适当的形状，如下图所示。

变形工具选项条中的各个参数解释如下。

■ 变形：在该下拉列表中可以选择15种预设的变形选

5．制作折痕效果

新建一个图层"图层8"，将前景色设置为黑色，选择矩形选框工具 ，在画布内绘制如图6-129所示的矩形选区。选择线性渐变工具 ，设置渐变类型为"前景到透明"，在选区内从右向左拖动，取消选区后的效果如图6-130所示。

图6-129　绘制选区

图6-130　渐变效果

6．调整主体图像

显示图层"素材3"，修改名称为"图层9"，配合自由变换控制框调整到如图6-131所示的状态。

下面制作手机在地球上的倒影。复制"图层9"得到"图层9副本"，将其水平翻转，然后选择菜单栏中的"编辑>变换>变形"命令调出变形控制框，拖动各个控制句柄，直至调整为如图6-132所示的状态。确认后得到如图6-133所示的效果。

将"图层9副本"的"不透明度"设置为30%，得到如图6-134所示的效果。

图6-131　素材图像

图6-132　调整变形控制框

图6-133　复制并调整后的效果

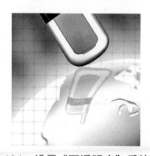

图6-134　设置"不透明度"后的效果

提示　在调整手机倒影时,要注意手机下面球体与手机倒影的关系,要让手机倒影顺应球的形体。

7. 制作主体文字效果

选择横排文字工具 **T**,设置适当的颜色、字体字号后输入如图6-135所示的文字。将前景色设置为白色,选择矩形工具 ▭ ,单击形状图层按钮 ▭ ,在图中绘制两条如图6-136所示的直线,得到图层"形状1"。

图6-135　输入文字

图6-136　绘制直线

单击添加图层蒙版按钮 ▢ ,给"形状1"添加蒙版,选择画笔工具 ✎ ,设置适当的大小后在蒙版上用黑色涂抹,使直线边缘具有一定的渐隐效果,如图6-137所示。

图6-137　添加蒙版后的效果

选择文字图层"简约于形 经典一世",单击添加图层蒙版按钮 ▢ ,为当前图层添加蒙版,选择矩形选框工具 ▭ ,绘制一个选区,框选直线右侧的文字内容,如图6-138所示,用黑色填充,取消选区后得到如图6-139所示的效果。

图6-138　绘制选区

图6-139　添加蒙版后的效果

项,如果选择"自定"选项则可以随意对图像进行变形操作。在选择了预设的变形选项后,则无法再随意对变形控制框进行编辑,需要在"变形"下拉列表中选择"自定"选项后才可以继续编辑。

- 更改变形方向按钮 ▤ :单击该按钮可以改变图像变形的方向。
- 弯曲:在该数值框中输入数值可以调整图像的扭曲程度。
- H、V数值框:此参数可以控制图像扭曲时在水平和垂直方向上的比例。

下图所示是变形图像的一个示例流程图。

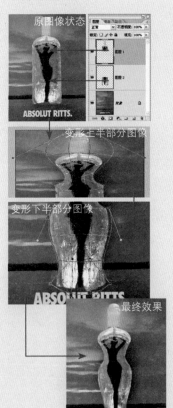

删除锚点与线段

通过删除路径上的锚点或线段，同样能够编辑路径。

要删除路径上的锚点，可以使用删除锚点工具 ，选择此工具后只需要在锚点上单击一下即可完成删除锚点的操作。

要删除路径线段可用直接选择工具 选择要删除的线段，然后按Backspace键或Delete键。

保存"工作路径"路径

在Photoshop中绘制新路径时，会自动创建一个"工作路径"，而该路径一定要在被保存后才可以永久保留下来。

要保存工作路径，可以双击该路径的名称，在弹出的对话框中单击"确定"按钮即可。

宣传单页的存在意义

产品或业务活动推广的宣传单不是单纯为企业装点门面，也不是简单的产品信息罗列。它的意义在于将产品的相关信息通过图形、文字等视觉元素有效地传达给客户，引导客户的消费，促进产品的增值，同时，一张小小的宣传单也是企业品牌形象的一部分。

8．制作折页的背面

将"图层9"复制得到"图层9副本2"，将其调整到图层最顶层，配合自由变换框调整图像，确认后得到如图6-140所示的效果。

将前景色设置为白色，选择矩形工具 ，在手机的下方绘制如图6-141所示的矩形，得到图层"形状2"，然后单击从形状区域减去按钮 ，在矩形上绘制如图6-142所示的矩形。

选择路径选择工具 ，按住Alt键拖动刚绘制的形状，再配合直接选择工具 调整成如图6-143所示的效果。

图6-140　复制并调整图像

图6-141　绘制形状

图6-142　绘制相减的形状

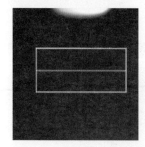

图6-143　复制形状并调整

> **提示** 编辑形状时可选用添加锚点工具 在矩形的右边添加锚点，然后选择直接选择工具 调整位置。

将前景色设置为白色，选择矩形工具 ，如图6-144所示绘制一个矩形，得到"形状3"，配合添加锚点工具 与直接选择工具 ，调整到如图6-145所示的形状。

图6-144　绘制矩形

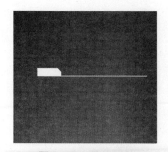

图6-145　编辑形状

选择路径选择工具，选择刚才绘制的路径，按住Alt键拖动复制出一个并调整位置和形状，再复制出一个调整得到如图6-146所示的效果。

选择横排文字工具，设置适当的颜色、字体字号后输入如图6-147所示的文字。

图6-146　多次复制后的效果　　　　图6-147　输入文字

将前景色设置为白色，选择矩形工具，在最下方的文字上下各绘制一条直线，得到如图6-148所示的效果，完成作品，这时"图层"调板如图6-149所示。

 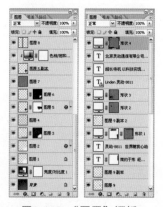

图6-148　最终效果　　　　　图6-149　"图层"调板

> **提示**　本例最终效果为随书所附光盘中的文件"第6章\6.3.psd"。

6.4　电话充值宣传单页设计

本例通过3个颜色不同的形状来拉开层次，使画面具有一定的纵伸感，标题的文字及形状设置说明了此宣传单的目的，底部简略的形状平衡了整体画面，使构图自然、和谐。

背景的网状图案，从侧面突出了电话沟通灵活、覆盖面广等特点，从而鼓励消费者使用。本例的操作步骤如下。

宣传单页的设计要点

通常情况下，宣传单页或折页的尺寸都比较小，最大尺寸约为8开左右，最小可为48开或者更小，因此在设计和编排时很多东西都受到了尺寸的限制，其信息传达功能也许不及画册和海报等宣传品。

要想在这有限的空间里有效地反映出产品的相关信息，达到良好的推广目的，除了在产品的广告文案和图像创意上有很好的构思之外，另一方面就是充分重视它的视觉效果设计。

只有在图形的设计、色彩的构成，以及文字的编排上或多或少有一定的个性和与众不同的特点，才会引起消费者的注意。

下图所示是一些较为优秀的宣传单页设计作品。

如果第一眼不能引起人们的注意，宣传单也许就会被随手一丢；所以设计宣传单页或折页时设计者必须对其整体视觉效果作深入的思考，做到既简洁大方又能有效地传达信息，特别是在图形和色彩上第一眼就要给人们留下很深刻的印象，使消费者对产品产生一种去了解的冲动和购买的欲望。

创建图案填充图层

单击创建新的填充或调整图层按钮 后，在弹出菜单中选择"图案"命令，即可创建图案填充图层，"图案填充"对话框如下图所示。

在对话框中选择图案并设置好参数后，单击"确定"按钮，即可在目标图层上方创建图案填充图层。

1. 绘制渐变及底纹

打开随书所附光盘中的文件"第6章\6.4-素材1.psd"，"图层"调板如图6-150所示。

隐藏"素材1"图层，新建一个图层，将前景色设置为#123093，背景色设置为白色，选择线性渐变工具 ，设置渐变类型为"前景到背景"，从画布的顶部向下拖动，得到如图6-151所示的效果。

图6-150　素材状态　　　　图6-151　绘制渐变

显示图层"素材1"，并配合自由变换控制框调整到如图6-152所示的状态，按快捷键Ctrl+A全选图像，再按快捷键Ctrl+C拷贝图像。

选择"通道"调板，新建一个通道"Alpha 1"，按快捷键Ctrl+V粘贴图像，效果如图6-153所示，然后取消选区。应用"色阶"命令，得到如图6-154所示的效果。

图6-152　调整素材　　图6-153　粘贴图像　　图6-154　调整色阶

> **提示**　应用"色阶"命令，可按快捷键Ctrl+L调出"色阶"对话框，也可选择菜单栏中的"图像>调整>色阶"命令。

选择菜单栏中的"编辑>预设管理器"命令，弹出"预设管理器"对话框，设置"预设类型"为"图案"，然后单击"载入"按钮，弹出"载入"对话框。选择随书所附光盘中的文件"第6章\6.4-素材2.pat"，单击"载入"按钮。返回"预设管理器"对话框并单击"完成"按钮。

选择"通道"调板，载入通道"Alpha 1"的选区，返回"图层"调板，删除图层"素材1"。

单击创建新的填充或调整图层按钮 ，在弹出菜单中选择"图案"命令，确认后将图层"填充"设置为50%，得到如图6-155所示的效果并得到调整图层"图案填充 1"，使用移动工具 将其向上移动到如图6-156所示的位置。

图6-155 填充图案　　　　图6-156 调整位置

选择"图案填充 1"的蒙版，将前景色设置为黑色，使用方头类型的画笔在蒙版上单击，将部分不完整的图案擦除，图6-157为擦除前与擦除后的对比。

图6-157 擦除前后的效果对比

将前景色设置为#1563ad，选择钢笔工具 ，单击形状图层按钮 ，在图中绘制出如图6-158所示的形状，得到图层"形状 1"。

复制形状图层"形状 1"得到"形状 1 副本"，将形状的颜色设置为白色，利用直接选择工具 ，将形状调整至如图6-159所示的效果。使用同样的方法将"形状 1"复制两次，分别设置颜色为#089dc7和#115698，并调整形状，得到如图6-160所示的效果，整体效果如图6-161所示。

图6-158 绘制蓝色形状　　　　图6-159 绘制白色形状

通道概述

一个图像文件可能包含3种通道，即"颜色"通道、"专色"通道和Alpha通道。

"颜色"通道的数目由图像颜色模式决定。"RGB颜色"模式的图像有3个"颜色"通道（红/绿/蓝），而CMYK模式的图像则有4个"颜色"通道。"专色"通道用于在出片时生成第5块色版，即专色版。Alpha通道需要自行创建，其主要功能是制作与保存选区，一些在图层中不易得到的选区，在Alpha通道中可以方便地得到。

"通道"调板

使用"通道"调板可以创建和管理通道，并可直观地查看图像的编辑效果。

选择菜单栏中的"窗口>通道"命令，弹出如下图所示的"通道"调板。

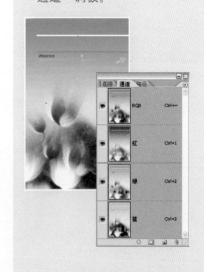

在此调板中列出了图像包含的所有通道，其顺序由上至下依次为"复合"通道（对于RGB、CMYK 和 Lab 图像）、单个"颜色"通道、"专色"通道、Alpha通道。

与"图层"调板相似，每一个通道中对应的通道内容缩览图显示于通道名称的左侧，在编辑通道时缩览图可以自动更新。

"通道"调板中的各个按钮讲解如下。

- 将通道作为选区载入按钮 ◎：可以调出当前通道所保存的选区。
- 将选区存储为通道按钮 ▣：在当前图像存在选区的状态下，可以将当前选区保存为Alpha通道。
- 创建新通道按钮 ▣：可以创建一个新的Alpha通道。
- 删除当前通道按钮 ▥：可以删除当前选择的通道。

默认情况下，"通道"调板中"颜色"通道的缩览图显示为灰度图，如果要将其显示为彩图，可以选择菜单栏中的"编辑>首选项>显示与光标"命令，在弹出的如下图所示的"首选项"对话框中勾选"通道用原色显示"复选框。

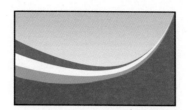

图6-160 制作多个形状 　　图6-161 整体效果

2．输入文字并编辑形状

将前景色设置为白色，选择横排文字工具 T，在画布的右上角输入文字"固定电话"并添加蒙版，得到如图6-162所示的效果，将"固"与"话"的下面一横打断。

图6-162 输入文字并添加蒙版

选择矩形工具 ▭，单击形状图层按钮 ▣，在图中绘制直线，如图6-163所示，得到图层"形状 2"。

图6-163 绘制直线

给直线添加如图6-164所示的蒙版，得到如图6-165所示的效果。

图6-164 蒙版状态

图6-165 添加蒙版后的效果

复制"形状 2"得到"形状 2 副本"，配合自由变换框将其调整成垂直状态，并放置于如图6-166所示的位置。

选择横排文字工具 T，输入文字，并添加形状，效果如图6-167所示，得到文字图层"充值卡业务"与形状图层"形状 3"，形状制作流程如图6-168所示。选择文字图层"固定电话"以上的所有图层，按快捷键Ctrl+G创建新组将其放在一个组内，得到"组1"。

图6-166　调整形状

图6-167　输入文字并制作形状

形状选择框

绘制形状

选择锚点

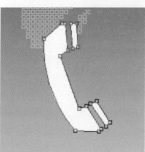
删除两次锚点后的效果

图6-168　制作形状的流程

提示　使用自定形状工具 绘制形状，使用直接选择工具 选择形状外框一个锚点按Delete键删除，再按一次删除其他的锚点，得到电话形状。

3. 输入说明文字并制作底图

将前景色设置为白色，利用圆角矩形工具 绘制圆角矩形，使用路径选择工具 ，按住Alt键复制出一个并调整位置，再使用直接选择工具 调整锚点，操作流程如图6-169所示。

图6-169　绘制形状操作流程

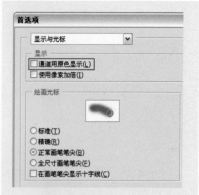

需要注意的是，如果Photoshop中没有打开任何图像文件，则"通道"调板显示为空白。

转换"背景"图层

正常情况下，"背景"图层永远处于所有图层的下方，且无法对其进行添加图层样式、添加图层蒙版、设置不透明度、移动图层中的图像等操作，只有将其转换为普通图层后才可以进行编辑。

将"背景"图层转换为普通图层时可以执行以下操作之一。

- 选择菜单栏中的"图层>新建>背景图层"命令，在弹出的"新建图层"对话框中单击"确定"按钮。
- 双击"背景"图层的缩览图，在弹出的"新建图层"对话框中进行设置后，单击"确定"按钮。
- 按住Alt键双击"背景"图层的缩览图，可以在不弹出"新建图层"对话框的情况下直接将"背景"图层转换为普通图层。

下图所示就是转换前后"图层"调板的对比。

创建嵌套图层组

嵌套图层组是指一个图层组中可以包含另外一个或多个图层组。使用嵌套图层组可以更加高效地管理图层。下图所示是一个非常典型的多级嵌套图层组，在这些嵌套图层组中，可将嵌套于某一个图层组中的图层组称为"子图层组"。

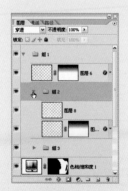

根据不同的图像状态，可以使用不同的方法创建嵌套图层组。

使用路径选择工具 ，选择刚才编辑的圆角矩形，按住Alt键拖动复制出两个并调整到如图6-170所示的状态，设置当前形状的图层属性，直至得到如图6-171所示的效果。

图6-170 复制并调整位置　　图6-171 设置图层属性后的效果

> **提示**　首先使用圆角矩形工具 ，绘制一个圆角矩形，使用路径选择工具 选择路径，按住Alt键向下拖动，复制出一个形状，再选择直接选择工具 ，框选复制出的形状的下面4个锚点并向下移动，调整圆角矩形的形状，然后再利用路径选择工具 ，配合Alt键复制出两个形状，最后设置"不透明度"制作出效果。

复制图层"形状 3"得到"形状 3 副本"，将其拖到图层最顶层，并调整到如图6-172所示的状态。

利用横排文字工具 在形状右侧及下方输入文字，得到对应的文字图层。将文字图层"1"、"2"、"3"调整到文字图层"使用说明"的上面，得到如图6-173所示的效果。

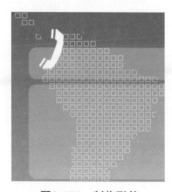 

图6-172 制作形状　　　　图6-173 输入文字

载入形状图层"形状 4"的选区，分别给文字图层"1"、"2"、"3"添加蒙版，得到如图6-174所示的效果。选择图层"形状 4"以上的所有图层，按快捷键Ctrl+G创建新组，并将其放在一个组内，得到"组2"，此时"图层"调板如图6-175所示。

图6-174　添加蒙版

图6-175　"图层"调板

提示　按住Ctrl键单击"形状4"的图层缩览图载入选区，选择要添加选区的图层，单击添加图层蒙版按钮，完成添加蒙版操作。其余的蒙版可用此法来制作，或按住Alt键将此图层的蒙版缩览图拖到要添加蒙版的图层上，复制蒙版。

4. 绘制形状

选择"组2"，使用椭圆工具、添加锚点工具与直接选择工具制作如图6-176所示的形状，得到"形状5"（图6-177为制作流程），并将其拖到图层最顶层。

图6-176　制作形状

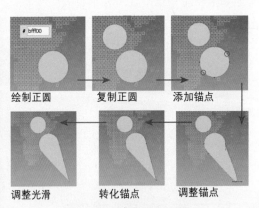

绘制正圆　　复制正圆　　添加锚点

调整光滑　　转化锚点　　调整锚点

图6-177　形状制作流程

给"形状5"添加图层样式，参数设置如图6-178所示，得到如图6-179所示的效果。复制"形状5"两次，分别设置颜色值为#f3aa1d和#c8e1ed，调整位置得到如图6-180所示的效果。

将前景色设置为白色，选择图层最顶层，选择矩形工具，单击形状图层按钮，在画布的中间偏上部位绘制如图6-181所示的直线，得到形状图层"形状6"。

■ 如果一个图层组中已经有一个或若干个图层，直接单击"图层"调板中的创建新组按钮，即可创建一个子图层组。

■ 如果将图层组拖至"图层"调板的创建新组按钮上，可以创建一个新图层组，同时将当前操作的图层组改变为新图层组的子图层组。

■ 在创建一个图层组后，按住Ctrl键单击创建新组按钮也可以创建一个子图层组。

"斜面和浮雕"图层样式

使用"斜面和浮雕"图层样式，可以将各种高光和暗调添加至图层中，从而创建具有立体感的图像效果。在实际工作中该样式使用非常频繁。

下图是某一图像文件的"斜面和浮雕"对话框。其中的参数有很多，下面讲解一下常用的参数。

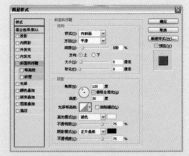

■ 样式：选择"样式"下拉列表中各选项，可以设置效果的样式。在此可以选择"外斜面"、"内斜面"、"浮雕效果"、"枕状浮雕"和"描边浮雕"5种效果。

- **方法**: 在此下拉列表中可以选择"平滑"、"雕刻清晰"和"雕刻柔和"3种方法。
- **深度**: 此参数控制"斜面和浮雕"效果的深度，数值越大效果越明显。
- **方向**: 在此可以控制"斜面和浮雕"效果的视觉方向，如果单击"上"单选按钮，则在视觉上"斜面和浮雕"效果呈现凸起效果；如果单击"下"单选按钮，则在视觉上"斜面和浮雕"效果呈现凹陷效果。
- **大小**: 此参数控制"斜面和浮雕"效果亮部区域与暗部区域的大小，数值越大则亮部区域与暗部区域所占图像的比例也越大。
- **软化**: 此参数控制"斜面和浮雕"效果亮部区域与暗部区域的柔和程度，数值越大则亮部区域与暗部区域越柔和。
- **高光模式、阴影模式**: 在这两个下拉列表中，可以为高光与阴影部分选择不同的混合模式，从而得到不同的效果。如果单击右侧颜色块，还可以在弹出的"拾色器"对话框中为高光与阴影部分选择不同的颜色。
- **光泽等高线**: 这个参数可以定义图层样式效果的外观，其原理类似于菜单栏中"图像>调整>曲线"命令使用曲线对图像进行调整的原理。单击下三角按钮，将弹出"曲线"列表选择调板，在其中可选择数种

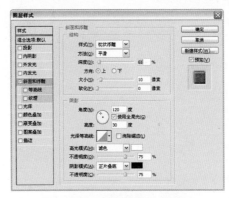

图6-178 "图层样式"对话框

图6-179 添加图层样式后的效果

图6-180 复制并调整形状

图6-181 绘制直线

按快捷键Ctrl+Alt+T调出自由变换控制框并复制图像，按住Alt键将控制中心点拖到底部中间的控制柄上，如图6-182所示。在工具选项条中设置编辑角度为10°，按Enter键确认，效果如图6-183所示。连续按快捷键Ctrl+Shift+Alt+T34次重复执行上一步操作，得到如图6-184所示的效果。

图6-182 调整中心点

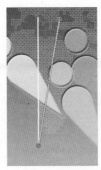

图6-183 变换后的效果

图6-184 多次复制的效果

选择椭圆工具，单击形状图层按钮，按快捷键Shift+Alt在图中绘制一个正圆，得到图层"形状 7"，将图层的"填充"设置为0%，并添加图层样式，图6-185为操作流程图。

> **提示** 此步操作的前景色不用特意设置，因为绘制的形状将"填充"设置为0%以后，看不到颜色，只是需要图层样式的效果。

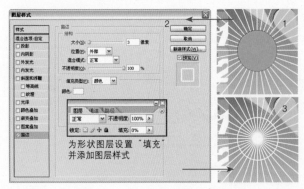

图6-185 绘制圆并添加图层样式

Photoshop默认的曲线类型，单击此调板右侧的小三角按钮，在弹出菜单中应用命令，可以更好地控制与管理等高线。在默认情况下Photoshop自动选择"线性"等高线。

下图所示是添加不同"斜面和浮雕"图层样式时得到的不同图像效果。

　　将图层"形状 7"多次复制，按Shift键并配合自由变换控制框调整复制出的图层，得到如图6-186所示的效果，选择图层"形状 6"以上的所有图层，按快捷键Ctrl+G将其放在一个组内，得到"组3"。

　　选择"组3"，按快捷键Ctrl+Alt+E执行合并拷贝操作，得到图层"组 3（合并）"，隐藏"组3"，选择图层"组 3（合并）"，按快捷键Ctrl+T调出自由变换控制框，按住Ctrl键调整各个控制句柄到如图6-187所示的状态，按Enter键确认变换操作。

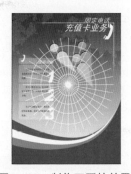

图6-186 制作正圆的效果

图6-187 调整控制句柄后的状态

　　将图层的"填充"设置为50%，将其调整到图层"形状 1"的下面并添加蒙版，得到如图6-188所示的效果。

图6-188 添加蒙版后的效果

　　选择图层最顶层，在画布的底部绘制形状并输入文字，完成作品，如图6-189所示。此时"图层"调板如图6-190所示。

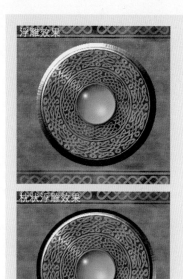

图6-189　最终效果

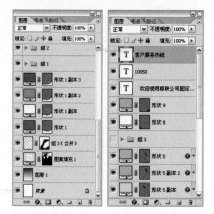

图6-190　"图层"调板

提示 要绘制画布左下角的电话形状，可选择自定形状工具 ，在工具选项条中单击"形状"后面的形状缩览图在弹出的面板中选择如图6-191所示的形状，在图中绘制即可。如果当前形状中未包括这一形状，可以在"形状"选择框中单击小三角按钮 ，在弹出菜单中选择"全部"命令，在确认对话框中单击"确定"按钮。要绘制画布右下角的形状，先绘制圆角矩形，然后单击形状图层的从形状区域减去按钮 ，再绘制一条直线，隐藏路径完成操作，图6-192所示为绘制流程图。

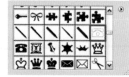

图6-191　"形状"选择框

图6-192　形状制作流程

提示 本例最终效果请参考随书所附光盘中的文件"第6章\6.4.psd"。

色彩的印象联想

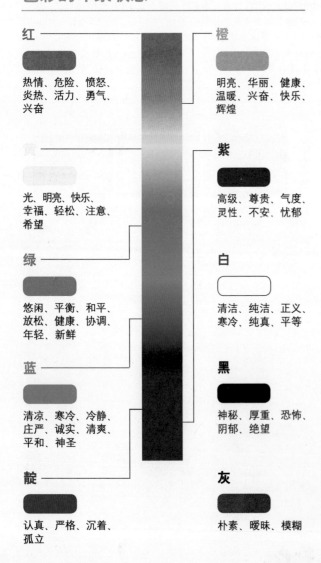

红
热情、危险、愤怒、
炎热、活力、勇气、
兴奋

黄
光、明亮、快乐、
幸福、轻松、注意、
希望

绿
悠闲、平衡、和平、
放松、健康、协调、
年轻、新鲜

蓝
清凉、寒冷、冷静、
庄严、诚实、清爽、
平和、神圣

靛
认真、严格、沉着、
孤立

橙
明亮、华丽、健康、
温暖、兴奋、快乐、
辉煌

紫
高级、尊贵、气度、
灵性、不安、忧郁

白
清洁、纯洁、正义、
寒冷、纯真、平等

黑
神秘、厚重、恐怖、
阴郁、绝望

灰
朴素、暧昧、模糊

Chapter
7

插画设计

在国内插画绘制是一个刚刚兴起的行业，但其行业前景已经被很多业内人士所看好。

本章讲解了5个使用Photoshpo进行插画设计与绘制的实例，使读者能够对插画设计所用的常规技术有较全面的认识，并掌握一些相关理论。这些知识实际上对于使用其他软件进行插画绘制也具有相当的借鉴意义。

7.1　冰点屋主题插画设计

插画的概念

这类插画的主要特点是简洁、秀美，通过使用简单的几何形状进行组合，得到美丽的人物图像，这类作品多用于青春小说的插图。在制作过程中，将主要应用椭圆工具及钢笔工具。本例的操作步骤如下。

1. 绘制头部形状

打开随书所附光盘中的文件"第7章\7.1-素材.psd"，在该文件中，共包括了1幅素材图像，其"图层"调板的状态如图7-1所示。

隐藏除"背景"图层以外的所有图层，选择"背景"图层为当前操作图层，设置前景色的颜色值为#fff9ee，选择椭圆工具，在其工具选项条中单击形状图层按钮，按住Shift键在画布的中间位置绘制一个如图7-2所示的正圆，得到形状图层"形状 1"。

插画是一种视觉创作媒介，插者，切入之意，把图画切入文字，为文章或概念加以描述、说明或提供视觉意象，加强感染力，插画在创意工业中已成为一个分量不轻的部分。

插画最先是在十九世纪初随着报刊、图书的变迁发展起来的。而它真正的黄金时代则是本世纪五六十年代首先从美国开始的，当时刚从美术作品中分离出来的插图明显带有绘画色彩，而从事插图的作者也多半是职业画家，以后又受到抽象表现主义画派的影响，从具象转变为抽象。直到70年代，插画又重新回到了写实风格。

为企业或产品绘制插图，获得与之相关的报酬，作者放弃对作品的所有权，只保留署名权的商业买卖行为，即为商业插画。与普通插画相比，商业插画的内涵更为广泛，商业性也更加鲜明，它出现在为电影、电视、服装等公司所作的广告画；为月历、唱片、邮票所作的设计；乃至商品说明书、企业样本设计等所有印刷媒体中。

图7-1　素材图像的"图层"调板

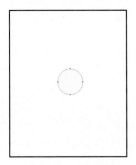

图7-2　绘制正圆

2. 绘制五官

设置前景色的颜色为黑色，选择钢笔工具，在其工具选项条中单击形状图层按钮，在正圆上绘制两个如图7-3所示的形状，作为眼睛，并得到形状图层"形状 2"。

重复上面的操作，在眼睛下方再绘制两个如图7-4所示的睫毛形状，并得到形状图层"形状 3"。

下图所示是一些不同风格的优秀插画作品。

图7-3　绘制眼睛形状

图7-4　绘制睫毛形状

> **提示**　在绘制眼睛和睫毛时，由于二者基本上是对称的，可以先绘制好一侧的图像，然后复制到另外一侧，再进行水平翻转变换即可。在后面将绘制的诸多图像中，如果再有类似的情况，读者也可以按照这样的方法进行操作。

　　设置前景色的颜色值为#fcefff，重复前面的操作方法，在眼睛上方绘制两个如图7-5所示的形状，并得到相应的形状图层"形状 4"，将其拖至"形状 1"的上方。

　　单击添加图层样式按钮 ∫，在弹出菜单中选择"描边"命令，设置弹出的对话框如图7-6所示，得到如图7-7所示的效果。

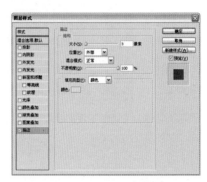

图7-5　绘制形状　　　　　　图7-6　"描边"对话框

> **提示**　在"描边"选项面板中，描边颜色的颜色值为#f8e0fe。

　　重复第2步中的操作方法，使用钢笔工具 ◊ 在眼睛下方绘制两个如图7-8所示的形状，并得到相应的形状图层"形状 5"和"形状 6"。

图7-7　添加图层样式后的效果　　　　图7-8　绘制嘴部形状

> **提示**　下嘴唇的颜色值为#f4afd3、上嘴唇的颜色值为#f579ba。

3. 绘制头发及上身形状

　　重复第2步的操作方法，在所有图层的上方，使用钢笔工具 ◊ 绘制出如图7-9所示的头发，并得到相应的形状图层"形状 7"和"形状 8"。

提示 较深颜色的头发的颜色值为#d05595，较浅颜色的头发的颜色值为#e47cb2。

设置前景色的颜色值为#ffe3fd，重复第2步的操作方法，在所有图层的下方，绘制2条如图7-10所示类似衣服的形状，得到形状图层"形状9"。

图7-9　绘制头发形状

图7-10　绘制衣服形状

设置前景色的颜色值为#fdf6ea，重复第2步的操作方法，在衣服的两侧绘制两个如图7-11所示的类似胳膊的形状，并得到形状图层"形状10"，此时"图层"调板的状态如图7-12所示。

图7-11　绘制胳膊形状

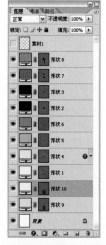

图7-12　"图层"调板

4. 绘制脖子及环境物体

使用钢笔工具和形状工具，重复第2~3步的操作方法，绘制出脖子和其他物体，绘制流程如图7-13所示，此时"图层"调板的状态如图7-14所示。

选择同类图层

在Photoshop CS2中，选择菜单栏中的"选择>相似图层"命令，可以将与当前所选图层类型相同的图层全部选中，例如文字图层、普通图层、形状图层以及调整图层等。

例如当前选择了一个文字图层，然后执行"选择>相似图层"命令，则当前"图层"调板中所有的文字图层都将被选中。

选择所有图层

选择所有图层的这个操作是Photoshop CS2中新增的功能，使用它可以快速选择除"背景"图层以外的所有图层，其操作方法是按快捷键Ctrl+Alt+A或选择菜单栏中的"选择>所有图层"命令。

选择链接图层

当要选择的图层处于链接状态时，可以选择菜单栏中的"图层>选择链接图层"命令，此时所有与当前图层存在链接关系的图层都会被选中。

复制路径

在Photoshop中，用户可以对路径进行复制操作。值得一提的是，这里所说的复制路径包括两种对象。

第1种对象是使用路径绘制工具在画布中绘制得到的路径线；第2种对象是在"路径"调板中出现的"工作路径"或已经保存起来的"路径1"、"路径2"等对象。

复制路径的优点在于对于同样的路径无需进行重复性操作，只需执行复制路径操作即可。复制路径可以执行以下操作之一：

■ 如果当前使用的是直接选择工具或路径选择工具，按住Alt键单击并拖动路径，可完成复制路径操作。

■ 如果当前使用的工具是钢笔工具，按住快捷键Alt+Ctrl并单击拖动路径，可完成复制路径操作。

■ 将要复制的路径选中后，选择菜单栏中的"编辑>拷贝"、"编辑>粘贴"命令也可以复制路径，且粘贴后得到的路径位置保持与原路径的位置相同。

■ 在"路径"调板中将要复制的路径拖至新建路径按钮上，可以复制该路径项中的所有路径。

图7-13　绘制人物及静物流程图

5. 绘制花藤

选择钢笔工具 ，在其工具选项条中单击路径按钮 ，在画布的左侧绘制一条如图7-15所示的路径。

图7-14　"图层"调板

图7-15　绘制路径

新建一个图层"图层 1"，设置前景色的颜色值为#4eff1e，选择画笔工具 ，在其工具选项条中设置画笔的"主直径"为6 px，切换至"路径"调板，单击用画笔描边路径按钮 ，单击"路径"调板的空白处以隐藏路径，得到如图7-16所示类似花藤的效果。

新建一个图层"图层 2"，设置前景色的颜色值为#c2ff8b，重复上面的操作，得到如图7-17所示类似花藤的效果。

图7-16　执行 "用画笔描边路径" 操作后的效果

图7-17　重复操作后的效果

6. 制作多束花朵

显示"素材1"图像如图7-18所示,使用移动工具 将其移至当前图像右上角,并重命名为"图层 3",按快捷键Ctrl+T调出自由变换控制框,按住Shift键缩小图像并将其移至花藤的顶端,如图7-19所示,按Enter键确认变换操作。

图7-18　素材图像

图7-19　变换图像

连续复制"图层 3",将其布满花藤及人物的衣服,使画面更加丰富,得到如图7-20所示的效果,此时"图层"调板的状态如图7-21所示。

图7-20　复制图像后的效果

图7-21　"图层"调板

提示　可以利用自由变换控制框对被复制的图像进行角度的调整和不透明度的调整,以使画面看起来更加层次分明。

7. 添加花叶

设置前景色的颜色值为#d6fd92,选择自定形状工具 ,并在其工具选项条中单击形状图层按钮 ,在画布中单击鼠标右键,在弹出的形状选择框中选择如图7-22所示的形状,在花藤上绘制形状,并利用自由变换控制框旋转角度,得到如图7-23所示的效果。

提示　如果形状选择框中没有这个形状,可以单击右上角的小三角按钮 ,在弹出菜单中选择"全部"命令,在确认对话框中单击"确定"按钮　,即可看到全部的预设形状。

利用图像选择图层

除了在"图层"调板中选择图层外,还可以直接在图像中使用移动工具 来选择图层,其方法如下所述。

选择移动工具 ,按住Ctrl键直接在图像中单击要选择的图层中的图像,即可选中该图层。如果已经在此工具的工具选项条中勾选了"自动选择图层"复选框,则不必按住Ctrl键。

如果要选择多个图层,可以按住Shift键直接在图像中单击要选择的其他图层中的图像,则可以选择多个图层。

自定形状工具

自定形状工具 被选中的状态下,工具选项条中会出现"形状"选项,在其下拉列表中显示有Photoshop预设的形状,如下图所示。

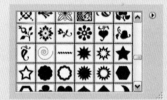

在自定义形状工具 被选中的情况下,单击工具选项条中的设置形状工具选项三角按钮 ·,弹出如下图所示的自定形状选项框,以设置自定义形状的参数及选项。

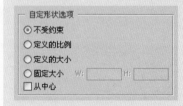

在上图所示的选项面板中，各参数的解释如下。

- 不受约束:单击此单选按钮，可随意绘制形状的大小。
- 定义的比例:单击此单选按钮，将按自定义的比例进行绘制。
- 定义的大小:单击此单选按钮后在页面中单击，将直接创建当前自定义大小的形状。
- "固定大小"及"从中心":这两个选项的用法与矩形工具 的选项框中这两个选项的用法相同，在此不再重述。

优秀插画作品欣赏

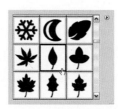

图7-22 形状类型选择框

图7-23 绘制叶片形状

重复上面的操作，绘制出多个叶子，得到如图7-24所示的效果。

> 提示 对叶子的颜色进行微小的调整,可以使画面显得更加饱满。

8．制作装饰形状

设置前景色的颜色值为#ffd58b，选择椭圆工具 ，并在其工具选项条中单击形状图层按钮 ，按住Shift键在图像的左侧绘制一个如图7-25所示的形状，设置"不透明度"为20％，得到如图7-26所示的效果。

图7-24 复制形状后的效果

图7-25 绘制椭圆形状

使用上面的操作方法，绘制多个正圆并设置不透明度，得到如图7-27所示的最终效果，此时的"图层"调板如图7-28所示。

图7-26 设置"不透明度"后的效果

图7-27 最终效果　图7-28 "图层"调板

提示 本例最终效果请参考随书所附光盘中的文件"第7章\7.1.psd"。

7.2 纯粹关于Women主题宣传广告设计

本例是一幅为女性酒吧设计的商业广告作品。在制作过程中，从色彩、主题文字的艺术化处理、人物造型的设定到背景图像的选择，都是以时尚、前卫为基本格调进行设计的，既表明了Women's Bar所面对的目标人群，同时也达到了宣传自身的广告效果。本例的操作步骤如下。

1．绘制脸型及耳朵

打开随书所附光盘中的文件"第7章\7.2-素材.psd"，在该文件中，共包括了1幅"背景"素材图像，其"图层"调板的状态如图7-29所示。

图7-29 "图层"调板

设置前景色的颜色值为#f6ceab，选择钢笔工具 ，在其工具选项条中单击形状图层按钮 ，在当前图像右上角绘制脸型形状，得到"形状1"。选中"形状 1"的矢量蒙版缩览图，单击添加到形状区域按钮 ，再绘制耳朵形状。流程图如图7-30所示。

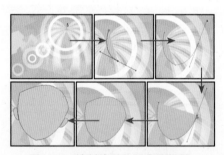

图7-30 绘制脸型及耳朵流程图

提示 要显示或隐藏路径，可以单击矢量蒙版缩览图。

下面为脸型添加"描边"图层样式。单击添加图层样式按钮 ，在弹出菜单中选择"描边"命令，设置描边颜色值为#c2805d，得到如图7-31所示的效果。

除了卡通插画外，国外的插画设计中存在一种主流的插画设计风格——写实风格。写实风格插画作品如下图所示。

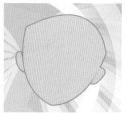

图7-31　为脸型添加"描边"图层样式后的效果

2. 绘制头发及五官

选择钢笔工具，在其工具选项条中单击形状图层按钮，在脸部上绘制头发及阴影形状，流程图如图7-32所示，得到相应的形状图层。

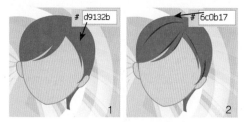

图7-32　绘制头发及阴影流程图

下面绘制眉毛、眼睛，并为眼睛添加"内阴影"图层样式，流程图如图7-33所示。

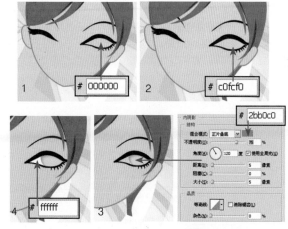

图7-33　绘制眼睛流程图

接着绘制眼睛上的高光及眼影，流程图如图7-34所示。

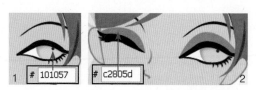

图7-34　绘制眼睛上的高光及眼影流程图

下面继续绘制嘴唇及高光，流程图如图7-35所示。

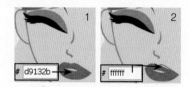

图7-35　绘制嘴唇及高光

最后绘制耳钉及上面的高光，流程图及这时"图层"调板的状态如图7-36所示。

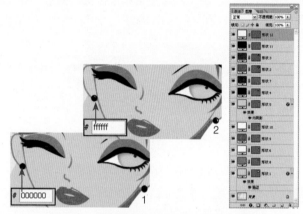

图7-36　绘制耳钉流程图及"图层"调板

> **提示** 在绘制形状时，因为存在先后顺序，所以形状图层之间是错开的。在绘制耳钉时，可以使用椭圆工具◯绘制。

3. 绘制人物上半身

选择钢笔工具 ，在其工具选项条中单击形状图层按钮 ，在头部下方绘制人物上半身形状，流程图如图7-37所示，得到相应的形状图层。

图7-37　绘制人物上身及应用图层样式后的效果

接着绘制手指缝隙及左手臂，流程图如图7-38所示。

插画的形象2：动物

在绘制不同风格的插画时，动物（或怪物）本身需要描绘的侧重点不尽相同。

在动物卡通插画中，虽然动物与人类的差别之一是脸上不显露笑容，但是卡通插画可以通过拟人化手法赋予动物如人类一样的笑容，使动物形象具有人情味。运用人们生活中所熟知和喜爱的动物较容易被人们接受。

而魔幻风格的动物或怪物，通常属于写实风格的插画，所以在造型方面需要具有新奇之处。下图所示就是几幅具有代表性的插画作品。

插画的形象3：商品

商品形象的插画设计，可以说就是动物拟人化在商品领域中的扩展，经过拟人化的商品不仅给人以亲切感，个性化的造型还能令人耳目一新，从而加深人们对商品的直接印象。

商品拟人化的构思大致分为两类。

- 完全拟人化：夸张商品，运用商品本身特征和造型结构作拟人化的表现。
- 半拟人化：在商品上另加上与商品无关的手，足，头等作为拟人化的特征元素。

以上两种拟人化塑造手法，均能使商品富有人情味和个性。如果能够通过动画形式强调商品特征，将其动作、言语与商品直接联系起来，宣传效果会更为明显。

选择或取消路径

在"路径"调板中，单击该路径的名字即可将其选中。

在通常状态下，绘制的路径以黑色线显示于当前图像中，这种显示状态将影响用户所做的其他大多数操作。

单击"路径"调板中的灰色区域，可以取消所有路径项的选定状态，即隐藏路径线，如下图所示。

图7-38　绘制手指缝隙及左手臂

下面为左手臂添加"描边"图层样式并绘制吊带，如图7-39所示。

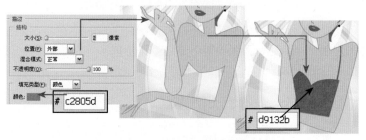

图7-39　为左手臂添加图层样式并绘制吊带

下面绘制吊带上的花纹及指甲等，流程图如图7-40所示。

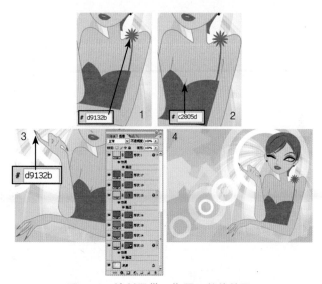

图7-40　绘制吊带、指甲及整体效果

4. 绘制项链、手链及戒指

首先绘制项链。选中"形状 12"为当前操作图层，新建一个图层"图层 1"，选择钢笔工具 ，在其工具选项条中单击路径按钮 ，在当前人物脖子处绘制项链路径。

设置前景色的颜色值为#16120f，选择画笔工具 ，切换至"路径"调板，单击用画笔描边路径按钮 ，单击"路径"调板空白处以隐藏路径，得到如图7-41所示的效果。

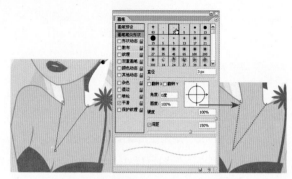

图7-41 绘制项链及"画笔"调板参数

下面开始绘制项链坠子及高光。选择椭圆工具 ◯ ，在其工具选项条中单击形状图层按钮 ▣ ，在项链下方绘制黑色圆形，并添加白色高光，得到相应的形状图层，如图7-42所示。

图7-42 绘制坠子、高光及对应的"图层"调板

提示 在绘制坠子上的高光时，使用钢笔工具 ✎ 绘制。

下面绘制手链。新建一个图层"图层 2"，选择钢笔工具 ✎ ，在其工具选项条中单击路径按钮 ▨ ，在当前人物左手腕处绘制手链路径。

设置前景色的颜色值为#16120f，选择画笔工具 ✎ ，切换至"路径"调板，单击用画笔描边路径按钮 ◯ ，单击"路径"调板空白处以隐藏路径，得到如图7-43所示的效果。

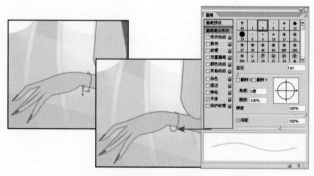

图7-43 绘制手链及"画笔"调板参数

除了上面所说的方法外，也可以在使用直接选择工具 ▶ 或路径选择工具 ▶ ，按Esc键或Enter键隐藏当前显示的路径。

了解"画笔"调板

使用Phtoshop之所以能够绘制出丰富、逼真的图像效果，很大原因在于其具有强大的"画笔"功能，它使绘画者能够通过控制画笔的参数，获得丰富的画笔效果。

选择菜单栏中的"窗口>画笔"命令或按F5键，可弹出如下图所示的"画笔"调板。

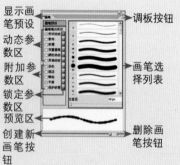

下面解释一下"画笔"调板中各区域的作用。

- "画笔预设"选项：单击该选项，可以在调板右侧的"画笔选择列表"中选择所需要的画笔形状。

- 动态参数区：在该区域中列出了可以设置动态参数的选项，包含"画笔笔尖形状"、"形状动态"、"散布"、"纹理"、"双重画笔"、"颜色动态"和"其他动态"7个选项。

- 附加参数区：在该区域中列出了一些选项，设置它们可以为画笔增加杂色及湿边等效果。

- 锁定参数区：在该区域中单击锁形图标 使其变为 形，就可以将该动态参数的设置锁定起来，再次单击锁形图标 使其变为 形即可解锁。

- 预览区：在该区域可以看到根据当前的画笔属性而生成的画笔效果预览图。

- 画笔笔尖形状列表：该区域在选择"画笔笔尖形状"选项时出现，在该区域中可以选择要用于绘图的画笔笔尖形状。

- 参数区：该区域在勾选任一动态参数的复选框后出现，其中列出了与当前所选的动态参数相对应的参数，在选择不同的动态参数时，该区域中所列的参数也不相同。

- 创建新画笔按钮 ：单击该按钮，在弹出的对话框中单击"确定"按钮，可以按当前所选画笔的参数创建一个新画笔。

- 删除画笔按钮 ：在单击"画笔预设"选项的情况

下面绘制戒指。选择钢笔工具 ，在其工具选项条中单击形状图层按钮 ，在右手上绘制戒指和高光，得到如图7-44所示的效果。

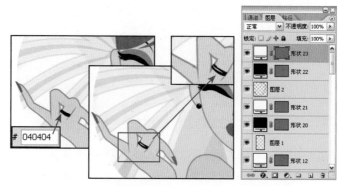

图7-44　绘制戒指和高光及对应的"图层"调板

5．绘制主题文字

下面开始输入文字。选择"背景"图层为当前操作图层，选择横排文字工具 ，在人物左侧输入"纯粹关于"文字，得到如图7-45所示的效果。

图7-45　输入文字

下面调整文字。将文字刷黑选中，调整字距，得到如图7-46所示的效果。

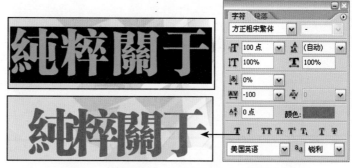

图7-46　调整字距后的效果及相应设置的参数

右键单击文字图层名称，在弹出菜单中选择"转换为形状"命令，使用路径选择工具 ，选中"关"路径，按住Shift键向上拖动一定距离，接着移动"纯"字，得到如图7-47所示的效果。

图7-47　将文字转换为形状并移动文字后的效果

使用直接选择工具 ，将"纯"字左下角的一点选中，将其删除，得到如图7-48所示的效果。

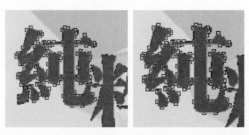

图7-48　将文字转换为路径并删除选中锚点中的图像

> **提示** 使用直接选择工具 选择锚点时，若不能一次选中，可以按住Shift加选。

下面开始编辑文字。单击"纯粹关于"文字的矢量蒙版缩览图，选择钢笔工具 ，设置其工具选项条，绘制"纯"字左下角的点，流程图如图7-49所示。

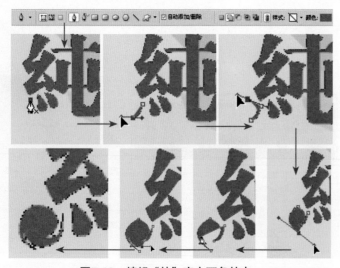

图7-49　编辑"纯"字左下角的点

下，选择一个画笔后该按钮就会被激活，单击该按钮，在弹出的对话框中单击"确定"按钮即可将该画笔删除。

- 单击"画笔"调板右上角的三角按钮 ，将弹出调板快捷菜单，选择各个命令可以实现对画笔及调板的控制操作。

"画笔"调板快捷菜单

下图所示为单击"画笔"调板右上角的三角按钮 后弹出的快捷菜单。

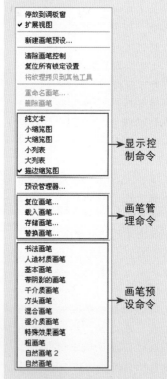

对于上图所示菜单中3类主要命令的功能解释如下。

- 显示控制命令：在此选择不同的命令，可定义"画笔"调板中各画笔的显示状态。

- 画笔管理命令：选择此区域中的命令，可以执行画笔的载入、存储及复制等管理操作。
- 画笔预设命令：在此选择命令，可调入对应的预设画笔。

插画的技法

无论是使用传统画笔，还是利用电脑绘制，插画的创作都是一个相对独立的过程，有很强烈的个人情感因素。商业插画的种类有很多，像儿童的、服装的、书籍的、报纸副刊的、广告的、电脑游戏的，不同性质的工作需要不同的插画绘制人员，所需风格及技能也有所差异。就算是专业的杂志插画，每家出版社所喜好的风格也不一样。所以现在的插画越来越商业化，要求也越来越高，创作人员也走向了专业化的道路。

画插画，最好是先把基本功练好，像素描、速写。素描，是训练对光影、构图的了解。而速写则是训练记忆，用简单的笔调快速描绘出影像感觉，让手及脑更灵活。然后就可多尝试用不同颜料作画，像水彩、油彩、色铅笔、粉彩等，找到适合自己的上色方式。

当然，现在也可以使用计算机绘图，像Illustrator、Photoshop、Painter等绘图软件。简单来说Illustrator是矢量式的绘图软件，Photoshop是点阵式的，而Painter则是可以模仿手绘笔调的。

使用转换点工具 ，将各锚点变得平滑。继续编辑"纯粹关于"文字，整体效果如图7-50所示。

图7-50　文字的整体效果

最后结合矩形工具 和横排文字工具 T，输入插画设计的相关文字并绘制矩形条，得到如图7-51所示的最终效果。

图7-51　最终效果及对应的"图层"调板

> 提示　在输入文字"women"时，颜色值与主题文字"纯粹关于"的颜色值相同。本例最终效果请参考随书所附光盘中的文件"第7章\7.2.psd"。

7.3　矢量视觉绘画设计

本例乍看起来非常复杂，但仔细观察不难看出，其中很多形状都可以利用Photoshop自带的形状绘制得到，剩余的例如人形、地图形以及鸟形，则可以先找到相关的素材图像，然后取其剪影效果即可。

为了丰富作品的整体效果，本例还分别为各个图像增加了一定的光晕效果。本例的操作步骤如下。

1．处理女士素材图像

打开随书所附光盘中的文件"第7章\7.3-素材.psd"，在该文件中，共包括了4幅素材图像，其"图层"调板的状态如图7-52所示。

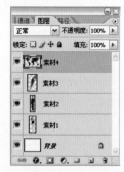

图7-52　素材图像的"图层"调板

按Alt键单击"背景"图层左侧的眼睛图标👁，以隐藏其他图层。

显示"素材1"，并将其重命名为"图层1"，结合自由变换控制框将其调整到适合位置，按住Ctrl键单击"图层1"的图层缩览图以调出其选区。设置前景色的颜色值为#ff9600，按快捷键Alt+Delete用前景色填充选区，按快捷键Ctrl+D取消选区，得到如图7-53所示的效果。

图7-53　调整图像位置、载入选区及填充颜色后的效果

复制"图层1"得到"图层1副本"，并将其置于"图层1"下方，选择菜单栏中的"滤镜>模糊>高斯模糊"命令，设置参数后得到如图7-54所示的效果。复制图层的目的是制作模糊的边缘，使边缘不至于生硬。

图7-54　应用"高斯模糊"命令后的效果

2．处理男士素材图像

显示"素材2"，并将其重命名为"图层2"，结合自由变换控制框将其调整到适合位置，按住Ctrl键单击"图层2"的图层缩览图以调出其选区，设置前景色的颜色值为#34332f，按快捷键Alt+Delete用前景色填充选区，按快捷键Ctrl+D取消选区。

载入图层的选区

在除"背景"图层以外的图层中，用户可以选择该图层中图像轮廓的选区，即非透明区域的选区。

其操作方法非常简单，只需要按住Ctrl键单击某图层（"背景"图层除外）的缩览图，即可选中该图层的非透明区域从而得到非透明选区。

除此之外，在图层缩览图上单击鼠标右键，在弹出菜单中选择"选择图层透明度"命令，如下图所示，即可得到非透明选区。

如果要向现有的选区中添加某图层的非透明选区，可以按住快捷键Ctrl+Shift在"图层"调板中单击图层名称。如果要从现有的选区中减去某图层的非透明选区，可按住快捷键Ctrl+Alt在"图层"调板中单击图层名称。如果要得到当前选区与某图层非透明选区的重叠部分，按住快捷键Ctrl+Alt+Shift在"图层"调板中单击图层名称即可。

了解"滤镜库"对话框

滤镜库集成了Photoshop中大部分的滤镜，并加入了"滤镜层"的功能，此功能允许重叠或重复使用某一种或某几种滤镜，从而使滤镜的应用变化更加繁多，所获得的效果也更加复杂。选择菜单栏中的"滤镜>滤镜库"命令，将弹出如下图所示的"滤镜库"对话框。

滤镜选择区　参数设置区

预览区　　　　滤镜层控制区

由上图可以看出，"滤镜库"对话框是由几个部分组成的，各部分的功能解释如下。

- 预览区：该区域中显示了用当前滤镜处理后的图像效果。单击该区域底部的□按钮或田按钮可以缩小或放大显示比例，也可以在该区域中单击鼠标右键，在弹出菜单中选择适合的显示比例。

- 滤镜选择区：该区域中显示的是已经被集成的滤镜，单击各滤镜组的名称即可将其展开，并显示出该组中包含的滤镜。单击相应滤镜的缩览图即可应用该滤镜。单击滤镜选择区右上角的按钮可以隐藏该区域，再次单击该按钮即可重新显示滤镜选择区。

复制"图层 2"得到"图层 2副本"，并将其置于"图层 2"下方，选择菜单栏中的"滤镜>模糊>高斯模糊"命令，得到对应的效果。以上操作的流程图如图7-55所示。

图7-55　调整图像位置、载入选区、填充颜色及应用"高斯模糊"命令后的效果

3. 处理鹦鹉素材图像

显示"素材3"，并将其重命名为"图层 3"，结合自由变换控制框将其调整到适合位置，并移动到"背景"图层的上方，按照第1步中的方法操作，得到如图7-56所示的效果。

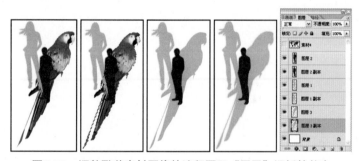

图7-56　调整鹦鹉素材图像的流程图及"图层"调板的状态

4. 绘制直线及不规则形状

选择"图层 3"为当前操作图层，选择直线工具，在人物左侧绘制黑色直线，得到"形状 1"。

选择"图层 3"为当前操作图层，选择钢笔工具，单击形状图层按钮，设置颜色值为#feac02，在直线上方绘制形状得到"形状 2"，流程图如图7-57所示。

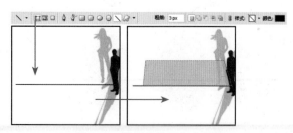

图7-57　绘制直线及自由形状

153

下面通过添加图层蒙版为形状制作渐隐的效果。

单击添加图层蒙版按钮 ▣，为"形状 2"添加图层蒙版，设置前景色为黑色，背景色为白色，选择线性渐变工具 ▣，在绘制的形状内从左至右绘制渐变，得到如图7-58所示的效果，图层蒙版状态如图7-59所示，设置"不透明度"为50％，得到如图7-60所示的效果。

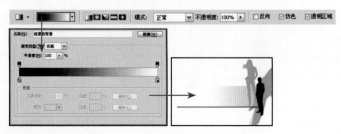

图7-58　添加图层蒙版后的效果

图7-59　图层蒙版状态

图7-60　设置不透明度后的效果

5．绘制圆环图像

选择"图层 3"为当前操作图层，选择椭圆工具 ●，在靠近渐变处绘制正圆，得到"形状 3"，结合自由变换控制框，按住快捷键Alt+Shift向上拖动形状以复制圆，再结合自由变换控制缩小图像大小，流程图如图7-61所示。

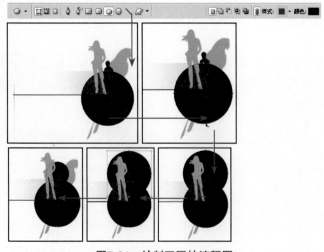

图7-61　绘制正圆的流程图

■ 参数设置区：在该区域中，可以设置与当前滤镜相对应的参数。

■ 滤镜层控制区：在该区域中，可以添加多个滤镜层，而每个滤镜层中都可以选择一个不同的滤镜，并按照由上至下的顺序应用滤镜效果。

值得一提的是，在Photoshop中，并非所有的滤镜都集成在"滤镜库"对话框中，例如"高斯模糊"、"风"、"光照效果"、"晶格化"以及"铜版雕刻"等滤镜，依然是保持原来的对话框样式。另外，一些没有任何参数的滤镜自然也没有集成在"滤镜库"对话框中，例如"云彩"、"查找边缘"等。

还有就是，选择滤镜不一定非要先选择"滤镜库"命令，虽然这也是选择滤镜的一种方式，但对于习惯了Photoshop CS及更早版本的操作的用户，完全可以直接在"滤镜"菜单中选择需要的滤镜。

了解"样式"调板

与图层样式命令紧密配合使用的是"样式"调板，使用它可以快速地为图层赋予一种或多种图层样式，并可保存精心设置的图层样式，以便在以后的工作中重复使用。选择菜单栏中的"窗口>样式"命令即可显示此调板，如下图所示。

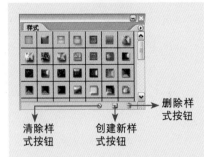

删除样式按钮

清除样式按钮　　创建新样式按钮

对于上图所示的"样式"调板，其中各个按钮的功能解释如下。

- 创建新样式按钮：如果当前选择了一个带有样式的图层，单击此按钮，可以依据当前图层所具有的样式，创建一个新的样式。

- 删除样式按钮：利用此按钮可以删除"样式"调板中的样式。删除时拖动要删除的样式至此按钮上即可。

- 清除样式按钮：如果当前所选图层带有图层样式，单击此按钮可清除该图层所带有的所有图层样式。

图层蒙版的链接

在默认情况下，图层与其蒙版是处于相互链接状态的，此时"图层"调板中两者的缩览图之间有一个链接图标 。

图层缩览图与图层蒙版缩览图之间的链接图标

在复制圆时，应该使用路径选择工具 选中路径，进行复制。绘制正圆形状的目的是为了方便下面制作圆环。

设置"形状 3"的"填充"值为0％，单击添加图层样式按钮 ，在弹出菜单中选择"描边"命令，设置描边颜色值为#747474，得到如图7-62所示的效果。

图7-62　应用"描边"命令后的效果

按住Ctrl键单击"形状 2"的矢量蒙版缩览图以调出其选区，按住Alt键单击添加图层蒙版按钮 ，为"形状 3"添加图层蒙版，得到如图7-63所示的效果。

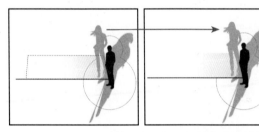

图7-63　载入的选区及添加图层蒙版后的效果

提示 添加图层蒙版的目的是为了隐藏覆盖渐变条的线框。

6. 绘制装饰直线

为了区分前后效果，下面在渐变条上方绘制直线，设置颜色值为#ff9600，使用直线工具 ，按照第4步中的方法操作得到"形状 4"，效果如图7-64所示。

图7-64　绘制直线

7. 绘制图案

设置前景色颜色值为#ff9600，选择自定形状工具 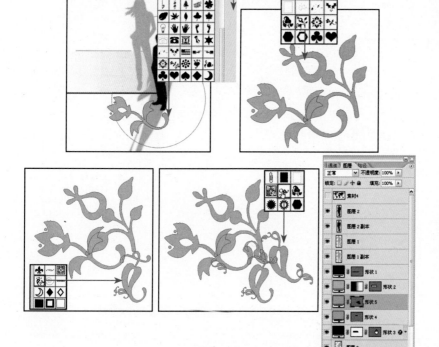 ，在工具选项条中单击"形状"后的下三角按钮 ，在弹出的形状选择框中选择"花形饰件3"，在人物下方绘制形状，得到"形状 5"。从图像效果中可以看出，此形状上的两个圆点是通过椭圆工具 绘制的。再选择不同的图案形状，绘制成花束，得到如图7-65所示的效果。

图7-65　绘制花束流程图及"图层"调板

> **提示**　在绘制花形时，保持绘制的形状在同一个形状图层中，在矢量蒙版被选中的情况下，单击添加到形状区域按钮 或按Shift键，即可添加到形状。为了方便读者看清绘制形状的效果，这里隐藏了除"背景"图层以外的所有图层。

8. 制作不同大小及颜色的花束

显示除"素材4"图层以外的所有图层，复制"形状 5"得到"形状 5 副本"，将其移至"形状 1"的上方，结合自由变换控制框缩小图像大小，并将颜色值更改为#34332f，得到如图7-66所示的效果。

在此状态下，用移动工具 移动图层中的图像与图层蒙版之一时，图层中的图像与图层蒙版将随之一起移动。

要改变这种状态，需要取消图层蒙版与图层中图像间的链接关系。单击链接图标 即可取消图层和图层蒙版之间的链接。

要重新建立链接，只需单击图层缩览图和图层蒙版缩览图之间的空白处，使链接图标 重新出现即可。

添加到路径区域

单击"添加到路径区域"按钮 ，使两条路径发生加运算，其结果是向现有路径中添加新路径所定义的区域。

下图所示是在原图像的基础上，选择此运算模式，绘制一个矩形后得到的图像状态。

将形状转换为选区

当创建一个形状图层后，在相应的"路径"调板中将得到一个"形状X矢量蒙版"。

下图所示为创建的形状和相应的"路径"调板状态。在"路径"调板中将此"形状矢量蒙版"转换为选区的方法与将路径转换为选区的方法相同，这里不再赘述。

图7-66 调整图像并更改颜色后的效果

提示 读者不必刻意模仿笔者制作的效果，可以根据个人喜好轻松制作图像。

复制"形状 5 副本"得到"形状 5 副本 2"，右键单击图层名称，在弹出菜单中选择"栅格化图层"命令。

选择菜单栏中的"滤镜>模糊>高斯模糊"命令并设置"半径"参数，以制作花的阴影效果。复制"形状 5 副本"两次，移至"形状 5 副本 2"上方，结合自由变换控制框分别将其调整到花束周围，如图7-67所示。

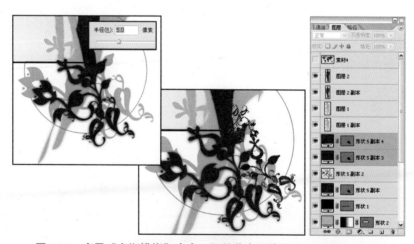

图7-67 应用"高斯模糊"命令、摆放花束图像位置及"图层"调板

提示 栅格化图层的目的是为了应用"高斯模糊"命令，为花束添加阴影。另外，为了方便读者看清调整图像后的效果，笔者调出了复制后的两个图层的选区。从图像效果中可以看出，最右边的花束少了一个花蕾，使用路径选择工具框选中路径，然后删除不需要的图像即可。

按照上面的方法为花束制作阴影，得到如图7-68所示的效果和"图层"调板状态。整体效果如图7-69所示。

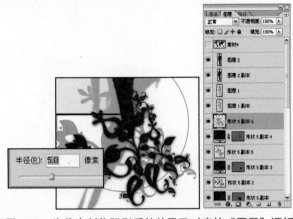

图7-68　为花束制作阴影后的效果及对应的"图层"调板

图7-69　整体效果

9. 制作地图图像

　　显示"素材4"，将其重命名为"图层4"并移至"图层1副本"的下方，结合自由变换控制框将其调整到人物右侧。

　　复制"图层4"得到"图层4副本"，将其移至"图层4"下方，对其应用"高斯模糊"命令，得到如图7-70所示的效果。

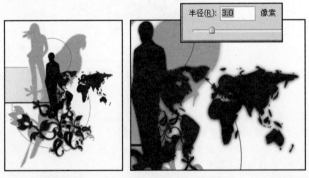

图7-70　调整图像、复制图像及应用"高斯模糊"命令后的效果

10. 绘制自由形状渐变条

　　选中"形状 3"为当前操作图层，设置前景色的颜色值为#b2b2b2，

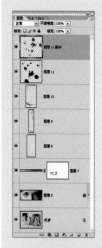

如果单击"整个文档"单选按钮，则图层缩览图按照当前文档的尺寸比例来显示图层中的图像，如下图所示。

在设置参数完毕后，单击"确定"按钮退出"图层调板选项"对话框即可。

需要注意的是，图层缩览图越大耗费的内存越多，所以在内存有限的情况下，最好不要使用大尺寸的图层缩览图。

选择钢笔工具 ，在其工具选项条中单击形状图层按钮 ，在地图下方沿花束绘制自由形状，得到"形状6"，如图7-71所示。

图7-71 绘制形状

单击添加图层蒙版按钮 为"形状6"添加图层蒙版，设置前景色与背景色为默认的黑、白色，选择线性渐变工具 ，从右至左绘制渐变，得到如图7-72所示的效果。设置"不透明度"为50%，得到如图7-73所示的效果。

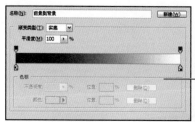

图7-72 添加图层蒙版后的效果及图层蒙版状态

图7-73 设置不透明度后的效果

11. 为鹦鹉图像添加图层蒙版

从图像中可以看出花束已经与鹦鹉融合在一起。选中"图层 3"，单击添加图层蒙版按钮 ，选择画笔工具 ，在鹦鹉尾巴处涂抹，按住Alt键拖动"图层 3"的图层蒙版至"图层 3 副本"上，得到如图7-74所示的效果。

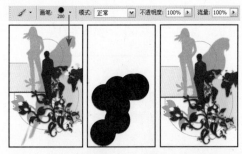

图7-74　添加图层蒙版及复制图层蒙版后的效果

复制"形状4"得到"形状4副本"，将其颜色更改为黑色，移至灰度渐变条下方，如图7-75所示。

图7-75　复制直线并修改颜色后的效果及对应的"图层"调板

12. 绘制装饰心形形状

选择"图层1"为当前操作图层，设置前景色的颜色值为#34332f，利用自定形状工具 ![icon] 在人物图像上绘制心形形状，得到"形状7"。复制"形状7"得到"形状7副本"，结合自由变换控制框缩小图像大小，并将颜色更改为白色，得到如图7-76所示的效果。

接着复制"形状7副本"得到"形状7副本2"，将颜色值更改为#ff9600，再复制图层，得到如图7-77所示的效果。

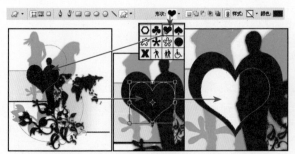

图7-76　绘制形状、调整大小及更改颜色后的效果

图7-77　复制形状更改颜色后的效果

管理形状

在选择自定形状工具 ![icon] 的情况下，在画布中单击鼠标右键即可弹出形状选择框，此时单击其右上方的三角按钮 ![icon]，在弹出菜单中选择命令可以改变图形的显示状态，并进行保存、添加或替换形状等操作，如下图所示。

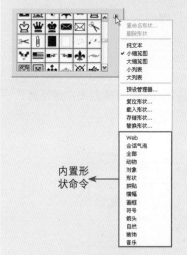

在此弹出菜单中，较为重要且常用的命令解释如下。

- 预设管理器：选择该命令可弹出如下图所示的"预设管理器"对话框。

- 复位形状：在经过多次删除与增加形状操作后，如果要将其恢复为默认状态，可以选择此命令。
- 载入形状：选择此命令，可以在弹出的"载入"对话框中选择一个存储形状的文件，并将该文件中所存储的形状载入到形状列表中。

■ 存储形状：选择此命令，可以将形状列表中的形状保存为一个文件，以便以后使用。

■ 内置形状命令：选择例如"横幅"、"箭头"、"装饰"、"自然"等命令，可以调出相应的Photoshop预置形状。

选择任意一个内置形状命令后，在弹出的对话框中单击"确定"按钮，即可将选择的命令所对应的形状调入形状列表中；单击"取消"按钮，可取消该操作；单击"追加"按钮，可将对应的形状添加至形状列表中，其对话框如下图所示。

磁性钢笔工具

在自由钢笔工具选项条中勾选"磁性的"复选框，可以激活磁性钢笔工具，此工具能够依据当前图像的对比度自动沿边缘生成一条路径。

其原理及使用方法都与磁性套索工具类似，因此图像是否具有很好的对比度是能否得到高质量路径的关键所在。

使用此工具绘制路径时，注意移动光标时始终保持光标与图像中对比度最强的边缘对齐，在图像拐角位置可以人为单击鼠标左键以增加锚点。如果需要删除无用的锚点，可以按Delete键删除最近的一个锚点。

为"形状7副本2"添加"渐变叠加"图层样式，效果如图7-78所示。

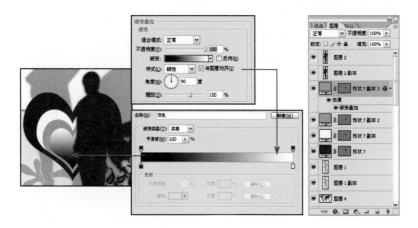

图7-78　应用"渐变叠加"图层样式后的效果及"图层"调板

13. 绘制装饰图像

下面开始利用自定形状工具在画面中绘制装饰图像，效果如图7-79所示，分解图如图7-80所示。

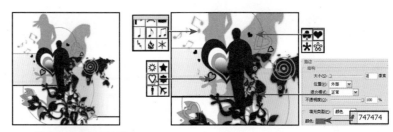

图7-79　绘制装饰图像的效果　　　图7-80　分解图

图7-81所示是圆环形状的具体制作过程。

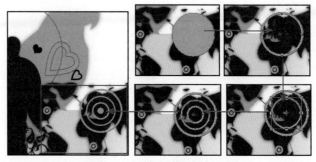

图7-81　绘制圆环的操作过程

> 提示
> 图像中的音符形状带有模糊感，制作的方法是在绘制音符时，复制音符的形状得到其副本，右键单击图层名称，应用"栅格化图层"命令，再应用"高斯模糊"命令，设置模糊"半径"值为3。在绘制圆环时，利用椭圆工具，单击从形状区域减去按钮，再结合自由变换并复制控制框即可绘制。

接着利用自定形状工具，在黑色直线左侧绘制装饰图像，得到如图7-82所示的效果。

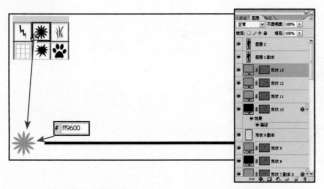

图7-82　绘制装饰图像及"图层"调板的状态

14.　通过画笔绘制光点

新建一个图层"图层 5"，选择画笔工具，按F5键调出"画笔"调板，设置"画笔"调板中的参数后绘制光点，得到如图7-83所示的效果。

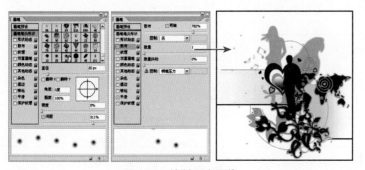

图7-83　绘制星光图像

15.　输入相关文字

选择横排文字工具，在画布中输入相关文字，得到如图7-84所示的最终效果和"图层"调板状态。

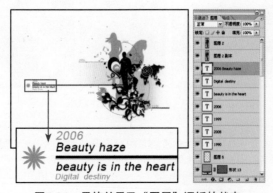

图7-84　最终效果及"图层"调板的状态

设置磁性钢笔的选项

单击自由钢笔工具选项条中的按钮弹出如下图所示的调板，在此可以设置此工具的参数。

此调板中重要参数的含义如下。

- 宽度：在此可以输入一个像素值，以定义磁性钢笔探测的宽度，此数值越大磁性钢笔探测的宽度越大。如果图像的对比度很高，此数值的大小不会对最终得到的路径的准确程度有太大影响，反之，如果图像的对比度低，则此数值应该尽量小一些，以在最大程度上排除图像其他区域对生成路径的影响。
- 对比：在此可以输入一个百分比，指定像素之间被看作边缘所需的对比度。此值越大，图像的对比度越低。
- 频率：在此可以输入一个数值，以定义当钢笔在绘制路径时设置锚点的密度，此数值越大，得到的路径上的锚点的数量越多。

与钢笔工具一样，当光标移至路径上第一个锚点处时，可以闭合路径。按住Alt键同时双击，可以在任何位置使路径闭合。

闭合磁性钢笔的路径

要完成使用此工具绘制路径的操作,可以执行以下操作之一。

- 按Enter键结束开放路径。
- 双击以闭合包含磁性线段的路径。
- 按住Alt键并双击,以闭合包含直线段的路径。

创建杂色渐变

除了创建平滑渐变外,在"渐变编辑器"对话框中还允许定义新的杂色渐变,即在渐变中包含用户指定的颜色范围内随机分布的颜色。

要创建杂色渐变,首先需要选择任意一个渐变工具,然后单击其工具选项条中的渐变类型选择框,以调出"渐变编辑器"对话框。

在"渐变类型"下拉列表中选择"杂色"选项,此时"渐变编辑器"对话框则变为如下图所示的状态。

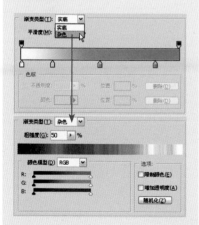

提示　本例最终效果请参考随书所附光盘中的文件"第7章\7.3.psd"。

7.4　幼儿园招生海报设计

本例是一款幼儿园的招生海报,设计者在用色上采用了很多鲜艳明快的颜色,其中的元素也尽量采用小朋友所喜爱的卡通形象。海报中的主题文字充分体现出了其卡通特性,与海报中的其他元素及整体格调也能够高度统一。

在制作时,可以先勾勒出文字的基本笔划,再利用画笔描边路径功能制作出类似手写的卡通文字效果。本例的操作步骤如下。

1. 绘制渐变背景

按快捷键Ctrl+N新建一个文件,设置弹出的对话框如图7-85所示。

图7-85　"新建"对话框

选择线性渐变工具 并设置参数,在当前图像中从上至下绘制渐变,得到如图7-86所示的效果。

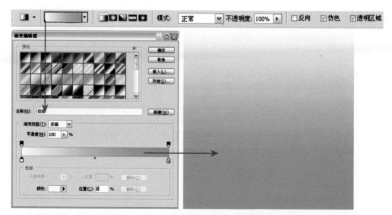

图7-86　"渐变编辑器"对话框中参数设置及绘制渐变后的效果

提示　在"渐变编辑器"对话框中,其渐变颜色条左右两端的颜色值分别为#f6ffff和#00baef。

2．绘制彩虹

新建一个图层"图层 1"，选择径向渐变工具 ⬛ 并设置参数，在当前图像右下角拖曳以绘制彩虹图像，得到如图7-87所示的效果。

图7-87　绘制彩虹

提示　在绘制彩虹时，"渐变编辑器"对话框中的颜色为默认的"透明彩虹"。在图像中拖曳后可以结合自由变换控制框调整彩虹的位置以得到需要的效果。

单击添加图层样式按钮 ⬛ ，为彩虹添加"外发光"图层样式，得到如图7-88所示的效果。

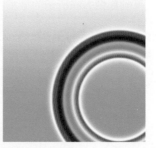

图7-88　添加"外发光"图层样式及其效果

3．调整彩虹的亮度及对比度

按住Alt单击创建新的填充或调整图层按钮 ⬛ ，在弹出菜单中选择"亮度/对比度"命令，得到"亮度/对比度1"，得到如图7-89所示的效果。

在"粗糙度"数值框中输入数值或拖动其滑块，可以控制渐变的粗糙程度，数值越大则颜色的对比度越高。下图所示为设置不同的"粗糙度"数值时呈现的渐变效果。

另外，在色谱下面的"颜色模型"下拉列表中，可以选择渐变中颜色的色域。

如果要调整颜色范围，可拖动滑块。对于所选颜色模型中的每个颜色组件，都可以拖动滑块来定义可接受值的范围。例如，如果选择HSB模型，则可以将渐变限制为蓝绿色调、高饱和度和中等亮度。

勾选"限制颜色"复选框可以避免杂色渐变中出现过于饱和的颜色。

勾选"增加透明度"复选框可以创建出具有透明效果的杂色渐变。

单击"随机化"按钮可以随机得到不同的杂色渐变。

"亮度/对比度"命令

选择菜单栏中的"图像>调整>亮度/对比度"命令可以方便快捷地调整图像的明暗程度，其对话框如下图所示。

在上图所示的对话框中，两个参数的解释如下。

- 亮度：用于调整图像的亮度。数值为正时，增大图像亮度；数值为负时，减小图像的亮度。
- 对比度：用于调整图像的对比度。数值为正时，增大图像的对比度；数值为负时，减小图像的对比度；如果数值为-100，图像呈一片灰色。

下图所示是利用此命令调整图像前后的效果对比。

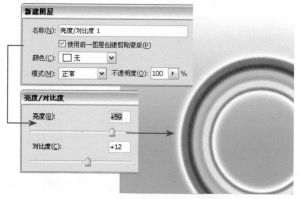

图7-89 应用"亮度/对比度"命令后的效果

> **提示** 按住Alt键创建调整图层，可以直接调出"新建图层"对话框，在对话框中勾选"使用前一图层创建剪贴蒙版"复选框，即可直接为该图层创建剪贴蒙版。

4. 绘制蓝天背景上的云彩形状

选择自定形状工具，结合添加到形状区域按钮，在当前图像左侧绘制云彩形状，得到"形状1"，效果如图7-90所示。

图7-90 绘制云彩形状

> **提示** 在绘制云彩形状时，此形状如果在当前形状列表中找不到，可以单击形状后的下三角按钮，在弹出的"自定形状"选择框中单击右上角的三角按钮，在弹出菜单中选择"全部"命令，在确认对话框中单击"追加"按钮，即可找到需要的云彩。

单击添加图层样式按钮，在弹出菜单中选择"投影"命令，设置"混合模式"的颜色值为#268bf3，并在该对话框中勾选"内阴影"复选框，设置"混合模式"的颜色值为#aafcf9，得到如图7-91所示的效果。

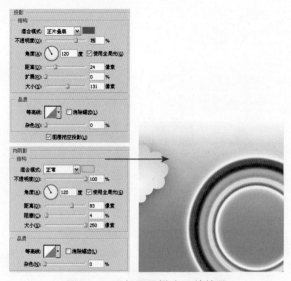

图7-91　添加图层样式及其效果

按照同样的方法绘制其他云彩形状并添加图层样式，得到如图7-92所示的效果和"图层"调板状态，所有的云彩形状添加的图层样式是相同的。

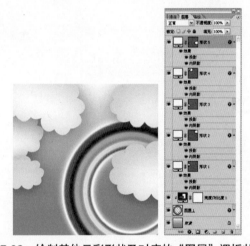

图7-92　绘制其他云彩形状及对应的"图层"调板状态

5. 绘制半圆形状

选择钢笔工具 ，在其工具选项条中单击形状图层按钮 ，在当前图像左下角绘制半圆形状，设置的颜色值为#6abe00，得到"形状 6"，流程图如图7-93所示。设置颜色值为#98ea31，在半圆右侧再绘制半圆，得到"形状 7"。

调整图层概述

与其他图层相比，调整图层是一类特殊的图层，其他的图层都包含了像素信息，而调整图层中包含了调整命令的参数信息。

调整图层的主要作用是基于其下方的图层进行一些常见的调整操作，例如调整下方所有图层的亮度、色相、饱和度等属性。

与直接使用颜色调整命令不同，使用调整图层有以下优点。

- 调整图层不会改变图像的像素值，从而能够在最大程度上保证对图像进行颜色调整时的灵活性。
- 使用调整图层可以调整多个图层中的图像，这是使用调整命令无法实现的。
- 通过改变调整图层的顺序，可以改变调整图层的作用范围。
- 通过改变调整图层中记录的调整命令的参数，可以不断尝试调整的效果。

设置画笔基本属性

单击"画笔"调板中的"画笔笔尖形状"选项，将显示如下图所示的列表，在此可以设置当前画笔的基本属性，包括画笔的"直径"、"圆度"、"间距"等参数。

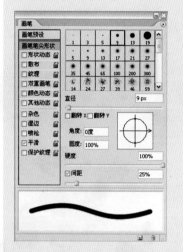

下面介绍几个重要参数的使用。

- 直径：在"直径"数值框中输入数值或调节其滑块，可以设置画笔笔尖的大小，数值越大，画笔直径越大。
- 翻转X、翻转Y：勾选翻转X复选框后，画笔方向将做水平翻转；勾选翻转Y复选框，画笔方向将做垂直翻转。
- 角度：在该数值框中直接输入数值，可以设置画笔旋转的角度。
- 圆度：在该数值框中输入数值，可以设置画笔的圆度，数值越大画笔越趋向于正圆或画笔在定义时所具有的比例。

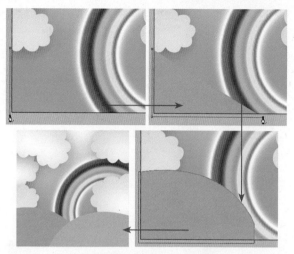

图7-93　绘制半圆形状流程图及绘制另一个半圆的效果

6．制作主题文字

新建一个图层"图层 2"，选择钢笔工具，在当前图像下方绘制"天天幼儿园"路径。设置前景色的颜色值为#e40c72，选择画笔工具，切换至"路径"调板，单击用画笔描边路径按钮，单击"路径"调板空白处以隐藏路径，得到如图7-94所示的效果。

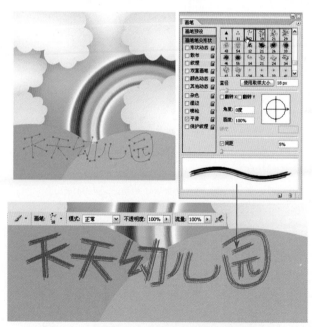

图7-94　绘制路径及用画笔描边路径后的效果

> **提示**　在用画笔描边路径时，按F5键调出"画笔"调板，单击右上角的三角按钮，在弹出菜单中选择"自然画笔"命令，在弹出的确认对话框中单击"追加"按钮，即可找到"点刻 12 像素"画笔。

返回至"图层"调板并选择"图层2"，单击添加图层样式按钮，在弹出菜单中选择"描边"命令并设置参数，得到如图7-95所示的效果。

图7-95 应用"描边"命令后的效果及"图层"调板

7. 绘制小朋友图像

设置前景色的颜色值为#ffc6ad，选择钢笔工具，在其工具选项条中单击形状图层按钮，在文字上方绘制脸型形状，得到"形状8"，效果如图7-96所示。

图7-96 绘制脸型形状

按照同样的方法，接着绘制头发、眉毛、耳朵、眼睛、嘴巴、腮红和发带。得到形状图层"形状9"～"形状14"颜色值分别为#630000、#ffc6ad、#ffc6ad、#630000、#ec007a、#f56393和#ec007a。流程图及"图层"调板状态如图7-97所示。

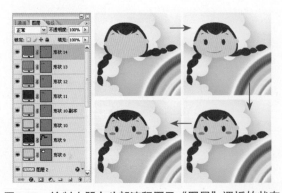

图7-97 绘制小朋友头部流程图及"图层"调板的状态

- 硬度：当在画笔列表中选择椭圆形画笔时，此参数才被激活。在此数值框中输入数值或调节其滑块，可以设置画笔边缘的硬度，数值越大边缘越清晰，数值越小边缘越柔和，如下图所示。

硬度为75%

硬度为0%

- 间距：在该数值框中输入数值或调节其滑块，可以设置绘图时组成线段的两点间的距离，数值越大间距越大，能够将画笔的"间距"设置为一个足够大的数值。

自定义画笔

除了编辑画笔的形状，还可以自定义画笔，以创建更丰富的画笔效果。

在自定义画笔之前，先使用选区将要定义为画笔的图像内容选中，如下图所示。

如果要将整个画布中的图像都定义为画笔，则不需要用选区选中图像。

然后选择菜单栏中的"编辑>定义画笔"预设命令，弹出如下图所示的"画笔名称"对话框。

在对话框中输入"名称"后单击"确定"按钮，此时在"画笔"调板中即可看到刚才定义的画笔，下图所示为该画笔的应用效果。

文字的拼写检查

如果在Photoshop中输入了大量文字，可以选用"拼写检查"命令进行文字的拼写检查操作，从而保证文字的拼写正确性。

拼写检查操作非常简单，首先选择需要检查的文字所在的图层，然后选择菜单栏中的"编辑>拼写检查"命令，设置弹出的"拼

8. 制作板报

使用矩形工具，在小朋友的头部下方绘制白色形状，得到"形状15"。为其添加"描边"图层样式，设置描边颜色值为#ec007a，得到如图7-98所示的效果。

图7-98　绘制白色矩形并添加图层样式后的效果

下面制作板报上的图案。选择自定形状工具，单击添加到形状区域按钮，在白色矩形左下角和右上角绘制水花形状，得到"形状16"，效果如图7-99所示。

图7-99　绘制图案后的效果

单击添加图层样式按钮，在弹出菜单中选择"描边"命令，设置描边颜色值为#ec007a，得到如图7-100所示的效果。

图7-100　为水花描边后的效果

> **提示** 在绘制水花形状时，此形状如果在当前形状列表中找不到，可以单击形状后的下三角按钮，在弹出的"自定形状"选择框中单击右上角的三角按钮，在弹出菜单中选择"全部"命令，添加所有预设的形状。

写检查"对话框即可，如下图所示。

9. 添加板报上的文字

选择横排文字工具 T，设置前景色的颜色值分别为#ee1f8a和#ec007a，在板报上输入文字"9月20日"及"开学啦！"，得到如图7-101所示的效果。

图7-101　输入文字的效果及"图层"调板的状态

10. 添加主题相关文字

下面输入路径文字。选择钢笔工具 ，在其工具选项条中单击路径按钮 ，在当前图像右侧云彩处绘制路径。

设置前景色的颜色值为#ffb1d9，选择横排文字工具 T，将光标放置于路径上，当其变为 形时，单击鼠标左键，在插入点后输入关于招生海报等文字，单击得到的文字图层以确认，流程图如图7-102所示。

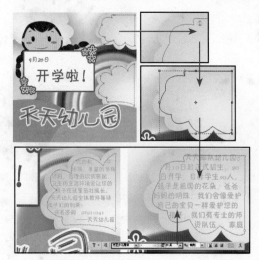

图7-102　绘制路径文字流程图及绘制另一个路径文字的效果

此命令的具体使用步骤如下。

1. 执行此命令后，Photoshop会在弹出的对话框的"不在词典中"文本框中显示可能存在拼写错误的词。

2. "更改为"文本框中显示了Photoshop建议更换的词，如果要使用建议的词替换原有的词，单击"更改"按钮即可。

3. 如果认为"不在词典中"文本框中显示的词是正确的，则单击"忽略"按钮跳过这一词。

4. 如果要将"不在词典中"文本框中显示的词添加到当前Photoshop使用的拼写检查词典中，可单击"添加"按钮。

对话框中的各个参数的含义如下。

- 忽略：单击此按钮以继续进行拼写检查而不更改文本。
- 全部忽略：单击此按钮将在要进行拼写检查的其余部分文本中忽略有疑问的词。
- 更改：要改正一个拼写错误，应确保"更改为"文本框中的词拼写正确，然后单击"更改"按钮。如果建议的词不是想要的词，可以在"建议"文本框中选择一个不同的词或在"更改为"文本框中输入新词。

- 更改全部：要改正文档中重复的拼写错误，单击此按钮。

- 添加：单击此按钮可以将目前无法识别的词存储到拼写检查词典中，以便后面出现同一个词时不会被标记为错误的拼写。

- 检查所有图层：如果选择了一个文字图层并且只想检查该图层内文字的拼写，取消此复选框的勾选，反之应该将其勾选。

商业插画的概念

简单地说，商业插画就是对绘画作品的一次性销售行为。插画师为企业或产品绘制插画，获得与之相关的报酬，而作为插画的作者，则必须放弃对作品的所有权，只保留署名权。

需要注意的是，产品或企业在不同时期存在不同的插画绘制要求，因此当要求发生变化时，与上一时期相对应的插画就已经完成使命，而退出原来的舞台。

但另一方面，商业插画在短暂的时间里迸发的光辉是艺术绘画不能比拟的。原因就在于，商业插画借助广告渠道进行传播，覆盖面很广，社会关注率比艺术绘画高出许多倍。

输入网址及地址并添加"描边"图层样式，使其与主题文字相匹配，得到如图7-103所示的最终效果和"图层"调板状态。

图7-103 最终效果和"图层"调板状态

> 提示 本例最终效果请参考随书所附光盘中的文件"第7章\7.4.psd"。

7.5 商业宣传主题插画设计

商业宣传插画主要应用于各种商品的宣传海报，绘画的风格需要具有一定的时尚感，难点在于使用矢量的颜色块搭配出立体的画像。

本例中主要使用钢笔工具绘制形状，从而得到画中的时尚女孩，再添加一些商业元素，从而组合成为一张完整的商业宣传主题插画。本例的操作步骤如下。

1. 制作渐变背景

打开随书所附光盘中的文件"第7章\7.5-素材.psd"，在该文件中，共包括了1幅素材图像，其"图层"调板的状态如图7-104所示。

图7-104 素材图像的"图层"调板

隐藏除"背景"图层以外的所有图层，设置前景色的颜色值为#329bff，背景色的颜色值为#5dfcfe，选择线性渐变工具，设置渐变类型为"前景到背景"，从画布的上方向下方绘制渐变，得到如图7-105所示的效果。

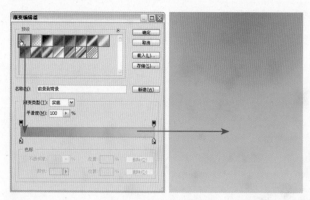

图7-105　绘制渐变

2．绘制头部

设置前景色的颜色值为#ffc5af，选择钢笔工具 ，在其工具选项条中单击形状图层按钮 ，在画布的左上角绘制出类似头部的形状，并得到形状图层"形状1"，流程图如图7-106所示。

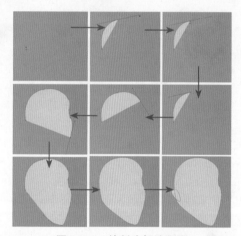

图7-106　绘制头部流程图

 要使绘制的脸和耳朵位于同一个图层，在绘制完第一个形状后，单击添加到形状区域按钮 即可。

3．绘制头发及整个身体的大体轮廓

选择钢笔工具 ，在其工具选项条中单击路径按钮 ，在头部形状的上面绘制头发路径，如图7-107所示，按快捷键Ctrl+Enter将路径转换为选区。

新建一个图层"图层1"，设置前景色的颜色值为#972700，背景色的颜色值为#2d0300，选择线性渐变工具 ，在其工具选项条中设置渐变类型为"前景到背景"。从选区的上方向下绘制渐变，按快捷键Ctrl+D取消选区，得到如图7-108所示的效果。

商业插画的组成

从广义上来说，商业插画基本上由4类组成，下面分别对其进行讲解。

1．广告商业插画。此类插画的分类及特点如下。

- 产品插画：此类插画应具有强烈的消费意识。
- 企业插画：此类插画应具有灵活的价值观念。
- 公益插画：此类插画应具有仁厚的群体责任。

2．卡通吉祥物。此类插画的分类及特点如下。

- 产品吉祥物：了解产品，寻找卡通与产品的结合点。
- 企业吉祥物：结合企业的CI规范为企业量身定制。
- 社会吉祥物：迎合大众口味，便于延展。

3．出版物插图。此类插画的分类及特点如下。

- 文学艺术类：设计者应具备良好的艺术修养和文学

功底。

- 儿童读物类：设计者应拥有健康快乐的童趣和观察体验。
- 自然科普类：设计者应具备扎实的美术功底和超常的想像力。
- 社会人文类：设计者应具备丰富多彩的生活阅历和默写技能。

4. 影视游戏美术设计。此类插画的分类及特点如下。

- 形象设计类：人格互换形神离合的情感流露。
- 场景设计类：独特视角微观宏观的约减综合。
- 故事脚本类：文学音乐通过美术的手段体现。

创建新路径

单击"路径"调板底部的创建新路径 ▣ 按钮，可以建立空白路径。

另外，使用路径绘制工具绘制路径时，如果当前没有在"路径"调板中选择任何一个路径，则Photoshop会自动创建一个"工作路径"。需要注意的是，在没有保存路径的情况下，绘制的新路径会替换原来的旧路径。

如果需要在新建路径时为其命名，可以按住Alt键并单击 ▣ 按钮，在弹出的对话框中输入新路径的名称，单击"确定"按钮即可。

值得一提的是，在"路径"调板中没有改变路径名称的命令，但通过双击路径的名称，在弹出的"存储路径"对话框的"名称"文本框中重新输入文字，即可改变路径的名称。

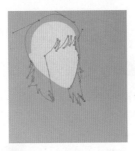

图7-107 绘制头发路径

图7-108 填充渐变后的效果

重复类似前面的操作方法，用钢笔工具 ▣ 绘制人物的整个身体，得到如图7-109所示的效果，此时"图层"调板的状态如图7-110所示。

图7-109 绘制身体

图7-110 "图层"调板

提示 在上图的"图层"调板中，图层与画布中的形状的对应关系如下："形状 2"为上衣，"形状 3"为胳膊，"形状 4"是露在外面的肚子，"形状 5"是裤子，"形状 6"和"形状 7"是鞋子。在图像中，上衣的颜色值为#ffef8a、皮肤的颜色值为#fbc3ac、裤子的颜色值为#2056b8，鞋子的颜色值为#be5900。

4．绘制五官

重复第2~3步的操作方法，用钢笔工具 ▣ 绘制人物脸部的细节，流程图如图7-111所示，此时"图层"调板的状态如图7-112所示。

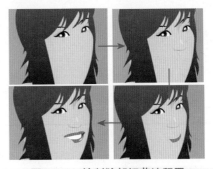

图7-111 绘制脸部细节流程图

提示 图中眼睛的绘制方法为：先用椭圆工具 ◎ 绘制，然后将绘制眼睛的所有图层执行"合并图层"操作，合并后的图层按图层顺序重命名，再用橡皮擦工具 ◢ 将多余的部分擦去即可。本例后面还会遇到类似情况，将不再详述。

新建一个图层"图层3"，将其拖至"形状1"的上方，设置前景色的颜色值为#ffb092，选择画笔工具 ◢ ，在其工具选项条中设置适当的画笔大小并设置其"不透明度"为30%，在人物的脸颊上涂抹，得到如图7-113所示的效果。

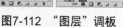

图7-112 "图层"调板　　图7-113 用画笔工具在脸颊涂抹后的效果

设置前景色的颜色值为#ffdccf，重复上面的操作方法，使用画笔工具 ◢ 在人物的眼睛下方进行涂抹，得到类似如图7-114所示的效果。

5. 绘制手机形状

选择圆角矩形工具 ▢ ，设置前景色的颜色值为#af9890，在其工具选项条中单击形状图层按钮 ▢ ，并设置适当的半径。

选择"形状2"为当前操作图层，在人物的手上绘制两个形状，得到形状图层"形状22"，并利用自由变换控制框旋转一定的角度，得到如图7-115所示的手机造型。

图7-114 用画笔工具在眼下涂抹后的效果　　图7-115 绘制手机

选择"图层1"为当前操作图层，选择钢笔工具 ◢ ，在其工具选项条中单击路径按钮 ▢ ，在被头发挡住的手机、手和耳朵的部位勾绘出一条如图7-116所示的路径。按快捷键Ctrl+Enter将路径转换为选区，按Delete键删除选区内的图像，按快捷键Ctrl+D取消选区，得到如图7-117所示的效果。

"画笔"调板菜单命令

要对画笔进行管理，必须掌握"画笔"调板的弹出菜单中一些用于管理画笔的命令，包括存储画笔、复位画笔、删除画笔等。

单击"画笔"调板右上角的小三角按钮 ⊙ ，即可调出该调板的菜单，其中用于管理和查看画笔的命令解释如下。

- 存储画笔：选择"存储画笔"命令，在弹出的"存储"对话框中输入笔刷名称并选择文件存储的路径，单击"保存"按钮，即可将当前的画笔以文件的形式保存起来。

- 复位画笔：选择"复位画笔"命令，在弹出的确认对话框中单击"确定"按钮，即可将画笔恢复为软件默认的状态。

- 删除画笔：选择"删除画笔"命令，或在要删除的画笔上单击鼠标右键，在弹出菜单中选择"删除画笔"命令即可将选中的画笔删除。

- 改变笔刷显示方式：要更改笔刷的显示状态，可以在调板菜单中选择相应的命令，其显示方式的种类如下图所示。

纯文本
✓ 小缩览图
大缩览图
小列表
大列表
描边缩览图

自由钢笔工具

选择自由钢笔工具后，单击其工具选项条中的三角按钮，将弹出下图所示的选项面板。

在使用方法上，自由钢笔工具与铅笔工具有几分相似，不同的只是经过自由钢笔工具描绘过的路径可以进行编辑，从而形成一条比较精确的路径。

"曲线拟合"参数控制了路径对鼠标移动的敏感性，在此可以输入一个数值，数值越大创建的路径锚点越少，路径越光滑。

图7-116 绘制路径

图7-117 删除选区内图像后的效果

6. 绘制头发的明暗面

新建一个图层"图层4"，并将其移至"图层1"的上方，选择钢笔工具，在其工具选项条中单击路径按钮，在人物的头发上绘制一条如图7-118所示的路径，按快捷键Ctrl+Enter将路径转换为选区。

选择线性渐变工具，单击工具选项条中的渐变类型选择框，设置弹出的"渐变编辑器"对话框如图7-119所示，从选区的左上方向右下方绘制渐变，按快捷键Ctrl+D取消选区，得到如图7-120所示的效果。

设置"图层4"的混合模式为"柔光"，得到如图7-121所示的效果。

图7-118 绘制路径

图7-119 "渐变编辑器"对话框

图7-120 绘制渐变后的效果

图7-121 设置混合模式后的效果

> **提示** 在"渐变编辑器"对话框中，3个色标的颜色均为白色，各个不透明度色标的"不透明度"从左至右为0%、100%、0%。

重复类似上面的操作方法，对头发的其他部位进行绘制，得到如图7-122所示的效果，得到"图层5"和"图层6"，此时"图层"调板的状态如图7-123所示。

图7-122 绘制头发细节后的效果　　　　图7-123 "图层"调板

7．绘制胳膊的明暗面

重复类似第2~3步的操作方法，利用钢笔工具 绘制出胳膊处的反光、阴影等细节，流程图如图7-124所示。

图7-124 绘制胳膊细节流程图

8．绘制上衣、裤子和鞋子的明暗面

重复类似第2~3步的操作方法，利用钢笔工具 绘制出上衣、裤子和鞋子的光亮细节，流程图如图7-125所示，此时"图层"调板的状态如图7-126所示。

图7-125 绘制身体细节流程图

为图层设置颜色

一些大型的作品通常会使用到大量的图层，这时图层的查看与管理就变得非常繁琐。Photoshop提供了利用颜色来辨别图层的功能，只要将某一类图层或特殊图层标记为特殊的颜色，就可以方便地查看和管理这些图层了。

要为图层设置颜色可以执行下列操作之一。

在当前图层的缩览图上单击鼠标右键，在弹出菜单中选择"图层属性"命令，弹出如下图所示的"图层属性"对话框，在该对话框的"颜色"下拉列表中选择一种颜色，单击"确定"按钮即可。

在当前图层的眼睛图标 上单击鼠标右键，弹出如下图所示的快捷菜单，在该菜单中选择适当的颜色命令即可为当前图层设置颜色。

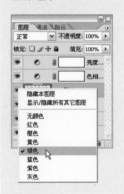

合并选中图层

当无法使用向下合并操作合并所需的图层时，可以将需要合并的图层全部选中，然后按快捷键Ctrl+E或选择菜单栏中的"图层>合并图层"命令合并图层。

合并图层组

如果要合并图层组，在"图层"调板中选择该图层组，然后按快捷键Ctrl+E或选择菜单栏中的"图层>合并组"命令，合并时必须确保所有需要合并的图层可见，否则该图层将被删除。

执行合并操作后，得到的图层具有图层组的名称，并具有与其相同的不透明度与图层混合模式。

合并可见图层

如要一次性合并图像中所有可见图层，需确保所有需要合并的图层可见，然后按快捷键Ctrl+Shift+E或选择菜单栏中的"图层>合并可见图层"命令即可。

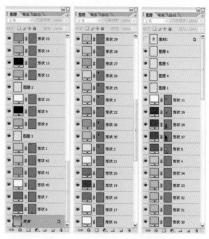

图7-126 "图层"调板

> **提示** 为了方便读者进行后面的制作，笔者提供了制作到这一步时的文件，为随书所附光盘中的文件"第7章\7.5.psd"。

9. 绘制手机的立体效果

选择"形状 22"为当前操作图层，重复第5步的操作方法，利用圆角矩形工具 ▣ 在"形状 22"中的图像上绘制出手机的立体效果，如图7-127所示。

图7-127 绘制手机的立体效果

按快捷键Ctrl+Alt+A选择除"背景"图层和"素材1"图层以外的所有图层，按快捷键Ctrl+E执行"合并图层"操作，将合并后的图层重命名为"图层 1"。

10. 制作背景的发射效果

设置前景色为白色，选择钢笔工具 ▣，在其工具选项条中单击形状图层按钮 ▣，在所有图层的下方并在画布的下方绘制一条如图7-128所示的形状，得到相应的形状图层"形状 1"。

选择"形状 1"的矢量蒙版为当前操作对象，按快捷键Ctrl+Alt+T调出自由变换控制框并复制对象，将旋转中心点移至形状的上半部分，顺时针旋转30°，如图7-129所示，按Enter键确认变换操作。

连续按10次快捷键Ctrl+Alt+Shift+T执行"连续变换并复制"操作，选择路径选择工具 ，按Esc键隐藏路径，设置"形状 1"的混合模式为"柔光"，得到如图7-130所示的效果。

图7-128　绘制形状　　图7-129　执行变换并　　图7-130　设置混合模式
　　　　　　　　　　　　　　　　复制操作　　　　　　　　　　后的效果

11．绘制形状

选择椭圆工具 ，在其工具选项条中单击路径按钮 ，绘制一条贯穿整个画布的路径，并利用自由变换控制框旋转较小的角度，如图7-131所示，按快捷键Ctrl+Enter将路径转换为选区，按快捷键Ctrl+Shift+I执行"反向"操作。

新建一个图层"图层 2"，设置前景色为白色，按快捷键Alt+Delete用前景色填充，按快捷键Ctrl+D取消选区，得到如图7-132所示的效果。

图7-131　绘制形状　　　　　图7-132　填充选区后的效果

新建一个图层"图层 3"，设置前景色的颜色值为#0045ac，重复上面的操作方法，制作得到蓝色的边框，如图7-133所示，此时"图层"调板的状态如图7-134所示。

12．制作边框

设置前景色的颜色值为#cefeff，选择矩形工具 ，在其工具选项条中单击形状图层按钮 ，在人物的右侧绘制一个矩形，得到形状图层"形状 2"。将"形状 2"拖至所有图层的上方并设置"形状 2"的"填充"为50%，得到如图7-135所示的效果。

移动选区中的图像

在Photoshop中要移动选区中的图像,可以利用移动工具 ，首先选中要移动的图像,如下图所示。

在选择移动工具 的情况下,将光标放在选区内,然后按住鼠标左键拖动选区,则选区中的图像也将随之移动。如果移动的图像所在的图层为"背景"图层,则移动后的图像原区域将填充背景色,如下图所示。

如果移动的图像所在的图层为普通图层,则移动后的图像原区域变为透明。

按键盘上的方向键,可以按1个像素的增量移动选区或选区中的图像。按Shift键+键盘上的方向键,可以按10个像素的增量移动选区或选区中的图像。

图7-133　绘制边框

图7-134　"图层"调板

图7-135　设置不透明度

单击添加图层样式按钮 ，在弹出菜单中选择"斜面和浮雕"命令,设置参数如图7-136所示。在对话框中分别勾选 "等高线"复选框和 "描边"复选框,分别设置其参数如图7-137、图7-138所示,得到如图7-139所示的效果。

图7-136　"斜面和浮雕"参数设置

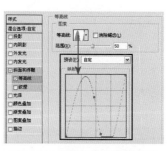

图7-137　"等高线"参数设置

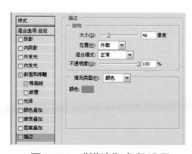

图7-138　"描边"参数设置

图7-139　添加图层蒙版后的效果

提示　在"描边"选项面板中,描边的颜色值为#52ba00。

13. 制作边框上的花纹效果.

设置前景色的颜色值为#cefeff,选择自定形状工具 ，在其工具选项条中单击形状图层按钮 ，在画布中单击鼠标右键,在弹出的形状类型选择框中选择如图7-140所示的形状。

图7-140　形状选择框

　　在矩形框下方绘制形状，并利用自由变换控制框垂直翻转图像，得到如图7-141所示的效果，并得到图层"形状3"，设置"形状3"的"填充"为80%。

　　为其添加"投影"和"描边"图层样式，参数设置及效果如图7-142所示。

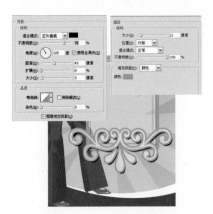

图7-141　绘制形状　　　　图7-142　应用图层样式

　　提示　在"描边"对话框中，描边的颜色值为#52ba00。

14. 制作辅助说明文字

　　选择横排文字工具 T，在其工具选项条中设置适当的字体与字号，在画布中输入与广告相关的文字，如图7-143所示。为图像最下方文字添加"描边"图层样式，参数设置及效果如图7-144所示。

图7-143　输入文字　　　　图7-144　为文字描边后的效果

传统插画与数码插画

　　这里所说的传统插画与数码插画是一个相对的概念，即相对于在电脑上通过各种软件绘制得到的数码插画而言，使用常规绘画工具绘制的插画可以称为传统插画。

　　尽管二者从实现的手段上来讲并不相同，但数码插画和传统插画确实有着共通的一面。

　　传统插画的基础知识如素描、色彩学、透视学、解剖学完全适用于数码插画。但是对于数码插画来说，仅仅有技术是远远不够的，技术是传达艺术家思想的工具，数码插画的灵魂来自于它的艺术性和视觉经验。视觉经验只有被艺术家用来创作艺术作品时，才上升到艺术的范畴。

　　具体地说数码插画的艺术性就是指数码插画所传达出的艺术家的艺术思维深度、艺术修养高度和艺术能力水平。艺术能力是指艺术构思的实现能力，如创意能力、造型能力、色彩能力等，它是艺术家艺术水准的重要体现。视觉经验与艺术性是数码插画最重要的元素。

商业插画的设计要素

与广告、封面及包装等作品一样，商业插画本身也具备一定的设计要素，简单来说，主要包括3个，即直接传达消费需求、符合大众审美品位及夸张强化商品特性。

在实际工作过程中，这3点要素对于插画师来说，所考验的就是其综合素质了。下面来分别解释一下这3点要求。

- 直接传达消费需求：处在当前这样一个信息爆炸的时代，人们每天接触到的资讯越来越多，而且也越来越明显地表现出审美的疲劳。如果插画本身不能在第一时间抓住消费者的目光，基本就可以说这是一幅失败的插画作品。

- 符合大众审美品位：简单来说，太庸俗不能满足大众的审美需求，太高雅则容易导致很多人看不懂。必须符合大多数消费者的口味，才能直接推动消费者的关注和购买欲望。

- 夸张强化商品特性：合理的夸张可以更好地吸引消费者，甚至可以压倒其他的同类产品，最终达到让消费者产生购买欲望的目的。

15．制作主题文字

设置前景色为黑色，选择横排文字工具，在其工具选项条中设置适当的字体与字号。在绿色矩形框中，输入如图7-145所示的文字"零感地带"，在其工具选项条中单击创建文字变形按钮，设置弹出的对话框如图7-146所示，得到如图7-147所示的效果。

图7-145　输入文字　　　　图7-146　"变形文字"对话框

为其添加"投影"和"描边"图层样式，参数设置和效果如图7-148所示。

图7-147　应用"变形文字"后的效果　　图7-148　应用图层样式

显示"素材1"，将其重命名为"图层 4"。按快捷键Ctrl+I执行"反相"操作，将图像改变为白色。使用移动工具将其移至当前图像的右上角，结合自由变换控制框，将图像缩小并置于画布的右上角，得到如图7-149所示的最终效果，此时"图层"调板的状态如图7-150所示。

图7-149　最终效果　　　　图7-150　"图层"调板

> 提示　本例最终效果请参考随书所附光盘中的文件"第7章\7.5-1.psd"。

色彩的生理感觉

明度高的色彩感觉轻松，明度低的色彩感觉沉重。

高明度、暖色系、低纯度的色彩感觉柔和，低明度、冷色系、高纯度的色彩感觉强硬。

暖色系、高纯度、高明度的色彩令人兴奋，冷色系、低纯度、低明度的色彩令人镇静。

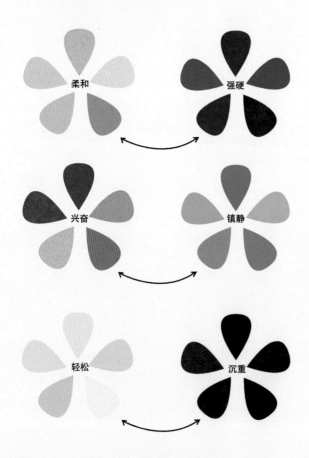

封面与日历设计

8.1
奥运主题日历
设计

8.2
《转调琵琶》
书籍封面设计

8.3
《数码世界》
杂志封面设计

　　封面设计是图书出版流程中一个非常重要的环节,这是因为读者在买书时最先看到的总是封面,它在某种程度上能够左右读者的购买倾向。另外,尽管现在利用手机、电脑、电子钟等形式来查看日期的人越来越多,但日历仍以其丰富的表现形式和良好的装饰性,占据着其不可替代的地位。

　　本章将列举日历、书籍封面和杂志封面共3个案例,详细讲解各案例的制作步骤。除了掌握其中用到的技术外,读者 还可以学习到关于封面设计的一些理论知识。

8.1 奥运主题日历设计

本例制作的是一款以奥运为主题的日历页面，在制作过程中当然要使用一些相关的图片，以表现奥运的魅力与竞技体育的吸引力，而日历本身的版式倒显得并不是太重要。

本例的操作步骤如下。

1．制作背景

打开随书所附光盘中的文件"第8章\8.1-素材.psd"，在该文件中，共包括了4幅素材图像，其"图层"调板的状态如图8-1所示。

图8-1 素材图像的"图层"调板

按住Alt键单击"背景"图层左侧的眼睛图标，以隐藏其他图层。为"背景"图层填充颜色，设置前景色的颜色值为#e77b18，按快捷键Alt+Delete进行填充。

2．绘制背景上的形状

选择钢笔工具，在其工具选项条中单击形状图层按钮，在当前图像上绘制不同形状，分别得到7个形状图层，流程图及"图层"调板如图8-2所示。

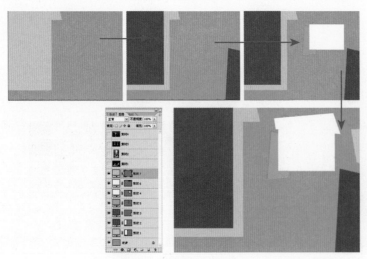

图8-2 绘制形状流程图

"亮度"混合模式

选择此模式，最终图像的像素值由下方图像的色相和饱和度值及上方图像的亮度构成。

下图所示是混合前的两幅素材图像的效果，及设置混合模式后对应的"图层"调板。

下图所示是将上方图层的混合模式设置为"亮度"后的图像效果。

提示　在绘制形状时，从流程图的走向看，各个形状的颜色值依次为#f3bb8c、#834510、#834510、#62bde7、#ffffff、#ffffff和#f9be8b。因为各个形状之间存在叠放次序，所以在绘制形状时，要调整图层顺序。

3. 添加素材图像并调整颜色

显示"素材1"并将其重命名为"图层1"，结合自由变换控制框将其调整到适当的位置，如图8-3所示。

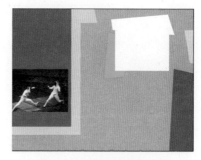

图8-3　摆放素材图像位置

应用"半调图案"命令及"曲线"命令调整图像，如图8-4所示。

图8-4　应用"半调图案"命令及"曲线"命令后的效果

设置"图层1"的混合模式为"亮度"，得到如图8-5所示的效果。

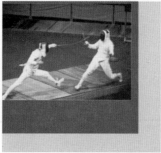

图8-5　设置混合模式后的效果及对应的"图层"调板

185

提示 在应用"半调图案"命令时，选择菜单栏中的"滤镜>素描>半调图案"命令，得到的效果取决于前景色和背景色，在这里笔者将前景色与背景色设置为默认的黑色和白色。在应用"曲线"命令时，单击创建新的填充或调整图层按钮 ⊘ ，在弹出的菜单中选择"曲线"命令，在弹出的"曲线"对话框中设置参数并确认即可。这样做的好处是能够创建相应的剪贴调整图层，而不是直接对整个图像应用"曲线"命令，便于以后进行修改。

显示"素材2"并将其重命名为"图层 2"，结合自由变换控制框将其调整到适当的位置，得到如图8-6所示的效果。

图8-6　摆放素材图像位置

同样应用"半调图案"命令及"曲线"命令调整图像，得到如图8-7所示的效果。

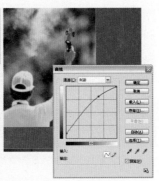

图8-7　应用"半调图案"命令及"曲线"命令后的效果

设置"图层 2"的混合模式为"线性光"，效果及"图层"调板状态如图8-8所示。

图8-8　设置混合模式后的效果及对应的"图层"调板

"线性光"混合模式

将上方图层的混合模式设置为"线性光"时，根据融合颜色的灰度，减小或增大亮度，以得到非常亮的效果。

下图所示是混合前的两幅素材图像的效果，以及设置混合模式后对应的"图层"调板。

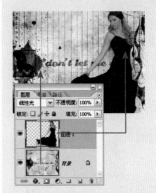

下图所示是将上方图层的混合模式设置为"线性光"后的效果。

"色彩平衡"命令

使用"色彩平衡"命令可以在图像原色彩的基础上根据需要添加另外的颜色。

选择菜单栏中的"图像>调整>色彩平衡"命令，即可调出

"色彩平衡"对话框，其中各参数的含义如下。

- 色彩平衡：在该选项组中，分别显示了青色、洋红、黄色和红色、绿色、蓝色这3对互补的颜色。如果要在图像中增加红色，则向右侧拖动第1个滑块。
- 色调平衡：在该选项组中可以分别对图像的"阴影"、"中间调"和"高光"部分进行调整。
- 保持亮度：勾选该复选框后，图像的亮度值不变，只有颜色值发生变化。

下图所示为使用此命令调整前后的图像效果对比。

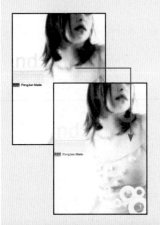

调整图层概述

调整图层用于同时调节若干个图层中图像的色彩，其优点是可以在不改变图层图像实际像素色值的情况下，改变图像的色彩。

调整图层仅对其下面的图层起作用，而且具有图层的所有特性，不仅可以改变其不透明度与混合模式，而且可以被移动。因此使用调整图层调整图像的色彩

显示"素材3"并将其重命名为"图层3"，结合自由变换控制框将其调整到当前图像左下角，如图8-9所示。

图8-9　摆放素材图像位置

应用"曲线"命令及"色彩平衡"命令调整图像，得到如图8-10所示的效果。

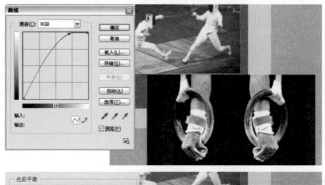

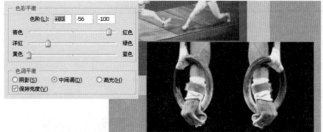

图8-10　应用"曲线"命令及"色彩平衡"命令后的效果

设置"图层3"的"不透明度"为70%，效果及"图层"调板状态如图8-11所示。

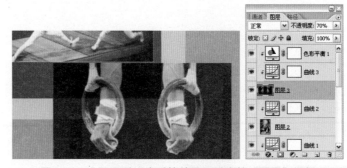

图8-11　设置不透明度后的效果及对应的"图层"调板

提示　"色彩平衡"对话框可按快捷键Ctrl+B调出，也可以选择菜单栏中的"图像>调整>色彩平衡"命令调出。同样也对"色彩平衡1"图层创建剪贴蒙版，否则会对整个图像应用"色彩平衡"命令。

显示"素材4"并将其重命名为"图层4"，结合自由变换控制框将其调整到白色矩形上，如图8-12所示。

图8-12　摆放素材图像位置

同样应用"曲线"命令及"色彩平衡"命令调整图像，示意图如图8-13所示。

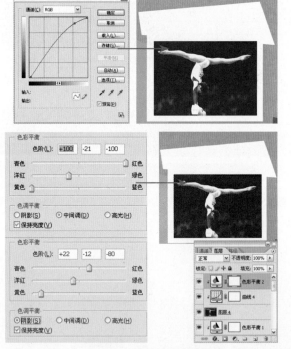

图8-13　应用"曲线"命令及"色彩平衡"命令后的效果及"图层"调板

4.添加文字

选择横排文字工具 T.，结合自由变换控制框，在当前图像中输入相关的文字，作品的最终效果及"图层"调板如图8-14所示。

或对比度，远比选择菜单栏中的"图像>调整"子菜单中的命令更灵活。

下图所示是一个使用了多个调整图层的文件的"图层"调板状态。

不同类型的调整图层

格式化文本段落

在"段落"调板中可以为大段的文本设置属性。选择菜单栏中的"窗口>段落"命令或者在显示文本插入点的情况下按快捷键Ctrl+M即可调出该调板，其状态如图所示。

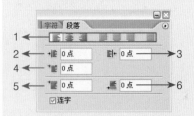

该调板中的重要参数解释如下。

1.对齐方式：单击这一区域中的按钮，插入点所在的段落以相应的方式对齐。

2. 左缩进：设置当前段落的左侧相对于左定界框的缩进值。

3. 右缩进：设置当前段落的右侧相对于右定界框的缩进值。

4. 首行缩进：设置选中段落的首行相对其他行的缩进值。

5. 段前添加空格：设置当前段与上一段的间距。

6. 段后添加空格：设置当前段与下一段的间距。

7. 连字：设置手动或自动断字，仅适用于 Roman 字符。

设置好属性后，单击工具选项条中的提交所有当前编辑按钮✅确认设置即可。

封面的功用

封面最原始的功用是对书籍正文内容进行保护。这一重要的使命，从某种角度来看，可以说是封面存在的惟一理由。即使到了工艺与技术异常发达的今天，图书在被阅读和使用的过程中都要经过无数次的拿取与翻动，加之在销售时还要经过运输和搬运，因此封面还可以起到保护书芯的作用。

与早期不同的是，在当今社会封面还具有另外一个非常重要的功用，即广告宣传作用。如前所述，在社会生活中书籍是以商品的形式出现的，而竞争是商品的共性。读者在购买书架上的书籍时，最先看到的是它们的外观，通过阅读封面为其带来的提示性信息及宣传性文字，从而决定是否翻阅该书，进而决定是否购买。

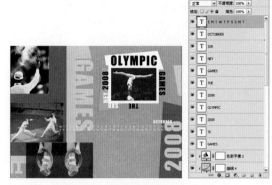

图8-14　最终效果及"图层"调板

在输入"GAMES"文字时更改了文本方向，方法是输入好文字后在其工具选项条中单击🔲按钮。在输入"TK"和"2008"时，设置的参数除字体大小及行距外，其他参数与"GAMES"相同，字体颜色值均为#f7bd8c。

> 提示　本例最终效果请参考随书所附光盘中的文件"第8章\8.1.psd"。

8.2　《转调琵琶》书籍封面设计

作为一本关于中国传统乐器的书籍的封面，在制作时自然少不了具有古典韵味的设计元素。本例使用了具有水墨效果的梅花剪影图像，而且正封上的装饰文字采用了较为古典的隶书字体。

具有代表性的红色以规则的图案形式出现在封面中，在起到极强烈的醒目作用之外，也使封面整体看起来更加具有品味和格调。本例的操作步骤如下。

1. 为背景填充颜色

打开随书所附光盘中的文件"第8章\8.2-素材.psd"，在该文件中，共包括了3幅素材图像，其"图层"调板的状态如图8-15所示。

图8-15　素材图像的"图层"调板

> **提示** 在素材图像文件中添加的辅助线，其宽度数值=正封（185mm）+封底（185mm）+书脊（10mm）+出血（左右各3mm）=386mm，高度数值=封面高度（260mm）+出血（上下各3mm）=266mm。

按住Alt键单击"背景"图层左侧的眼睛图标 ◉ ，隐藏其他图层。为"背景"图层填充颜色，设置颜色值为#f7f4df。

2．制作背景上的纹理

选择菜单栏中的"滤镜>纹理>纹理化"命令，设置参数后得到如图8-16所示的效果。

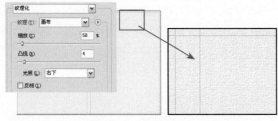

图8-16　应用"纹理化"命令后的效果及局部效果

新建一个图层"图层1"，通过在通道中应用菜单栏中的"滤镜>渲染>云彩"命令，得到如图8-17所示的效果。

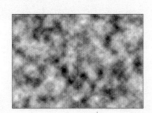

图8-17　应用"云彩"命令后的效果

> **提示** "云彩"命令的效果是随机的，读者不必刻意追求笔者制作的效果。

选择菜单栏中的"滤镜>画笔描边>强化的边缘"命令，设置参数后得到如图8-18所示的效果。

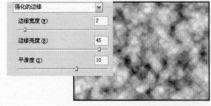

图8-18　应用"强化的边缘"命令后的效果

选择菜单栏中的"滤镜>风格化>查找边缘"命令，得到如图8-19所示的效果。

值得注意的是，由于书籍的封面尺寸有限，在这样一个有限的空间内所从事的设计工作就与食品包装、招贴画、广告牌及宣传册的设计有很大区别，从而使书籍封面设计成为一个独立的专业设计门类。优秀的封面总是能够迅速唤起潜在读者的兴趣，并最后促成购买行为。

"纹理化"滤镜

"纹理化"滤镜提供了多种纹理，使用此滤镜处理图像，可以使其呈现出非常明显的纹理化特点，需要为一幅图像加上纹理效果时此滤镜是十分有用的。

单击"纹理化"对话框中的三角按钮 ▶ ，在弹出菜单中选择"载入纹理"命令，然后在弹出的"载入纹理"对话框中打开一幅PSD格式的图像，可以将此图像的内容作为纹理，对当前的图像进行处理。

按照这样的操作，完全可以通过自定义得到更多的纹理效果。

"强化的边缘"滤镜

此滤镜强化图像的边缘，当"边缘亮度"被设置为较大的值时，图像中对比强烈的边缘似乎是用白色粉笔绘制的；当"边缘亮度"被设置为较小的值时，图像中对比强烈的边缘似乎是用黑色油墨绘制的。

"查找边缘"滤镜

"查找边缘"滤镜用显著的颜色标识图像的区域,并强化边缘过渡像素,从而使图像轮廓是有铅笔勾画的效果。

颜色通道

颜色通道包括一个混合通道和几个单独的颜色通道,用于保存图像的颜色信息。

在默认状态下,"通道"调板中显示所有的颜色通道。如果单击其中的一个通道,则图像中仅显示此通道的颜色。

单击某一颜色通道左侧的眼睛图标 👁,可以隐藏此通道和混合通道,再次单击可恢复显示。因此需要查看两种颜色的合成效果时,可以显示这两种颜色通道,如下图所示。

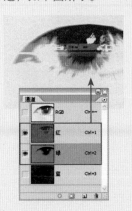

在输入过程中变换文字

在输入文字的过程中对文字进行变换的操作方法如下。

■ 在输入过程中按住Ctrl键,文字周围出现自由变换控制框,使用鼠标拖动控制框上的控制句柄,将控制框放大或缩小,则控制

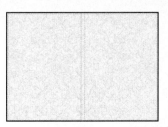

图8-19 应用"查找边缘"命令后的效果

选择菜单栏中的"图像>调整>亮度/对比度"命令,设置参数后得到如图8-20所示的效果。

图8-20 应用"亮度/对比度"命令后的效果

按快捷键Ctrl+L调出"色阶"对话框并设置参数,得到如图8-21所示的效果。

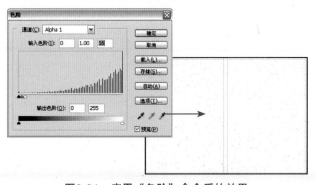

图8-21 应用"色阶"命令后的效果

按住Ctrl键单击"Alpha 1"通道缩览图以调出其选区,返回至"图层"调板,显示"图层 1",按快捷键Ctrl+Shift+I执行"反向"操作,设置前景色的颜色值为#5e3f12,按快捷键Alt+Delete用前景色填充选区,按快捷键Ctrl+D取消选区,得到如图8-22所示的效果。

图8-22 载入选区并填充颜色后的效果

3. 制作背景上的文字

选择横排文字工具 T，在其工具选项条中设置适当的字体、字号和字体颜色，在封面上输入文字"琵"、"琶"，并设置"填充"为10%，得到如图8-23所示的效果。

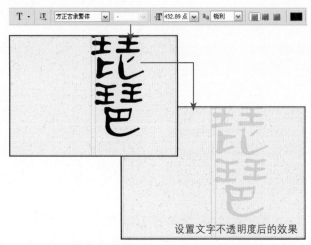

图8-23 输入文字并设置填充值后的效果

提示 这里设置"填充"参数的目的是使文字与背景融合在一个画面中。

4. 使用素材图像丰富画面

显示"素材1"，将其重命名为"图层 2"，使用移动工具 ▸♦ 将其移至封面右下角。复制"图层 2"得到"图层 2 副本"，结合自由变换控制框调整图像位置及角度，将其移至封底左上角，得到的效果和此时的"图层"调板如图8-24所示。

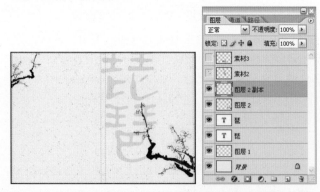

图8-24 摆放素材图像位置后的效果及对应的"图层"调板

显示"素材2"，将其重命名为"图层 3"，使用移动工具 ▸♦ 将其移至正封上的梅花左侧。

框中的文字也随之放大或缩小。将光标移至控制框外，光标变为弯曲的双箭头形状时，可对文字进行旋转。

- 按住快捷键Ctrl+Alt拖动控制框上的控制句柄，控制框将以其中心点为中心上下或左右对称缩放。
- 按住Ctrl键后选择控制框四角的一个控制点，再按住Shift键拖动控制点，控制框将以其中心点为中心等比例缩放。

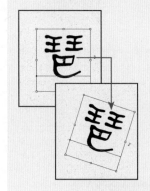

封面的组成

从书籍装帧的角度看，目前的书籍可以被划分为平装本、精装本、豪华本、珍藏本4类。平装本一般价格便宜、普及性广、印数大，装帧较为简单；精装本使用的材料较好，使用较硬的外包装，便于进行保存；豪华本和珍藏本的价格比较昂贵，通常采用精美的材料，有的甚至选用了上等的真皮和金银装饰，或采用仿古的线订方法。

平装本的封面包括正封（即常说的书籍封面）、书脊（即常说的书背）及封底。另外，有一些平装书为了增加信息量及装帧效果还设计有勒口。平装书籍的典型外观如下图所示。

封面设计：儿童类

儿童类书籍封面的设计常采用一些精美、漂亮、生动有趣的卡通画来吸引小读者，因为他们文化程度不高，只有通过图形才能加强他们对图书内容的感知程度。

这类封面上的文字通常比较活跃、夸张并与插图相协调，从而使书籍整体浑然一体。另外，采用非常具体的卡通实物或玩具实物的照片进行封面设计，也能够取得不错的效果。

设置前景色的颜色值为#c50000，选择矩形工具，在其工具选项条单击形状图层按钮，在正封右侧绘制横向矩形，得到"形状 1"。单击添加到形状区域按钮绘制竖向矩形，得到如图8-25所示的效果。

图8-25　摆放素材图像位置后的效果及绘制矩形形状后的效果

5．绘制虚线

选择直线工具，在红色矩形上绘制竖向直线，得到"形状 2"。按快捷键Ctrl+Alt+T调出自由变换控制框并复制图像，按住Shift键向下拖动一点距离，按Enter键确认变换操作。

按快捷键Ctrl+Alt+Shift+T应用"连续变换并复制"操作多次，得到一条垂直的虚线，流程图如图8-26所示。

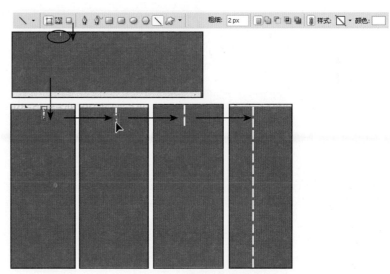

图8-26　绘制虚线流程图

复制"形状 2"3次，将其分别移至红色矩形的不同位置上，得到的效果和此时的"图层"调板如图8-27所示。

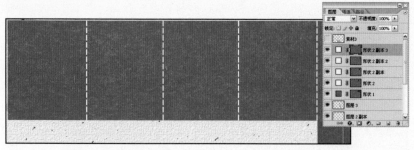

图8-27 复制虚线并移动后的效果及对应的"图层"调板

> **提示** 若要保持沿水平方向移动,按住Shift键即可。

6. 输入书名及相关介绍性文字

选择横排文字工具 T ,在红色矩形虚线内输入书名及相关的文字,得到如图8-28所示的效果。

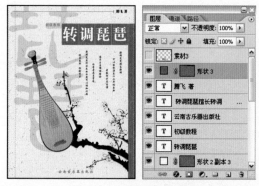

图8-28 输入书名、介绍性文字后的封面整体效果及对应的"图层"调板

为了方便读者制作,下面列出了输入的书名及介绍性文字的参数设置,读者可以按照如图8-29所示的具体参数操作。

图8-29 文字参数设置

> **提示** 在封面最上方的直线(即"形状3"),是使用直线工具 \ 绘制的。封面上的竖向文字,是使用直排文字工具 T 输入的。

封面设计:文学类

文学类图书的范畴非常广泛,小说、散文、诗歌、随笔等均属于文学类图书的表现内容文学类图书的读者层次非常丰富,无论是年龄还是职业、地域均有很大的不同。

在封面设计过程中,书籍的风格、出版的年代、针对的读者群,都是设计者应该考虑的因素,并作为设计构思的依据。从这一点上说设计者的文学素养、对书籍内容的理解与把握都会影响到封面设计的质量。

封面设计：科技类

科技类图书包括各种专业书籍、科普读物及计算机图书等。这一类图书大多供专业人员或具备一定专业知识的读者阅读，读者数量相对较少，但此类读者通常具有与书籍所述内容相关的知识储备，因此在设计方面可以不用太大众化或通俗化。

7．制作书脊上的内容

设置前景色颜色值为#c50000，选择矩形工具 ，在其工具选项条中单击形状图层按钮 ，在书脊上绘制矩形形状，得到"形状4"。单击创建新的填充或调整图层按钮 ，在弹出菜单中选择"色相/饱和度"命令，得到"色相/饱和度1"，设置"饱和度"为-25，其他的参数为0，单击"确定"按钮退出对话框。按快捷键Ctrl+Alt+G执行"创建剪贴蒙版"操作，得到如图8-30所示的效果。

图8-30　绘制书脊上的矩形及应用"色相/饱和度"命令后的效果

选择矩形选框工具 ，在书脊矩形外侧绘制选区，单击添加图层蒙版按钮 ，并取消选区。选择直排文字工具 ，在书脊上输入出版社名称和书名等文字，得到如图8-31所示的效果。

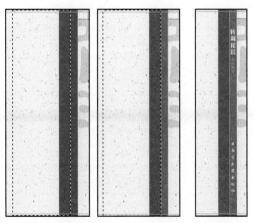

图8-31　绘制选区、添加图层蒙版及输入文字后的效果

8．制作封底上的内容

显示"素材3"，将其重命名为"图层4"，使用移动工具 将其移至封底左下角。选择横排文字工具 ，在封底左上角及左下角输入责任编辑、定价等文字，得到如图8-32所示的最终效果。

图8-32　摆放素材位置、最终效果及对应的"图层"调板

> **提示**　本例最终效果请参考随书所附光盘中的文件"第8章\8.2.psd"。

8.3　《数码世界》杂志封面设计

本例制作的是一本杂志的封面，从技术上来说并没有用到太深奥的操作，例如其中的立体效果基本上都可以利用"斜面和浮雕"图层样式来实现，而发光效果则可以利用"外发光"图层样式制作出来。本例的操作步骤如下。

1．制作马赛克背景

打开随书所附光盘中的文件"第8章\8.3-素材.psd"，在该文件中，共包括了2幅素材图像，其"图层"调板的状态如图8-33所示。

图8-33　素材图像的"图层"调板

按住Alt键单击"背景"图层左侧的眼睛图标，以隐藏其他图层。首先来为"背景"图层填充颜色，设置颜色值为#05061b，按快捷键Alt+Delete进行填充。

下面来绘制马赛克效果的图像。选择矩形选框工具，在当前图像的中间位置绘制矩形选区，新建一个图层"图层 1"，设置前景色颜色值为#9b9ba4，按快捷键Alt+Delete用前景色填充选区，按快捷键Ctrl+D取消选区，得到如图8-34所示的效果。

封面设计：传记类

顾名思义，人物传记类的图书往往以人为主要叙述对象，因此这类图书封面最常见的设计手法就是直接将人物的照片放在图书的封面上，从而在视觉上造成一定的冲击力，最大程度地吸引对此人感兴趣的读者的目光。

图8-34　绘制选区及并填充前景色

选择菜单栏中的"滤镜>模糊>高斯模糊"命令，在弹出的对话框中设置"半径"为45像素，得到如图8-35所示的效果。

选择菜单栏中的"滤镜>像素化>马赛克"命令，在弹出的对话框中设置"单元格大小"为60方形，得到如图8-36所示的效果。

图8-35　应用"高斯模糊"后的效果　　图8-36　应用"马赛克"后的效果

2．制作渐变条

新建一个图层"图层 2"，选择矩形选框工具，在当前图像的中间位置绘制矩形选区。选择线性渐变工具，从选区的左侧至右侧绘制渐变，按快捷键Ctrl+D取消选区，得到如图8-37所示的效果。

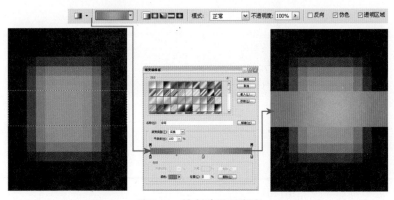

图8-37　绘制选区及渐变

提示 在"渐变编辑器"对话框中，其渐变颜色条上色标的颜色值从左至右依次为 #f52702、#fe9230和#f72c03。

下面为渐变条添加纹理。复制"图层2"得到"图层2副本"，设置前景色为白色，背景色的颜色值为#fea049，选择菜单栏中的"滤镜>素描>半调图案"命令，得到如图8-38所示的效果。

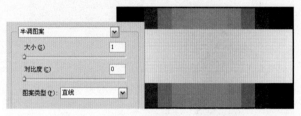

图8-38　应用"半调图案"后的效果

设置混合模式为"柔光"，得到如图8-39所示的效果。在这里应用"半调图案"命令得到的效果取决于设置的前景色和背景色。

图8-39　设置混合模式后的效果

3. 制作马赛克灰度条

选择"图层1"为当前操作图层，选择矩形选框工具，在橙色渐变条下方绘制矩形选区，如图8-40所示。在绘制选区时，可以随意在马赛克背景上绘制，只要在调整颜色时做精确明暗调整即可。

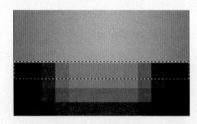

图8-40　绘制选区

下面从选区中复制得到新的图层，并调整图像颜色。

选择"图层1"，按快捷键Ctrl+J执行"通过拷贝的图层"操作，得到"图层3"。按住Alt键单击创建新的填充或调整图层按钮，在弹出菜单中选择"色相/饱和度"命令，在弹出对话框中勾选"使用前一图层创建剪贴蒙版"复选框，单击"确定"按钮，得到"色相/饱和度1"，设置相应的参数，得到如图8-41所示的效果。

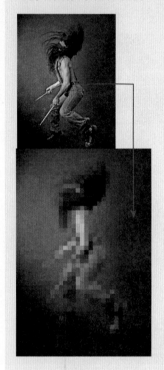

"马赛克"滤镜

顾名思义，使用"马赛克"滤镜，可以使图像产生马赛克效果，即通过将一个单元内所有像素变为相同的颜色来产生马赛克效果。下图所示是利用此滤镜处理前后图像的效果对比。

文字风格设计

　　文字在图书封面中通常不是单独存在的，它需要与作品中的其他内容相匹配，才会起到画龙点睛的作用。下面列举一些在文字设计过程中经常用到的风格，以供读者参考。

- 端庄秀丽
- 格调高雅
- 华丽高贵
- 坚固挺拔
- 简洁爽朗
- 现代感强
- 深沉厚重
- 庄严雄伟
- 不可动摇
- 欢快轻盈
- 跳跃明快
- 生机盎然
- 苍劲古朴
- 饱含古韵
- 新颖独特
- 不同一般
- 个性突出
- 给人的印象独特而新颖
- 节奏感和韵律感都很强
- 在视觉上给人以美感
- 有很强的视觉冲击力

　　在视觉传达的过程中，文字作为画面的形象要素之一，具有传达感情的功能，因此它必须具有视觉上的美感，能够给人以美的感受。字型设计良好、组合巧妙的文字能使人感到愉快，留下美好的印象，从而产生良好的心理反应。

图8-41　应用"色相/饱和度"及效果

　　按住Ctrl键选中"色相/饱和度1"和"图层3"，按快捷键Ctrl+T调出自由变换控制框，按住Shift键拖动自由变换控制句柄放大图像，按Enter键确认变换操作，调整得到如图8-42所示的效果，此时"图层"调板如图8-43所示。

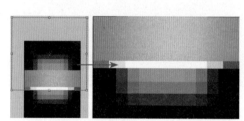　　

图8-42　调整灰度条的位置　　　　图8-43　"图层"调板

4．制作特效文字

　　选择"图层 2 副本"为当前操作图层，设置前景色的颜色值为#f5-8a00，选择横排文字工具 T，在当前图像最上方输入文字"DIGIT-AL"，得到如图8-44所示的效果。

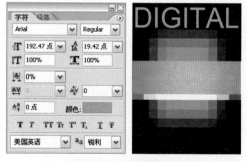

图8-44　输入文字

　　将文字选中，调整文字间距，使"I"与"T"、"A"与"L"之间产生连接的效果，效果如图8-45所示。

图8-45 调整文字间距

将文字压扁，得到如图8-46所示的效果。

图8-46 压扁文字

下面为输入的文字添加图层样式，单击添加图层样式按钮 ，在弹出菜单中选择"斜面和浮雕"命令，设置相关参数，其中"阴影模式"后的颜色值为#6e0101，得到如图8-47所示的效果。

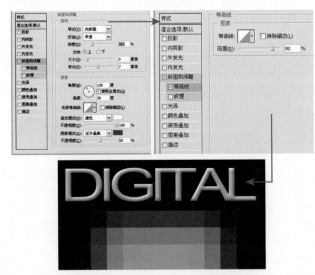

图8-47 添加图层样式后的效果

选择横排文字工具 T.，按照前面讲解的操作方法，在"DIGITAL"下方输入并调整文字，如图8-48所示。为文字添加与"DIGITAL"相同的图层样式，得到如图8-49所示的效果。在此基础上再为文字添加"投影"图层样式，得到如图8-50所示的效果。

查找与替换

对于在Photoshop中输入的大段文本，如果需要更改其中的一个文字，可以使用查找与替换功能，具体操作步骤如下。

1. 在"图层"调板中选择要编辑的文字图层作为当前操作对象。

2. 选择菜单栏中的"编辑>查找和替换文本"命令，弹出如下图所示的对话框。

"查找和替换文本"对话框中各参数的含义如下。

- 搜索所有图层：对所有图层中的文字进行查找并替换。
- 区分大小写：对于英文字体，查找时严格区分大小写。
- 向前：只查找插入点前面的文字。
- 全字匹配：对于英文字体，忽略嵌入在其他单词内的搜索文本。例如，如果以全字匹配的方式搜索"any"，则将忽略"many"。

3. 在"查找内容"文本框中输入要查找的文字。

4. 在"更改为"文本框中输入更改后的文字。

5. 单击"查找下一个"按钮，根据在对话框中所设置的限制条件搜寻"查找内容"文本框中的文字。

6. 单击"更改"按钮，即将搜寻到的文字改为"更改为"文本框中的文字。单击"更改全部"按钮，将一次性改变符合条件的所有文字。

7. 替换要更改的文字后，单击"完成"按钮确认即可。

封面设计要素：色彩

色彩是封面设计中的重要元素，因为对于读者而言，最先获得的封面印象就是色彩。而且在距离较远的情况下，只有好的色彩搭配才能够吸引读者。

由于色彩不仅对读者具有视觉上的吸引力，更重要的是能够通过心理的暗示作用影响读者对该图书的认知，因此正确地使用颜色非常重要。

例如对于下图所示的《中国力量》封面，无论是从文字"中国"还是"力量"来说，红色都是一个非常合适的色彩。红色代表着中国的传统用色，而且能够给人一种热情高涨的感觉，也符合"力量"的含义。

再例如下图所示的《午夜凶铃2》封面设计，由于是一本悬疑惊悚小说，因此封面的大部分空间使用了让人感到绝望、神秘、无助的黑色，从而突出了小说的主题。

图8-48　输入并调整文字

图8-49　添加图层样式后的效果

图8-50　应用"投影"图层样式后的效果

5. 添加并处理素材图像

下面利用素材图像，制作数码世界的感觉。显示"素材1"并将其重命名为"图层4"，将其置于"SPA E"的"A"和"E"之间，得到如图8-51所示的效果。

单击添加图层样式按钮 ，在弹出菜单中选择"投影"命令，设置参数后得到如图8-52所示的效果。

 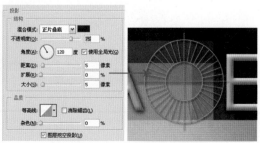

图8-51　摆放素材图像　　　　图8-52　应用"投影"后的效果

下面处理地球素材图像。显示"素材2"并将其重命名为"图层5"，结合自由变换控制框调整图像，将其置于"SPA E"的"A"和"E"之间，得到如图8-53所示的效果。

图8-53 调整并摆放素材图像

单击添加图层样式按钮 ，在弹出菜单中选择"斜面和浮雕"命令，设置参数后得到如图8-54所示的效果。

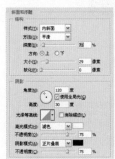

图8-54 应用"斜面和浮雕"后的效果

6. 为地球添加光感

设置前景色为白色，新建一个图层"图层6"，按住Ctrl键单击"图层5"的图层缩览图以调出其选区，选择画笔工具 ，在其工具选项条中，设置适当的柔角画笔大小，在地球上涂抹，得到如图8-55所示的效果。

图8-55 使用画笔涂抹

新建一个图层"图层7"，选择画笔工具 ，按F5键调出"画笔"调板，在地球上单击，为了增强光感，再单击两次以得到如图8-56所示的效果。

此外，封面设计的色彩与绘画的色彩有所不同，封面的色彩最后是通过油墨印刷来实现的，因此封面设计者掌握一定的印刷技术常识是有必要的。

需要注意的是，当以白色作为书籍封面的底色时，需要通过上光或压裱透明薄膜加以保护，以免书籍封面很快被弄脏。

常用色彩解析

要在封面设计中选择合适的颜色表现图书主题，或为封面确定某种基本色调，就需要对图书的主题有一定的把握，并对各种颜色的属性有相当的了解。下面是一些基本颜色所可能引起的心理感受。

- 红色：是一种激奋的色彩，具有刺激效果，使人产生冲动、愤怒、热情、活力充沛的感觉。
- 绿色：介于冷暖两种色彩之间，给人以和睦、宁静、健康、安全的感觉，当与金黄、淡白这两种颜色搭配时会给人优雅、舒适的感觉。
- 橙色：也是一种激奋的色彩，给人以明快、欢欣、热烈、温馨、时尚的感觉。
- 黄色：具有快乐、希望、智慧和轻快的特性，除此之外能够给人高贵、辉煌的感觉。

- 蓝色：是天空与海水的颜色，给人凉爽、清新、专业、空旷、博大的感觉。
- 白色：给人洁白、明快、纯真、清洁的感觉。
- 黑色：给人深沉、神秘、寂静、悲哀、压抑、庄重的感觉。
- 灰色：给人中庸、平凡、温和、谦让、中立、高雅的感觉。

封面设计要素：文字

文字是书籍封面中必不可少的组成部分，任何一本书都有书名、作者名和出版社名，其中书名是文字部分的主要项目。

书籍封面中的文字不仅需要在字面意义上帮助读者理解图书内容，更应该具有一定的设计风格，并以文字本身所具有的特点，加强对书籍内容的体现和表达。

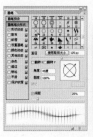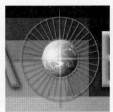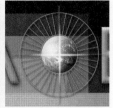

图8-56　设置画笔参数并单击后的效果

> **提示**　在为地球增加光感时，设置的画笔为系统自带的，读者可单击"画笔"调板右上角的三角按钮⏵，在弹出菜单中选择"混合画笔"命令，在弹出的确认对话框中单击"追加"按钮，即可得到。

设置"不透明度"为70%，按住Ctrl键单击"图层 5"的图层缩览图以调出其选区，按快捷键Ctrl+Shift+I执行"反向"操作，按Delete键删除选区中的图像，按快捷键Ctrl+D取消选区，得到如图8-57所示的效果。

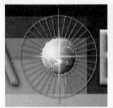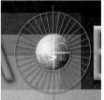

图8-57　设置不透明度、载入选区及删除图像后的效果

7. 制作"SPA E"中的"C"

"C"的制作效果与"SPA E"的效果相同。

选择钢笔工具 ，在其工具选项条中单击路径按钮 ，在地球上绘制路径"C"。新建一个图层"图层 8"，设置前景色的颜色值为#f58a00，按快捷键Ctrl+Enter将路径转化为选区，按快捷键Alt+Delete用前景色填充选区，按快捷键Ctrl+D取消选区，得到如图8-58所示的效果。

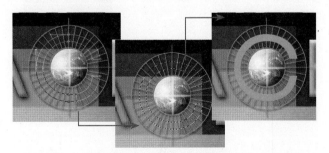

图8-58　绘制路径及填充颜色

> **提示**　上面绘制的路径也可以用椭圆和路径运算制作。

在"SPA E"文字图层名称上单击鼠标右键,在弹出菜单中选择"拷贝图层样式"命令,再选择"图层8"图层名称,单击鼠标右键,在弹出菜单中选择"粘贴图层样式"命令,得到如图8-59所示的效果,整体效果如图8-60所示。

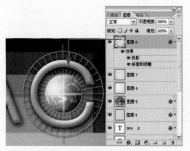 

图8-59　添加图层样式后的效果及"图层"调板　　图8-60　整体效果

8．绘制按钮并为其添加图层样式

选择椭圆选框工具○,在"S"上绘制正圆选区,新建一个图层"图层9",设置颜色值为#624107进行填充,得到如图8-61所示的效果。

图8-61　绘制选区及填充颜色

按快捷键Ctrl+D取消选区,单击添加图层样式按钮,在弹出菜单中选择"投影"命令,设置相关参数后在该对话框中勾选"斜面和浮雕"复选框,设置相关参数,其中阴影模式后的颜色值为#a46903,得到如图8-62所示的效果。

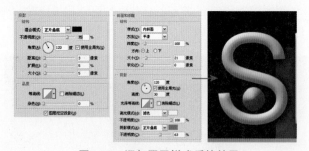

图8-62　添加图层样式后的效果

9．输入主题文字并为其添加图层样式

选择横排文字工具T,设置适当的参数后在橙色渐变条上输入文字"数码世界",为其添加"外发光"图层样式,设置相关参数,其中发光颜色值为#ffffbe,如图8-63所示。

封面设计要素：图像

书籍封面的图像对于书籍内容的表现起着重要的作用,恰当的图像不仅能够在最短的时间内将书籍的内容传达给读者,而且能够增加书籍整体的美感,提高书籍本身的档次。

在封面中使用的图像,包括摄影照片、艺术插图、写实或抽象的图案、写意国画等,类别与表现方法种类繁多,不一而足。

封面组成：正封设计

从实体元素上来说，正封中主要包括了文字和图像两部分。

对于以文字为主题的图书正封的设计而言，由于这类图书的主题大多严肃、正统、抽象、庄重，而且文字并不具备太多的装饰特性，因此构图是设计的重点。

对于以图形图像为主的图书正封的设计而言，不仅需要考虑图形图像与图书主题的联系，而且需要考虑如何使用颜色平衡图形图像与文字并使之与图书的主题相符。

封面组成：封底设计

封底的设计通常不会太复杂，除了因为封底的瞩目程度和曝光率较低外，还因为在整体封面的设计中，封底不可以喧宾夺主。封底可以采取以下几种设计方式。

图8-63　输入文字并添加图层样式

按照同样的方法，再在"S"上方输入网址，并为其添加"投影"图层样式，得到如图8-64所示的效果。

图8-64　输入网址及添加图层样式后的效果

10．制作小按钮

按照第8步的操作方法，新建一个图层"图层10"，选择椭圆选框工具 ，设置前景色为白色，在"数"字下方绘制正圆并填充前景色，然后为白色正圆添加"内阴影"与"斜面和浮雕"图层样式，流程图如图8-65所示。

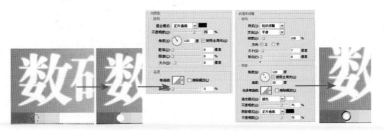

图8-65　绘制正圆选区、填充白色并添加图层样式

11. 绘制线框

选择钢笔工具 ，在其工具选项条中单击路径按钮 ，在当前图像最下方绘制路径，如图8-66所示。

新建一个图层"图层11"，设置前景色的颜色值为#f65006。选择画笔工具 ，切换至"路径"调板，单击用画笔描边路径按钮 ，单击"路径"调板空白处以隐藏路径，得到如图8-67所示的效果，返回至"图层"调板。

图8-66　绘制路径　　　　　图8-67　为路径描边后的效果

新建一个图层"图层12"，选择钢笔工具 ，在线框下方绘制路径，设置颜色值为#f84e00，按快捷键Alt+Delete进行填充，如图8-68所示。

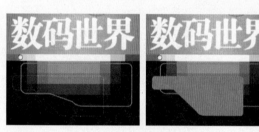

图8-68　绘制路径并填充颜色

复制"图层12"得到"图层12副本"，复制的目的是下面要用到此图层以方便操作。选择"图层12"，选择菜单栏中的"编辑>描边"命令，设置参数后得到如图8-69所示的效果。

图8-69　描边后的效果

选择"图层12副本"，单击添加图层样式按钮 ，在弹出菜单中选择"斜面和浮雕"命令并设置参数，得到如图8-70所示的效果及"图层"调板状态。

- 与正封的设计完全相同或大体相同，但在颜色上较淡，还要出现责任编辑、装帧设计人员的姓名，以及定价、图书介绍等文字。
- 以整块的实色铺底，点缀以缩小的正封画面或与图书主题相配的图案。
- 直接采用简单的实色，出现责任编辑、装帧设计人员的姓名，以及定价、图书内容介绍等文字。

封面组成：书脊设计

与正封和封底相比，书脊的设计往往被忽视。其实一般情况下，书籍被摆放在书架上，被看到机会最多的部位是书脊，它也同样发挥着广告和装饰的作用。因此书脊的作用绝对不容忽视，而且需要注意使其与其他图书有明显的区分。

书脊上至少要印上书名，文字一般是竖排，在较厚的书脊上也可以横排或断行排。通过使用与正封书名相同的字体，在书脊上安排好文字的大小和疏密关系，运用几何的点、线、面和图形进行分割，与正封和封底形成呼应，并产生节奏的变化。

封面组成：勒口设计

作为封面的一部分，勒口也需精心设计，可以利用其刊登图书的内容提要、作者简介、出版信息、丛书目录等。

在正封的勒口上常常印上一本书的内容简介或简短的评论等，正封的设计元素也可以引申到勒口上来。如果正封的视觉效果太强烈，其旁边的勒口应该有意识地做得简洁朴素一些，使它统一在书籍内部的气氛之中。在封底的勒口上可以印上作者的简历、肖像和其他一些著作等，这样会受到作者和读者双方的欢迎。

总之像勒口这样的部分，也是书籍封面设计中值得大作文章、精心处理的地方。

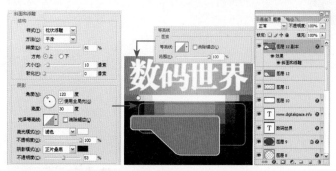

图8-70　应用"斜面和浮雕"后的效果及此时的"图层"调板

> 提示　在设置"斜面和浮雕"参数后，还需要勾选下面的"等高线"复选框，并将其选项面板中将"范围"设置为100。

12. 输入文字并添加按钮

选择横排文字工具 T，在线框内部及外部输入说明及定价等文字，得到如图8-71所示的效果。

图8-71　输入文字

下面添加按钮。复制"图层10"6次，得到"图层10 副本"～"图层10 副本6"，将其移至所有图层的上方，分别置于图像内各处文字的左侧，得到如图8-72所示的效果。本例最终效果如图8-73所示。

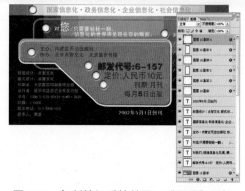

图8-72　复制按钮后的效果及"图层"调板

图8-73　最终效果

> 提示　本例最终效果请参考随书所附光盘中的文件"第8章\8.3.psd"。

六角形手风琴式折页

一个页面经过前后折叠会形成一个平整的小册子，但是外折页的尺寸必须大于内折页，以便包住内折页。

A系列纸张尺寸

国际标准组织（ISO）对纸张尺寸的规定是建立在平方米的基础上的。比如A0纸的尺寸是841mm×1189mm，而A1、A2、A3、A4这样规格的纸张，它们的尺寸是成比例递减的。

双色调

指色谱上的两种颜色。

基本重量

纸的重量常以"磅"来计算，500张完全相同的纸页则为一令。

腰封

腰封就是用一张纸或一块薄塑料围住出版物的"肚子"，其形状或许与书相同，或许是条状。腰封在杂志设计中经常被采用，在其上印有重要信息从而吸引读者注意。

书皮

指围住精装书的"衣服"，主要是保护书籍不受灰尘污染。但现在也将其作为平面设计的一个重要部分，因为它可以促进书籍的销售。

圣经纸

又名印度纸，是一种很薄、很轻、经用的半透明纸。其成分有25%的棉麻或者化学木浆，是设计中的常用纸之一。

装订

运用工艺把页面装订在一起，做成书、杂志或宣传册，常用工艺有线装、胶装等。

螺旋式装订

硬纸封面的常用装订法，能使前封和背封装订得牢固。

Chapter 9

广告创意与设计

日常生活中随处可以看到广告，而报纸、杂志等平面媒体上的广告占据相当大的一部分。在信息量如此巨大的情况下，好的创意与优秀的画面表现，就成为了一个在芸芸众多广告中脱颖而出、抓住浏览者视线的关键。

由于广告业是一个发展得较为成熟的行业，相关的理论知识也较为完善，所以本章加入了大量的广告设计知识，以供读者学习和参考。

9.1 水岸青云楼盘宣传广告

本例是一则楼盘的宣传广告,设计者以水乡和心灵的港湾作为广告的诉求点,选择了一幅带有水乡感觉的图像作为主体内容,并使用Photoshop中的滤镜功能,进行了艺术化的处理。

对于其他的装饰性内容,也选择了带有一定生活气息的图片,从而引发人们在情感上的共鸣,进而达到宣传楼盘的目的。本例的操作步骤如下。

1. 为背景图像增加艺术效果

打开随书所附光盘中的文件"第9章\9.1-素材.psd",在此素材文件中,共包括了6个素材图层,其"图层"调板如图9-1所示。

图9-1 素材文件的"图层"调板

按住Alt键单击"背景"图层左侧的眼睛图标,以隐藏其他图层。显示图层"素材01",并将此图层重命名为"图层1"。

> **提示** 下面将对"图层1"中的图像应用滤镜进行艺术化处理,但由于最终背景图像需要有部分内容显示为未处理前的状态,所以先复制"图层1"得到"图层1副本",以备后用。

隐藏"图层1副本"并选择"图层1"。选择菜单栏中的"滤镜>艺术效果>调色刀"命令,调整得到如图9-2所示的效果。

图9-2 应用"调色刀"滤镜后的艺术效果

广告概述

广告,即"广而告之",其定义可以概括为:将各种高度精炼的信息(某种商品、劳务服务或文娱节目等),采用艺术手法,有计划地通过一定的媒体向公众传递的宣传活动。

广告具有以下一些固定的特点:

- 广告的对象是消费者或者公众。
- 广告的目的是为了传达某种信息或观念。
- 广告的内容需要通过某种媒体进行传播。

"调色刀"滤镜

该滤镜可以减少图像中的细节,露出下面的纹理,产生薄薄的画布的效果。

广告的基本要素

一个完整的广告包括以下基本要素。

- 广告主：指需要进行广告宣传的广告公司或广告创作者的雇主，通常是政府机构、社会团体、厂商企业、科研单位、学校、其他经济组织或个人等。

- 广告对象：也称目标对象或诉求对象。可根据商品的特点、企业营销的重点来确定目标对象，以实现广告诉求对象的明确性。

- 广告内容：即广告要传播的信息，包括商品信息、劳务信息、观念信息等。

- 广告媒介：广告信息的传播必须依靠媒介。这些媒介包括报纸、杂志、广播、电视和户外广告等非人际传播的媒介。各种媒介有各自的特点，应按照广告的整体策划来选择媒介。

- 广告目的：即广告活动的出发点。广告整体策划中每一时段的广告活动都有明确的目的，以便顺利实现广告整体策划的目标。

- 广告费用：广告是一种付费的传播活动，广告主只有支付一定的费用，广告整体策划才能得以顺利实施。

下图展示了一些具有上述广告要素的优秀广告作品。

2. 制作背景图像的过渡

显示并选择"图层1副本"。下面将利用图层蒙版隐藏当前副本图层中的部分图像内容，使原图像与下面的艺术图像融合在一起。

单击添加图层蒙版按钮 ，为"图层1副本"添加蒙版，选择线性渐变工具 并设置渐变类型为"黑色、白色"。在选择图层蒙版的情况下，按住Shift键从右至左绘制渐变，以隐藏右半部分的图像内容，效果如图9-3所示，此时蒙版的状态如图9-4所示。

图9-3 隐藏右侧图像内容　　图9-4 蒙版状态

下面将继续编辑图层蒙版，以显示出更多的栅栏部分的艺术图像。设置前景色为黑色，选择画笔工具 并设置适当的画笔大小，在中间偏右的栅栏图像上进行涂抹，以隐藏当前图层中的图像，从而显示出下面的艺术图像，效果如图9-5所示，蒙版的状态如图9-6所示。

图9-5 隐藏栅栏处的图像　　图9-6 蒙版状态

3. 调整背景图像的色彩

下面调整背景图像的色彩。单击创建新的填充或调整图层按钮 ，在弹出菜单中选择"色相/饱和度"命令，设置参数后单击"确定"按钮退出对话框，从而完成背景图像的调色操作，如图9-7所示。

图9-7 "色相/饱和度"对话框及调色后的背景效果

4. 在通道中创建艺术边框的基本形状

下面将在通道中制作图像的艺术边框效果。

首先通过绘制路径确定边框的基本形状。选择钢笔工具 ，在其工具选项条中设置适当的参数后，在通道中的上方和下方绘制路径，如图9-8所示。

按快捷键Ctrl+Enter将当前路径转换成为选区，然后使用白色填充选区，按快捷键Ctrl+D取消选区，效果如图9-9所示。

图9-8　绘制路径

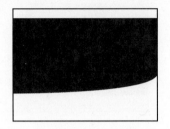

图9-9　使用白色填充选区后的效果

5. 在通道中制作艺术边框的选区

选择菜单栏中的"滤镜>画笔描边>喷溅"命令，在弹出的对话框中设置其参数如图9-10所示，单击"确定"按钮退出对话框，得到如图9-11所示的效果。按快捷键CtrL+F重复应用1次"喷溅"滤镜，得到如图9-12所示的效果。

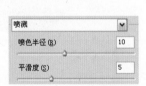

图9-10　"喷溅"设置

图9-11　1次喷溅后的效果

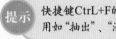
提示　快捷键CtrL+F的功能是重复最近一次应用的滤镜，但该快捷键无法重复调用如"抽出"、"液化"、"消失点"等滤镜。

图9-12　应用2次"喷溅"滤镜后的效果

"喷溅"滤镜

该滤镜创建类似于用喷枪作图的效果，可以简化总体效果，较常用于制作具有各种不规则边缘的图像效果。

下图所示是使用此滤镜处理前后的图像效果对比。

应用上一次的滤镜

在没有退出Photoshop软件的情况下，要重复应用上一次使用的滤镜，可以按快捷键Ctrl+F。例如刚刚应用了"云彩"滤镜，那么再次按快捷键Ctrl+F即可再次使用此滤镜。

广告分类：产品广告

此类型广告专用于促进产品的销售，其中产品形象的塑造与突出表现，是广告设计的重点与难点。

下图所示的广告均属于为产品进行宣传的广告。

选择菜单栏中的"滤镜>画笔描边>强化的边缘"命令，在弹出的对话框中设置其参数，单击"确定"按钮退出对话框，得到如图9-13所示的效果。

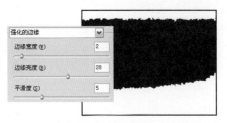

图9-13　"强化的边缘"滤镜参数及应用后的效果

按照上面的方法，选择菜单栏中的"滤镜>扭曲>海洋波纹"命令，在弹出的对话框中设置其参数，单击"确定"按钮退出对话框，得到如图9-14所示的效果。

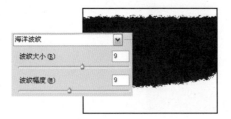

图9-14　"海洋波纹"滤镜参数及应用后的效果

6. 填充艺术边框并添加文字

在上一步已经制作完成了艺术边框效果，下面将其载入并填充至图层中。

按住Ctrl键单击"Alpha 1"的缩览图以载入其选区，切换到"图层"调板，新建一个图层"图层2"，设置颜色值为#533533并填充选区，取消选区后得到如图9-15所示的效果。

图9-15　填充选区

保持刚刚设置的颜色为前景色，选择横排文字工具 T.并设置适当的字体和字号，分别在画布的右上方和左下方输入文字"回忆... ...童年... ...那田野间的向日葵... ..."和"我的小路，我的田园，我的家"，如图9-16所示。仅显示艺术边框和文字时的效果如图9-17所示，"图层"调板如图9-18所示。

图9-16 输入文字

图9-17 仅显示艺术边框和文字时的效果

图9-18 "图层"调板

7. 绘制圆环装饰图形

下面将在画布的右侧绘制圆环装饰图形。

选择椭圆工具 ◎ 并在其工具选项条中设置参数，如图9-19所示，按住Shift键在画布的右下方靠近艺术边框的位置，绘制一个正圆形路径，如图9-20所示。

图9-19 椭圆工具选项条

按快捷键Ctrl+Alt+T调出自由变换控制框并复制对象，按快捷键Alt+Shift缩小圆形路径，如图9-21所示，按Enter键确认变换并复制操作，这样就向内复制出一条正圆路径。

图9-20 绘制正圆路径

图9-21 向内变换并复制路径

广告分类： 公益广告

此类型广告是针对某一项公益性的宣传所制作的，例如，保护环境、节约用水、防沙、戒烟、预防艾滋病、拒绝毒品、保护文物等。

由于此类型的广告具有说教性，而且大部分概念为人们所熟知，因此如何采用更加有趣、生动、视觉效果更突出、传达效果更好的方式表现广告的主题，就成为广告设计人员必须认真对待的问题。下图所示是两则优秀的公益广告设计作品。

广告分类：　认知广告

认知型广告也属于商业广告中的一种，与产品广告不同，此类广告不会特别突出某一产品的形象，其意在于通过广告在消费者心中树立品牌或企业的整体形象。

下图所示的作品，均属于此类广告。

> **提示**　通常情况下，按快捷键Ctrl+T可以调出自由变换控制框，而如果同时按下Alt键，就表示在变换的同时复制得到一个新的对象。

为了便于在后面对当前的嵌套圆环路径进行操作，下面将它们组合在一起。使用路径选择工具　将两条正圆路径选中，然后单击工具选项条中的"组合"按钮，如图9-22所示，从而将它们组合在一起。

图9-22　组合路径

8．复制得到多个圆环路径

上一步利用变换并复制操作，向正圆路径内部缩小变换并复制了一条正圆路径。本步将继续使用这一功能来复制路径，不同的是在本步中可以较为随意地对圆环路径进行放大或缩小操作，并将复制得到的路径摆放在画布右侧的不同位置，如图9-23所示。

图9-23　复制圆环路径及局部图像效果

9．描边圆环路径

保持前面制作的多条圆环路径的显示状态，设置前景色的颜色值为#533533，即与前面制作的艺术边框及输入的文字颜色相同。

在"图层2"的上方新建一个图层"图层3"，选择画笔工具　并设置其"半径"为2 px，"硬度"为100%。切换至"路径"调板，单击用画笔描边路径按钮　或直接按Enter键，描边当前路径，隐藏路径后得到如图9-24所示的效果，局部效果如图9-25所示。

图9-24　描边路径后的效果

图9-25　描边路径后的局部效果

10. 叠加艺术图案

为了增加广告的艺术感，下面将为图像叠加方格图案纹理，以及圆形花边图案。

显示并选择图层"素材02"，并将其重命名为"图层4"，设置此图层的混合模式为"叠加"，"不透明度为"80%，得到如图9-26所示的效果。

图9-26　叠加图案

下面按照上面的操作方法，在图像的左上方叠加一幅圆形花边图像。显示并选择图层"素材03"，将其重命名为"图层5"。

使用移动工具将图像置于画布的左上方，如图9-27所示，然后设置此图层的混合模式为"柔光"，"填充"为50%，得到如图9-28所示的效果。

图9-27　摆放图像　　　　图9-28　设置图层不透明度及混合模式后的效果

11. 隐藏部分圆形花边图像

为了使圆形花边图像更好地融入图像中，下面将利用图层蒙版隐藏圆形花边图像的右下角部分。

单击添加图层蒙版按钮 ，为"图层5"添加蒙版，设置前景色为黑色，选择画笔工具 并设置适当的画笔大小，在圆形花边图像的右下角涂抹，以隐藏部分图像内容，效果如图9-29所示，图层蒙版的状态如图9-30所示。

动态参数：形状动态

勾选"形状动态"复选框后，"画笔"调板的状态如下图所示。

对于上图所示的"画笔"调板，其中的重要参数解释如下。

- 大小抖动：此参数控制画笔在绘制过程中尺寸的波动幅度，百分数越大，波动的幅度越大。未设置"大小抖动"参数时，画笔绘制的每一个对象大小相等。设置"大小抖动"为70%时，其大小将随机缩小，如下图所示。

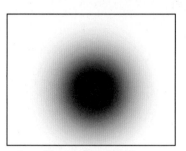

图9-29　隐藏图像后的效果　　　图9-30　图层蒙版

- "大小抖动"下方的"控制"：控制画笔波动的方式，包括："关、渐隐、钢笔压力、钢笔斜度、光笔轮、旋转"6种方式。其中"钢笔压力、钢笔斜度、光笔轮"3种方式需要有压感笔的支持，如果没有安装此硬件，在"控制"选项的左侧将显示一个叹号。

- 最小直径：此参数控制在尺寸发生波动时，画笔的最小尺寸。百分数越大，发生波动的范围越小，波动的幅度也会相应变小。

- 角度抖动：此参数控制画笔在角度上的波动幅度，百分数越大，波动的幅度越大，画笔显得越紊乱。未设置"角度抖动"参数时，每一个对象的旋转角度相同。

- 圆度抖动：此参数控制画笔在圆度上的波动幅度。

12. 验证添加马赛克方块尺寸

下面将依据背景方格纹理添加一些装饰用的马赛克方块，其大小要与"图层4"中方格的大小一致，所以首先需要验证一下方块的大小。

放大图像显示比例，使用矩形选框工具 沿背景方格的内部绘制选区，如图9-31所示。选择"图层4"并按快捷键Ctrl+C拷贝选区内的图像，再按快捷键Ctrl+N调出"新建"对话框，观察并记住其中的"宽度"和"高度"数值，该数值代表了当前所绘制的选区大小，如图9-32所示。

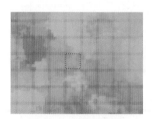

| 宽度(W): | 10 | 像素 |
| 高度(H): | 10 | 像素 |

图9-31　绘制选区　　　图9-32　"新建"对话框中的参数

> **提示** 当用户拷贝了图像再新建文件时，"新建"对话框会自动读取剪贴版中图像的宽度和高度数值，并以此作为新文件的尺寸，这也是这里可以利用它来验证选区大小的原因。

13. 添加马赛克方块

由于在上一步中已经得到方块的准确大小，下面就将利用矩形工具 在图像中绘制方块图像。

新建一个图层"图层6"，选择矩形工具 ，在其工具选项条中单击形状后的下三角按钮，设置"矩形选项"调板中"固定大小"的W（宽度）和H（高度）均为10 px，如图9-33所示。

图9-33　矩形工具选项条

在图像中连续单击以绘制矩形块，效果如图9-34所示。

图9-34 添加方块后的效果及局部效果

> **提示** 为了精确地将马赛克方块添加到原方格纹理中，在绘制过程中可放大图像的显示比例，以便于观察。

14. 添加蝴蝶图像

显示并选择图层"素材04"，将其重命名为"图层7"。

使用移动工具 将"图层7"中的蝴蝶图像移至画布的右侧，如图9-35所示。

图9-35 添加蝴蝶图像

15. 在通道中创建不规则边缘相框

下面在画布的右下方添加两个不规则边缘的相框。

首先选择矩形选框工具 ，按住Shift键在画布右下方绘制一个矩形选区，如图9-36所示。然后在工具选项条中单击添加到选区按钮 ，按住Shift键在刚刚绘制的选区右侧再绘制一个相同大小的矩形选区，如图9-37所示。

图9-36 绘制矩形选区　　图9-37 绘制2个矩形选区

■ 最小圆度：此参数控制画笔在圆度发生波动时，画笔的最小圆度尺寸。

新建文件的技巧

如果在新建文件之前曾执行"拷贝"操作，则"新建"对话框中的"宽度"及"高度"自动匹配所拷贝图像的高度与宽度。如果执行"拷贝"操作而又不希望此对话框自动匹配所拷贝图像的高度与宽度，可以在选择菜单栏中的"文件>新建"命令时按住Alt键，此时Photoshop将自动使用上一次创建新图像文件时使用的图像文件尺寸。

平面设计常用尺寸

在工作中，有几种常用的平面设计制作尺寸，列举如下。

■ IC卡：标准尺寸为85mm×54mm。

■ 三折页广告和普通宣传册：标准尺寸为210mm×285mm(A4)。

■ 招贴画：标准尺寸为540mm×380mm。

■ 手提袋：标准尺寸为400mm×285mm×80mm。

■ 信纸：标准尺寸为185mm×260mm、210mm×285mm。

■ 文件封套：标准尺寸为220mm×305mm。

■ 挂旗：标准尺寸为376mm×265mm(8开)、为540mm×380mm(4开)。

创建新选区

在选择任意一个选区创建工具的情况下，单击工具选项条中的新选区按钮后进行创建，将在页面中创建新选区，后创建的选区总是替换上一个选区。

添加到选区

单击添加到选区按钮，可以创建无数多个选区，即在当前创建的选区的基础上添加新创建的选区。当前页面中没有选区时，单击添加到选区按钮后，第一次绘制选区将得到新选区，再次绘制时将起到添加选区的作用，下图所示为添加选区的操作示例。

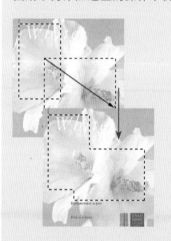

报纸媒体广告的优点

报纸是大家最为熟悉的宣传媒介之一，目前国内的报纸有上千种之多，可以算是最直接面对消费者的媒体，报纸媒体广告具有以下优点。

- *广泛性*：*报纸种类很多，发行面广，阅读者多。所以在报纸上既可刊登生产资料类广告，也可刊登生*

切换至"通道"调板，新建一个通道"Alpha 2"，用白色填充选区并取消选区。

选择菜单栏中的"滤镜>画笔描边>喷溅"命令，在弹出的对话框中设置其参数，得到如图9-38所示的效果。

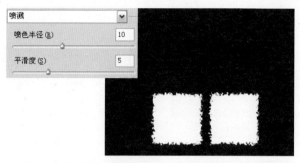

图9-38　"喷溅"参数及应用"喷溅"滤镜后的效果

选择菜单栏中的"滤镜>艺术效果>水彩"命令，在弹出的对话框中设置其参数，直至得到如图9-39所示的效果。

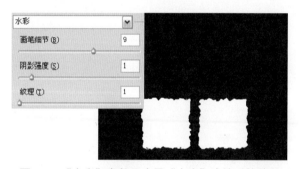

图9-39　"水彩"参数及应用"水彩"滤镜后的效果

16.填充不规则边框并创建剪贴图像

在上一步的操作中，已经制作完成了不规则边框的基本轮廓，下面将其载入到图层中，并为其添加两幅剪贴图像。

载入"Alpha 2"的选区并切换至"图层"调板，在"图层7"的上方新建一个图层"图层8"，使用白色填充该选区后取消选区。

显示并选择图层"素材05"，将其重命名为"图层9"，确认该图层位于"图层8"的上后按快捷键Ctrl+Alt+G执行"创建剪贴蒙版"操作。

 由于下面需要将图像限制在左侧的不规则边框内，这里选择"图层9"并按快捷键Ctrl+Alt+G，将此图层与"图层8"创建剪贴关系。这样虽然可能暂时在不规则边框内看不到图像，但却能在下面的缩放操作中更好地定位图像。

按快捷键Ctrl+T调出自由变换控制框，将图像移至左侧的不规则边框内，并按住Shift键缩小图像，如图9-40所示，按Enter键确认变换操作。

使用同样方法显示并选择图层"素材06"，将其重命名为"图层10"，结合自由变换功能将图像缩小放至右侧的不规则边框内，如图9-41所示。

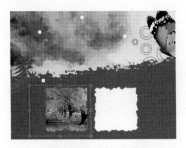 

图9-40 变换图像   图9-41 制作另外一个剪贴图像

17．为不规则边框添加图层样式

上一步为不规则边框创建了剪贴图像，下面将为这两幅图像添加投影及描边样式效果。由于"图层8"为剪贴蒙版的基层，所以这里只需要为此图层添加样式，即可对上面所剪贴的两幅图像产生效果。

选择"图层8"，单击添加图层样式按钮 ，在弹出菜单中选择"投影"命令，并设置其参数如图9-42所示。

在"图层样式"对话框中勾选"描边"复选框，设置其参数如图9-43所示。

图9-42 "投影"参数设置   图9-43 "描边"参数设置

单击"确定"按钮退出对话框，完成为不规则边框添加样式的操作，此时的效果如图9-44所示。

图9-44 添加样式后的效果

活资料类广告；既可刊登医药滋补类广告，也可刊登文化艺术类广告等。既可用黑白印刷，也可套红或彩印，内容和形式都很丰富。

■ 快速性：报纸的印刷和销售速度非常快，第一天与商家讨论确定的广告方案，第二天就可能见报，所以适合于时效性较强的新产品广告，或展销、展览、劳务、庆祝、航运、通知类广告。

■ 连续性：报纸的发行具有连续性，利用这一点可发挥广告的重复性和渐变性，使读者加深广告印象。

■ 针对性：报纸具有广泛性和快速性的特点，因此广告要根据具体的情况利用不同时间、不同类型的报纸将信息传递出去。比如商品广告一般应放在生产和销售的旺期之前，而不是冬天做凉鞋、裙子广告，夏天做裘衣、羽绒被广告。

报纸媒体广告的缺点

虽然报纸媒体广告有许多优点，但也有不足之处。

■ 通用期短：对于许多报纸而言，"生命期"很短，许多上班族在上地铁前购买的报纸可能在下地铁时就已经丢在垃圾桶中了，因此可以说报纸广告的生命周期非常短，在绝大多数情况下都只有一天，在许多大城市，有早报、午报及晚报，这使报纸的有放周期更短。

- 目标群体针对性低：报纸的阅读群体成分复杂，因此广告商很难对目标市场进行有的放矢的投放，因此其广告的选择率总体来说并不高。

报纸通常都采用新闻纸印刷，无论是四色印刷还是单色胶印，新闻纸的印刷网线只能在110线网目之下，它的视觉表现力与铜版纸和胶版纸都无法相比。所以在设计报纸广告作品时，应尽量避免使用低调的影像图片，以免在印刷后模糊一团。报纸广告中的画面所使用的插画和图片一定要有比较高的对比度，而且要经过修版，以便使图片轮廓与结构更加清晰。

另外，在使用半版或整版的广告版面时，所用的照片和插画一定要保证其图片精度，不应使用翻印的资料素材。因为大版面的报纸所受到的关注比较高，如果没有独特的形象展示出来，人们就会感到索然无味。

需要强调的是、由于报纸媒体的保存时间相对比较短，读者往往对报纸上的广告走马观花，所以在设计语言的运用上，要避免使用杂志广告的意念，文字编排和图形表现都应力求明快流畅、一目了然。下图所示为几幅优秀的报纸广告作品。

18．改变图像的色彩

为了使不规则边框中的图像与整体色调更加统一，将"图层8"的混合模式设置为"亮度"，从而改变与其剪贴的两幅图像的颜色，如图9-45所示。

图9-45　设置混合模式后的效果

19．添加文字

使用横排文字工具 T. 和直排文字工具 IT.，在画布的右侧和底部输入相关的说明文字，即可完成本例所制作的广告，最终效果和"图层"调板如图9-46所示。

图9-46　最终效果及"图层"调板

> 提示　文字"大家"的颜色值为#e6dddc，并添加了"投影"图层样式。在输入文字之前，要保证当前所选择的图层为"图层10"，这样才能保证输入文字后得到的文字图层是独立的；如果此时选择的是"图层8"，则得到的文字将与其创建剪贴关系，造成用户无法看到输入的文字。本例最终效果请参考随书所附光盘中的文件"第9章\9.1.psd"。

9.2 汽车宣传广告

与传统的汽车类宣传广告不同，本例的作品没有使用大面积的图片来宣传汽车本身，而是采用颇具设计感的构图方式，给人以时尚前卫的视觉感受。

从色彩上来看，背景主要是以蓝色的冷色调为主，而汽车本身则是橙红的暖色调，二者产生极强烈的对比，从而更容易让浏览者捕捉到广告宣传的重点。

在制作过程中，主要是利用形状工具绘制和编辑各个箭头图形，并结合滤镜功能制作出画面上的斑驳和杂点效果。本例的操作步骤如下。

1. 绘制背景渐变

打开随书所附光盘中的文件"第9章\9.2-素材.psd"。 在该文件中，共包括了两个素材图层，其"图层"调板如图9-47所示，在下面的操作中将一一用到。

图9-47 素材图像的"图层"调板

首先，按住Alt键单击"背景"图层左侧的眼睛图标，以隐藏其他图层，然后选择"背景"图层。

设置前景色的颜色值为#e3f2f5，背景色的颜色值为#4b7989，选择线性渐变工具并设置渐变类型为"前景到背景"。从图像的右上角至左下角绘制渐变，得到如图9-48所示的效果。

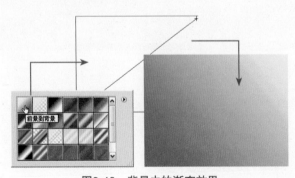

图9-48 背景中的渐变效果

广告分类：按媒体划分

按媒体划分，平面广告可以分为以下几种。

- 报纸广告：此类型广告指刊登于各类报纸上的广告。
- 杂志广告：此类型广告指刊登于各类杂志上的广告。
- 宣传单广告：此类型广告指印刷成单页的广告。
- 电子广告：此类型广告指通过电视、广播等进行宣传的广告。
- 户外广告：此类型广告多依靠广告板或广告牌为展示平台，放置于露天场所。

广告分类：按目标划分

按目标大众划分，平面广告可以分为以下几种。

- 消费者广告：针对终端消费者所设计的广告。

- 企业广告：针对可能发生购买行为的企业所刊登的广告。
- 贸易招商广告：针对经销产品的中间商（批发商和零售商）所设计的广告。
- 公益广告：针对整个社会或某一特定群体所设计的广告。

通过以上的列举可以看出，虽然广告分为许多种，但这些种类实际上是相互交叉的。例如，一个广告按媒体划分属于杂志广告，而按目的划分则属于产品广告，且是针对消费者的广告。因此在设计广告时不可以孤立地看待广告的种类，而应该进行全局性的考虑。

"海绵"滤镜

该滤镜可以创建有对比颜色的强纹理图像，显得好像用海绵画过。

"添加杂色"滤镜

"添加杂色"滤镜将随机像素应用于图像，用于减少羽化选区或渐进填充中的条纹，使经过修饰的图像看起来更真实。

2. 制作斑驳的背景纹理

下面要制作的背景纹理，将以"云彩"滤镜制作出的图像为基础进行处理，所以先来设置一下应用此滤镜时需要的前景色及背景色的颜色值。

设置前景色的颜色值为#d2d2d2，背景色为白色，选择菜单栏中的"滤镜>渲染>云彩"命令，得到类似如图9-49所示的效果。

图9-49　云彩效果

> **提示**　"云彩"滤镜是一个随机性很强的滤镜，几乎每次应用后得到的效果都不相同，所以读者只需要制作得到类似的效果即可，而不必追求与书中效果完全相同。

下面使用"海绵"滤镜制作斑驳的纹理效果。选择菜单栏中的"滤镜>艺术效果>海绵"命令，调整得到如图9-50所示的效果。

图9-50　应用"海绵"滤镜后的效果

为了进一步增强纹理的斑驳感，下面将对图像进行对比度的调整。选择菜单栏中的"图像>调整>亮度/对比度"命令，调整参数以增大图像的对比度，得到如图9-51所示的效果。

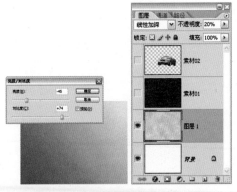

图9-51　增大对比度后的效果及此时的"图层"调板

3．为背景纹理增加杂点

下面将在原有斑驳的背景纹理基础上，为其增加杂点，便其具有更强烈的艺术感。

新建一个图层"图层2"，并使用白色填充此图层。

选择菜单栏中的"滤镜>杂色>添加杂色"命令，设置弹出的对话框如图9-52所示，得到如图9-53所示的效果。

图9-52　"添加杂色"对话框　　　　图9-53　添加杂色后的效果

设置"图层2"的混合模式为"颜色加深"，得到如图9-54所示的效果。

图9-54　设置图层混合模式后的效果

4．绘制第1个主体图形的路径

下面将结合钢笔工具及路径运算功能，在图像的右侧绘制几个图形。

选择钢笔工具并在其工具选项条中设置参数，然后在画布的右侧绘制如图9-55所示的路径。

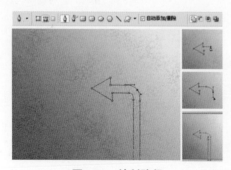

图9-55　绘制路径

很多时候可以用该滤镜制作得到一个粗糙的图像，然后再利用"径向模糊"或"动感模糊"等滤镜，制作得到放射光或拉丝不锈钢的效果。

以下面所示的图像为例，最顶部图层由于蒙版中应用了云彩效果，所以会隐约显示出下面图层，即"图层2"中的图像，但由于该图层中的图像为单色，所以整体看来并没有得到很好的沙岩效果。此时就可以在"图层2"应用适当参数的"添加杂色"滤镜，以增加图像的粗糙感。

"颜色加深"混合模式

将上方图层的混合模式设置为"颜色加深"时，除上方图层的黑色区域以外，降低所有区域的对比度，使图像整体对比度下降，产生下方图层的图像透过上方图像的效果。

下图所示是混合前的两幅素材图像的状态，及设置混合模式后对应的"图层"调板。

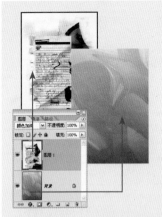

下图所示是将上方图层的混合模式设置为"颜色加深"后的效果。

广告设计原则：真实性

真实性是所有广告创作的前提，作为一种有责任的信息传递方式，真实性原则始终是平面广告设计首要的和基本的原则，一个名不符实的商品或服务，如果采取广告的形式进行宣传，只会更快地消亡。

增强广告真实性最常用的方式之一是在广告中加入写实性的照片，如下图所示。除此之外，可以大量运用权威的数据，对广告主题进行佐证。

 提示

当前所绘制的路径是以"工作路径"的形式临时保存在"路径"调板中的，如图9-56所示。当下次绘制路径时，当前的工作路径就会被新的路径内容所代替。要永久保存所绘制的路径，切换至"路径"调板中，双击"工作路径"的名称，在弹出的对话框中输入新路径的名称，然后单击"确定"按钮即可将其保存起来，如图9-57所示。

图9-56　得到的"工作路径"　　　图9-57　将"工作路径"保存起来

保持钢笔工具选项条中的参数不变，按照上面的操作方法，继续在拐角箭头的外侧边缘绘制另外一条侧边路径，如图9-58所示。单独效果如图9-59所示。

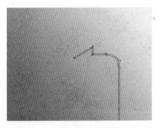

图9-58　绘制侧边路径　　　图9-59　侧边路径的单独效果

按照上面的方法绘制竖直的箭头路径和侧边路径，如图9-60所示。

图9-60　绘制竖直的箭头路径和侧边路径

图9-61所示是竖直的箭头及侧边路径的状态，图9-62所示是此时箭头位置的局部图像效果。

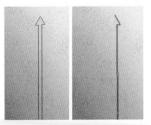

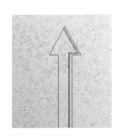

图9-61　竖直箭头路径及侧边路径　　　图9-62　局部放大效果

5. 为路径填充渐变色

路径绘制完毕后，下面将为当前路径填充内容。为保证图像的矢量特性，下面将以当前路径为矢量蒙版，创建一个渐变填充图层。

显示上一步绘制的路径，单击创建新的填充或调整图层按钮 ，在弹出菜单中选择"渐变"命令，在弹出对话框中单击渐变类型选择框，设置弹出的"渐变编辑器"对话框中的参数如图9-63所示，其中最左侧色标的颜色值为#083b50，最右侧色标的颜色值为#4494af。

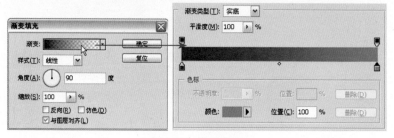

图9-63　设置渐变

单击"确定"按钮退出"渐变编辑器"对话框，返回"渐变填充"对话框，并按照图9-64所示进行参数设置，单击"确定"按钮退出对话框，得到如图9-65所示的效果，同时得到图层"渐变填充1"。

图9-64　"渐变填充"对话框　　　图9-65　为路径填充渐变色后的效果

6. 为图形增加装饰元素

> **提示**　默认情况下，使用Photoshop中的自定形状工具 ◐ 只可以绘制少量的形状，如图9-66所示，但用户可以载入Photoshop附带更多的形状，方法是单击形状选择框右上角的三角按钮 ▶，在弹出菜单中选择"全部"命令，在弹出的确认对话框中单击"确定"按钮，即可载入全部系统附带的形状。当然，如果仅选择某一类形状的名称，则仅载入对应的形状，单击"确定"按钮将替换当前已有的形状，单击"追加"按钮则在原有形状的基础上，增加所选的形状。

广告设计原则：创新性

没有创意的广告，很难在信息量巨大的社会中引起人们的注意，因此平面广告设计的创新性原则是一个非常重要的原则。没有创新的广告只会在社会中平庸地传播，不可能产生太大的广告效果。要保证广告的创新性，则需要广告设计人员具有独特的创意。

下图所示是几则具有优秀创意的广告作品。

产品形象和企业形象是品牌以外的企业心理价值,是人们对商品品质和企业感情产生的联想,现代平面广告设计非常重视品牌和企业形象的打造。因此,如何创造品牌和企业的良好形象,是现代平面广告设计的重要课题。

在这个方面,进行广告创作之前应该有足够的策划方案进行支持,从而使广告在创作时不会偏离当初所策划的形象,下图所示是几则优秀的广告示例。

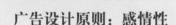

广告设计原则：感情性

人非圣贤,当然有七情六欲,而这正是广告创作的切入点之一。因为人们的购买行为受感情因素的影响非常大,因此在现代平面广告设计中必须灵活运用感情性原则。

在平面广告中可以采取各种手段极力渲染广告主题的感情

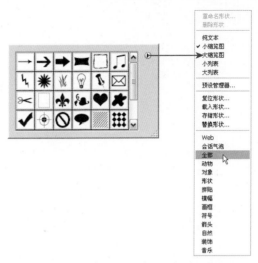

图9-66　默认情况下形状选择框的弹出菜单

首先确认当前至少载入了"箭头"形状组,然后确认当前已经选中了图层"渐变填充1"的矢量蒙版。在自定形状工具选项条中单击从形状区域减去按钮。

使用自定形状工具在图像中单击鼠标右键,在弹出的形状选择框中选择形状"箭头2",如图9-67所示。

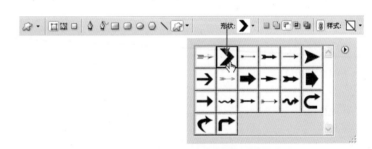

图9-67　设置工具选项条并选择形状

按住Shift键在拐角箭头的箭头处绘制一个直角小箭头,如图9-68所示。

使用路径选择工具,按住快捷键Alt+Shift向右侧拖动刚刚绘制的箭头,沿水平方向向右复制出一个箭头路径,如图9-69所示。

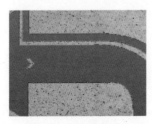
图9-68　绘制箭头

图9-69　向右复制箭头

再次使用路径选择工具将刚刚得到的两个装饰性箭头选中,按快捷键Ctrl+Alt调出自由变换控制框并复制图像,按住Shift键将其向右侧移动一定距离，如图9-70所示，单击"确定"按钮退出对话框。

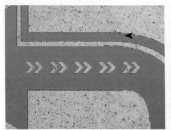

图9-70　变换并复制箭头

连续按快捷键Ctrl+Alt+Shift+T执行"连续变换并复制"操作3次，得到如图9-71所示的效果。

图9-71　连续变换并复制图形

7. 绘制第2个主体图形

与上面的图形绘制方法略有不同，在本步骤中将使用Photoshop自带的箭头形状来制作另外一个主体图形的内容，而且由于此次绘制的图形只需为单色即可，在绘制时不必先绘制路径再填充颜色，只需直接绘制形状。

设置前景色的颜色值为#d2f1f3。选择自定形状工具 [图标] 并选择形状"箭头18"，按住Shift键在图像的底部中间位置绘制如图9-72所示的形状，同时得到图层"形状1"。

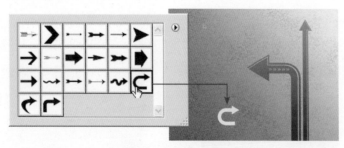

图9-72　绘制拐角箭头

使用直接选择工具 [图标] 选中箭头尾部最右侧的两个锚点，按住Shift键将其向右侧拖动至如图9-73所示的位置。

色彩，从而引起消费者情感上的共鸣，进而影响其在现实中的行为，下图所示是几则优秀的广告示例。

广告的信息功能

传递信息是广告最基本的功能，如果没有传递信息的功能，广告就会失去应有的作用。在科学技术高度发展的信息时代，高质量、高速度的印刷技术，覆盖面广的无线电广播、电视等媒体及互联网，使广告传播信息的速度迅速提高，大大增强了广告的信息传播功能。

广告传递的主要是商品信息，起到了沟通企业和消费者的桥梁作用。企业运用广告手段向消费者提供商品和服务信息，并力求使消费者接受信息。消费者通过广告获得自己感兴趣的商品信息，并从众多的信息中选择自己认可的信息，产生购买行为。

对于公益广告而言，受众通过广告认知到一个现象、一种思想或一个问题，从而自发或自觉地被广告所传播的信息所影响，使自己的行为发生改变，例如，戒烟、节水等。

广告的经济功能

广告的经济功能是勿庸置疑的，正是由于广告沟通产供销各个环节的作用，才使社会的经济活动得以顺畅地运行，因此广告行业又被称为整个社会经济活动的晴雨表。

在我国因广告成功而使产品热销、最终使企业迅速发展壮大的实例不胜枚举，如秦池、步步高、钙中钙等。

广告的社会功能

广告的社会功能是指现代广告在为社会服务、为公众服务、为社团服务、为生产者服务、为用户服务的过程中所起的作用和效应。

广告通过传播新的生活观念、提倡新的生活方式和消费方式，形成一种适合国情和与一定生活水准相协调的社会消费结构，推动着社会经济的发展，有助于社会的公益事业及公共事业的发展。

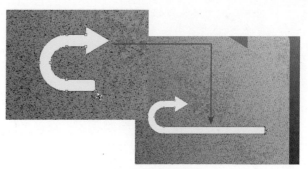

图9-73　编辑锚点

选择矩形工具 ▢，在其工具选项条中单击添加到形状区域按钮 ▢，选择"形状1"的矢量蒙版，在箭头的下方绘制一条横线，如图9-74所示。

图9-74　绘制横线

下面将使用矩形工具 ▢ 在原箭头上减去部分内容。在矩形工具选项条中单击从形状区域减去按钮 ▢，分别在箭头的内部绘制两条横向的矩形线，得到类似图9-75所示的效果，图9-76所示是隐藏路径后的图像效果。

图9-75　绘制减选形状　　　　图9-76　隐藏路径后的效果

8. 绘制第3个主体图形

参考前面几步中绘制图形的方法，保持前景色的颜色值为#d2f1f3，在上一步绘制的箭头下方再绘制如图9-77所示的形状，同时得到图层"形状2"。

图9-77 绘制形状及其效果

> **提示** 在绘制第一个形状后，即可得到图层"形状2"，此时需要在工具选项条中单击添加到形状区域按钮，然后继续在"形状2"中绘制其他的形状。

9．为形状增加斑驳的纹理1

与前面为背景图像增加的斑驳纹理不同，此次的纹理将看起来更加具像化，并带有一定的破碎感。首先需要在通道中制作一个纹理内容，然后以图层蒙版的形式将其附加于形状上。

切换至"通道"调板并新建一个通道"Apha 1"，按D键将前景色与背景色恢复为默认的黑色和白色，选择菜单栏中的"滤镜>渲染>云彩"命令，得到类似如图9-78所示的效果。

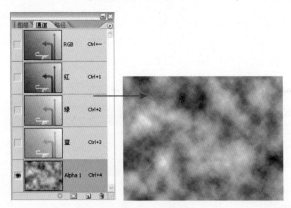

图9-78 云彩效果

选择菜单栏中的"滤镜>风格化>查找边缘"命令，得到类似如图9-79所示的效果。

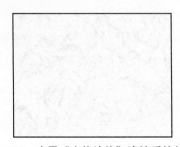

图9-79 应用"查找边缘"滤镜后的效果

广告的审美功能

要使消费大众接受广告这种特殊的精神产品，每一个广告都必须具有一定的审美功能，只有在此基础上，才会使受众更长时间地关注广告本身的内容和主题。

因此，在创作广告作品时必须遵循美的原则，以美的形象、美的语言、美的构图等向消费大众传播信息，只有这样才能够使广告具有感染力与冲击力，有效地激发消费者的兴趣与欲望，使其接受劝说改变其行为方式。

"查找边缘"滤镜

使用"查找边缘"滤镜，可以用显著的颜色标识图像的区域，并强化边缘过渡像素，从而使图像轮廓有铅笔勾画的效果。

下图所示是原图像及用此滤镜处理后得到的图像效果。

按快捷键Ctrl+L应用"色阶"命令，在弹出的对话框中分别拖动黑色、灰色及白色滑块，直至得到类似如图9-80所示的效果。

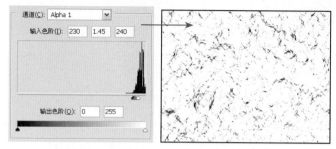

图9-80 使用"色阶"命令调整图像及其效果

10．为形状增加斑驳的纹理2

在本步中，将把上一步制作的纹理内容应用在3个形状上。

按住Ctrl键单击"Alpha 1"的缩览图以载入其选区，切换至"图层"调板并选择图层"形状1"，单击添加图层蒙版按钮 为当前图层添加蒙版，得到如图9-81所示的效果。

图9-81 添加蒙版后的效果

按住Alt键将"渐变填充1"的图层蒙版拖至图层"形状1"上，释放鼠标后即可将蒙版复制到目标图层上，如图9-82所示。使用同样的方法将蒙版复制到图层"形状2"上，得到如图9-83所示的效果，此时的"图层"调板如图9-84所示。

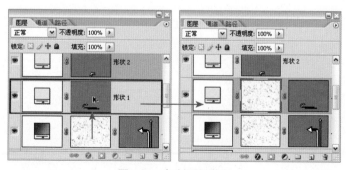

图9-82 复制图层蒙版

图9-83 为各形状添加蒙版后的效果

图9-84 "图层"调板

11. 为图像增加斜条纹理

显示图层"素材01",将其重命名为"图层3"。

设置"图层3"的混合模式为"叠加","不透明度"为10%,得到如图9-85所示的效果。

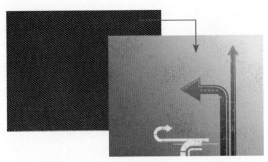

图9-85 显示纹理素材并设置混合模式

12. 添加并处理汽车图像

显示图层"素材02",将其重命名为"图层4",使用移动工具 将其移至画布的右下方,如图9-86所示。

选择菜单栏中的"图像>调整>色调分离"命令,在弹出的对话框中设置"色阶"为7,得到如图9-87所示的效果。

图9-86 摆放汽车图像的位置

图9-87 分离图像色调后的效果

"填充"命令

利用"填充"命令可以对选区进行填充。在当前图层中没有选区的状态下,填充效果将作用于整个图层。

其操作步骤如下。

1. 在图像中创建一个选区或选择一个要填充的图层。
2. 设置前景色或背景色的颜色。
3. 选择菜单栏中的"编辑>填充"命令,弹出如下图所示的"填充"对话框。

在上图所示"填充"对话框中,各参数的解释如下。

- 使用:在此下拉列表中选择填充的方式,可以选择一种默认的颜色,还可以选择图案。选择"图案"选项后,"自定图案"选项被激活,可以在其下拉列表中选择一种填充的图案。
- 模式:在此下拉列表中选择填充对象与背景的混合模式,其效果与图层混合模式的效果相同。
- 不透明度:设置填充对象的不透明度显示。
- 保留透明区域:在普通图层中填充对象时,保留图层中的透明区域不被填充。
4. 选择一种填充方式并设置混合效果后单击"确定"按钮,完成填充操作。

如下图所示,选择黄色背景,为其填充图案并设置"混合模式"为"叠加",得到了新的图像效果。

广告创意与绘画艺术
之间的区别

创意设计是广告最重要的特征,广告的图形设计与绘画艺术创作有着相通的创造性,长期以来人们将广告创意与绘画艺术等同起来,并且花费大量的时间和精力在广告的商品与人物的图形绘制上,而且以这种艺术为先导的广告创作形式影响了一定的市场营销活动。

但实际上广告创意与绘画艺术有着本质的区别,广告的基本特点如下:

- 以传达信息为基本功能。
- 运用想像但必须证实想像是真实的。

下面为汽车图像增加阴影。单击添加图层样式按钮 ，在弹出菜单中选择"投影"命令,设置弹出的对话框如图9-88所示,得到如图9-89所示的效果。

图9-88 "投影"参数设置　　　图9-89 添加阴影后的效果

13. 在画布中绘制交叉线条

选择直线工具 并在其工具选项条中设置参数,如图9-90所示。

图9-90 直线工具选项条

设置前景色为白色,按住Shift键在画布的左上角沿水平和垂直方向各绘制一条直线,如图9-91所示,同时得到图层"形状3"。

图9-91 绘制水平和垂直直线

> **提示** 在绘制第一条直线时,就会创建得到图层"形状3",在绘制第2条直线之前,要确认选中该形状图层的矢量蒙版缩览图,并保证在工具选项条中单击添加到形状区域按钮 ，从而保证在"形状3"中继续绘制第2条直线。

下面将利用图层蒙版隐藏直线右侧及底部的部分图像,使其具有一定的渐隐效果。

单击添加图层蒙版按钮 ，为"形状3"添加图层蒙版,设置前景色为黑色,选择画笔工具 并设置适当的柔角画笔大小,分别在水平直线的右侧和垂直直线的底部进行涂抹,直至得到类似如图9-92所示的渐隐效果。

图9-92　制作直线的渐隐效果及此时的蒙版状态

设置"形状3"的"不透明度"为50%，得到如图9-93所示的效果。

图9-93　设置图层不透明度后的效果

14. 输入文字并完成最终效果

首先在上一步绘制的直线旁边输入一些文字。

使用横排文字工具 $\boxed{T}$ ，设置适当的字体和字号，在画布的左上角位置输入文字，并使用直线工具 $\diagdown$ 在文字间绘制间隔线，如图9-94所示。

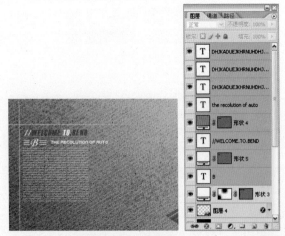

图9-94　输入文字并绘制间隔线后的效果及对应的"图层"调板

使用上面的方法，在所输入文字的右下角位置再绘制两条带有渐隐效果的水平和垂直交叉直线，如图9-95所示。

- 创意受广告产品和策划制约。
- 以追求广告效果为目的。
- 瞬间传达，受时间和空间的制约。
- 讲究产品的个性与风格。
- 诉求必须清晰、准确，以防误导。
- 以市场为基础，以消费者为中心。
- 集中各方心力，通过集体劳动完成。
- 广告活动全方位、全媒介、一体化。

而艺术（绘画艺术、摄影）则具有以下基本特点：

- 以欣赏为根本功能。
- 以想像创造奥妙的效果，其想像可以不是真实的。
- 构思不受任何限制。
- 完全可以以抒发作者个人感情为目的。
- 不受时间和空间的限制。
- 可以充分体现艺术家的个性与艺术风格。
- 追求含蓄、朦胧、模棱两可，可以多方位、多角度理解，使人回味无穷。
- 以个人感受为基础，以艺术形式为中心。
- 通过个人创作方式进行。
- 是一种美学—形态艺术品。

由上可以看出，现代广告的创意必须具备传播信息、加速流通、提高企业及产品的知名度、利于竞争等特征，其目的是促进销售。而艺术在广告中仅仅是手段而不是目的。下图所示是将广告与艺术结合在一起的广告创意作品。

广告创意思维的特点

1. 独创性。从常见事物中挖掘出与众不同的新意，这就是独创性，表现在广告中就是广告独特的创意，好的创意在某些方面总是具有独创性的。

2. 多向性。广告创意的思维具有很强的不确定性，但其中也存在一些潜在的规律，以下两种思维方式是创意思维中最常见的。

- 逆向思维：思维在一个方向受阻时转向另一个方向，有时倒过来或换个对立的角度看问题往往发现不为人注意的一面。
- 发散思维：即在一个问题面前，提出多种设想、多种解决方案，这也是头脑风暴会议的意义所在，即集思广益。

3. 跳跃性。即在创意思维进行的过程中，要能够善于摆脱循序渐进的思维模式，加大思维或推理活动的跨度，跨跃性地前进，多想一步甚至几步。

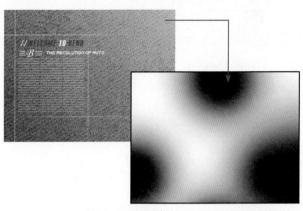

图9-95　制作文字右下方的水平和垂直渐隐直线

再次使用横排文字工具 T，设置适当的字体和字号，在图像左上角的顶部及左侧中间位置输入文字，如图9-96所示。其中顶部的文字"飞驰天地之间，坐拥梦想之翼"被添加了"投影"图层样式，由于操作较为简单，故不再予以详细讲解。

图9-96　输入文字

本例的最终效果如图9-97所示，对应的"图层"调板如图9-98所示。

图9-97　最终效果

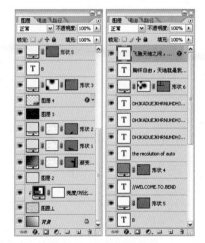

图9-98　"图层"调板

提示　本例最终效果请参考随书所附光盘中的文件"第9章\9.2.psd"。

9.3　亚美公寓楼盘宣传广告

本例是一则楼盘宣传广告，主要以临近地铁为诉求。为了更好地突出重点，画面整体设计得非常简单，基本上以象征地铁线路的图形，配以简单醒目的文字来完成广告的整体内容设计，使其看起来简单、大方、一目了然。

本例的操作步骤如下。

1．填充背景色

打开随书所附光盘中的文件"第9章\9.3-素材.psd"。在该文件中，共包括了5个素材图层，其"图层"调板如图9-99所示，在下面的操作中将一一用到。

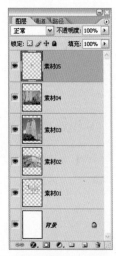

图9-99　素材图像的"图层"调板

首先按住Alt键单击"背景"图层左侧的眼睛图标👁，以隐藏其他图层，然后选择"背景"图层。

设置前景色的颜色值为#9e0426，按快捷键Alt+Delete填充"背景"图层。

2．绘制图形并添加边框效果

设置前景色为黑色，选择椭圆工具◯并设置其工具选项条如图9-100所示。

图9-100　椭圆工具选项条

在画布的上方绘制一个黑色的椭圆，如图9-101所示。

4．准确性。虽然广告创意的思维具有多向性与跳跃性，但其目的还是为了寻找到一个最佳的表现方式或角度，因此向着一个固定的目标进行思考是必须的，这也是广告创意思维需要准确性的原因。

广告创意的基础

大多数成功的广告创意是根据人类的需求设计的，如饮食的欲望、安全的欲望、被人赞美的欲望、自我表现的欲望等。当人们的欲望中的一种或几种不能获得满足时，必然会去寻找满足欲望的对象及方法，这就会成为消费者一种潜在的购买动机。

这个基本的需求原理有助于广告创意人员或团队在认真思考广告主题后寻求创意的出发点，真正打动人心的广告创意应该从"组合商品、消费者以及人性的种种事项"中去开拓和发展自己的思路。

广告创意的前提

广告创意具有若干个前提，其中产品定位、产品质量、主题的选择甚至广告主、媒体的选择都可能影响广告的效果，并成为广告创意的前提因素之一。下面分别讲解其中两个比较重要的前提性因素。

1．产品的定位

明晰、准确的产品定位，能够给广告创意正确的方向性导引，使广告创意在一个限定的范围内进行，从而避免了创意的分散与模糊，有助于广告设计人员创意的启发和思路的开展。

另外，产品定位确定后还有助于选择平面广告媒体，因为不同的媒体面向的受众也不同，因此明确的产品定位将使广告的投放更有针对性，效果更加明显。

下图所示的化妆品广告定位于女性，因此在广告制作时设计师对于广告模特进行了严格的选择，这些模特保证了广告受众对广告的注目程度。

图9-101　绘制黑色椭圆

下面为黑色圆形增加白色的描边效果。单击添加图层样式按钮 ，在弹出菜单中选择"描边"命令，设置弹出参数如图9-102所示，得到如图9-103所示的效果。

图9-102　"描边"参数设置　　　　图9-103　描边的效果

3. 为黑色正圆添加图像及文字

显示图层"素材01"，将其重命名为"图层1"，此时该图层应位于图层"形状1"的上方。按快捷键Ctrl+Alt+G执行"创建剪贴蒙版"操作，使用移动工具 调整图像的位置，直至得到如图9-104所示的效果。

下面输入说明文字。设置前景色为白色，选择横排文字工具 并设置适当的字体和字号，在黑色圆形的上半部分输入文字内容，同时得到两个对应的文字图层，如图9-105所示。

图9-104　创建剪贴图像　　　　　图9-105　输入文字

4. 添加多个圆形并创建剪贴图像

作用第2步的方法，在黑色大圆的右下方绘制一个略小一些的黑色圆形，并为其添加"描边"图层样式，得到如图9-106所示的效果。

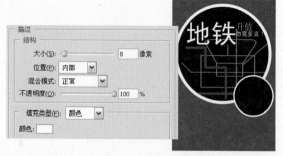

图9-106　绘制黑色小圆并添加图层样式

显示图层"素材02"并将其重命名为"图层2"，此时该图层应位于"形状2"的上方。按快捷键Ctrl+Alt+G执行"创建剪贴蒙版"操作。

按快捷键Ctrl+T调出自由变换控制框，按住Shift键缩小图像，将其置于刚才绘制的正圆上，如图9-107所示。按Enter键确认变换操作。

按照上面的制作步骤，结合椭圆工具 及图层"素材03"和"素材04"，制作得到如图9-108所示的效果。

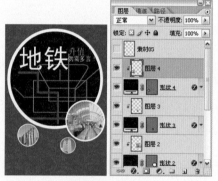

图9-107　变换图像　　图9-108　制作其他的剪贴图像及此时的"图层"调板

5．完成最终效果

设置前景色为白色，选择圆角矩形工具 ，设置其工具选项条如图9-109所示。

图9-109　圆角矩形工具选项条

在画布的底部绘制白色的圆角矩形，得到图层"形状5"，如图9-110所示。将"形状5"拖至"图层2"与"形状3"之间，从而使圆角矩形位于圆形剪贴图像的下方。

显示图层"素材05"并将其重命名为"图层5"，使用移动工具将其中的图像置于圆角矩形内部的左侧，如图9-111所示。

下图所示的汽车广告定位于追求时尚且具有一定实力的消费者。

2．产品的质量

产品的质量也是广告创意的前提。在当今社会中，每一种产品基本都处于供大于求的状态，如果产品的质量属于上、中、下三等中的上等，则广告创意应该采取张扬、铺张的态势，并以其质量为创意出发点；反之，则应该另外选择合适的突破口，甚至应该慎重进行广告宣传。

广告创意的来源

大凡设计者不仅体会过"我创意，我快乐"的滋味，同时也面对着创意"无所适从、不知所出"的困惑。每个广告创意师或多或少体会过在冥思苦想之后灵光一现的美好感受，似乎在广告创意行业也总有那样一群人，他们总有超乎寻常、独具匠心、源源不断的精妙创意，并因此成为行业的领军人物，那么他们的创意从何而来呢？

广告创意不是闭门造车的产物，而是生活经验积累的果实，需要有心人多听、多看、多想、多问、多学。想要成为一名优秀的广告创意师，首先要做生活中的有心人。要拥有一双善于发现美的眼睛，用眼睛去观察世界，用心灵去感悟生活，用智慧去实现创意，厚积薄发，最终完成广告设计的全过程。

另一方面，积累大量的素材在广告创意工作中是非常必要的。在网络时代，人们不必身行万里就能拥有行万里的经验，这得益于当今这个信息爆炸的社会。这些不经意间积累起来的素材，都有可能在以后的创意工作中触发创意人员的灵感，并最终成就一个优秀的广告作品。

图9-110　绘制圆角矩形

图9-111　摆放图像位置

使用直线工具 ＼ 和矩形工具 ▢，使用与背景色相同的红色，在白色的圆角矩形内部绘制方块和分隔线。再使用横排文字工具 Ｔ 在其中输入相关的说明文字，得到如图9-112所示的最终效果，此时的"图层"调板如图9-113所示。

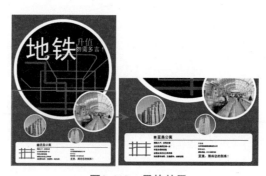

图9-112　最终效果

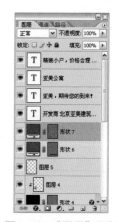

图9-113　"图层"调板

提示　本例最终效果请参考随书所附光盘中的文件"第9章\9.3.psd"。

9.4　魅力女人主题化妆品广告

由于广告是以"魅力"作为诉求点，因此在画面的处理上，设计师选择了梦幻唯美的表达方式，从而达到吸引浏览者的目的。

在制作过程中，主要是先利用"云彩"滤镜制作出随机化的异彩图像，再通过混合模式将其叠加在人物的身体上，从而得到丰富的色彩效果；然后再结合蒙版及滤镜，为人物的左半部分制作飘散的特殊效果，以更好地衬托出梦幻的气氛；最后，使用环绕于人物身体的光线及大小不一的光点装饰整体画面。

本例的操作步骤如下。

1. 在背景中绘制渐变

打开随书所附光盘中的文件"第9章\9.4-素材.psd"。在该文件中，共包括了两个素材图层，其"图层"调板如图9-114所示，在下面的操作中将一一用到。

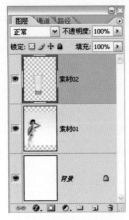

图9-114　素材图像的"图层"调板

首先按住Alt键单击"背景"图层左侧的眼睛图标 ，以隐藏其他图层。

选择线性渐变工具 并在其工具选项条中设置适当的参数。其中所选择的渐变类型，各色标的颜色值从左至右依次为#b0b2c6、#ffffff和#b0b2c6。

使用线性渐变工具 从画布的左侧至右侧绘制渐变，得到类似如图9-115所示的效果。

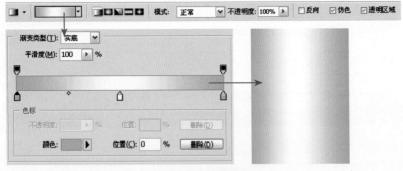

图9-115　绘制渐变

2. 对人物图像进行基本处理

显示图层"素材01"并将其重命名为"图层1"。

按快捷键Ctrl+T调出自由变换控制框，按住Shift键放大图像，并调整图像位置，按Enter键确认变换操作，得到类似如图9-116所示的效果。

广告创意常见过程

广告创意的过程大致可以分为4个阶段，下面依次介绍。

1. 研究广告宣传的产品及其市场情况，首先彻底了解广告产品，其中包括：

- 本产品设计制造的目的是什么？
- 本产品与同类产品相比有什么优异之处？
- 怎样设计才能取得与同类产品的竞争权？

然后了解与广告产品竞争的产品，其中包括：

- 在市场中本品牌的竞争品牌是什么？
- 对方品牌是如何设计制造的？
- 对方品牌是否比本品牌更好？
- 对方品牌与本品牌的差别程度如何？
- 为什么会有如此差别？
- 竞争品牌的销售主题是什么？
- 表现手法是否合乎实际？

最后是了解消费者，其中包括：

- 谁是现在及潜在的消费者？
- 消费者为什么要购买产品？
- 消费者在哪里购买？
- 产品能满足消费者什么样的需求和欲望？
- 消费者的职业分布、年龄与购买习惯是什么？
- 消费者的心理价位是多少？

2. 孕育构想意念。了解了足够多的信息后，可以采取发散性思维的方式，先从不同的角度，尝试寻找到一个"说服"消费者的"理由"。

发散性的思维越多越好，构想面越开阔越好，层次也是越丰富越好，通过过滤与分类，形成一种凝聚多种构想的组合资料。

3．把握灵感闪现。当发散性思维角度足够多时，通过理性的分析与整理，寻找到一些可行的广告方案，然后以此为重点，继续进行定向思维。在此过程中，许多设计师会有豁然开朗的感觉。

重视某些闪现的灵感，并在此基础上进行选择、组合、修正、深化，基本上能够将某些构想升华为一个初具雏形的广告创意。

4．反复修改。成功的创意需要付出艰辛的思维劳动，反复思索，苦心追求，遇到困难和挫折不能气馁，要坚持下去，调整自己的思路，采用新的途径和思维方式，在新的思索中获得灵感并迸发出闪亮的创意火花。

通过以上努力，最终获得自己及客户都认可的广告方案。

美国职业广告协会创作方法

下面介绍一种美国职业广告协会的创作方法。

首先列出广告商品的特征以及要传达给受众的内容重点及其顺序，整理好后对这些特征要点采取实际性、具体性的方法进行处理，使其目标进一步明确。

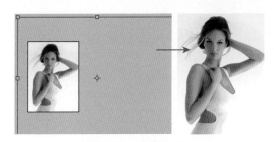

图9-116　变换图像

按快捷键Ctrl+Shift+U执行"去色"操作，并设置"图层1"的混合模式为"线性加深"，得到如图9-117所示的效果。

下面将利用图层蒙版将人物图像的左侧与背景融合起来。单击添加图层蒙版按钮 ▣ ，为"图层1"添加蒙版，设置前景色为黑色，选择画笔工具 ✐ 并设置适当的画笔大小，在人物的左侧进行涂抹以隐藏图像，得到如图9-118所示的效果，此时蒙版的状态如图9-119所示。

图9-117　设置混合模式　　　图9-118　隐藏图像　　　图9-119　蒙版状态

3．柔光化处理人物图像

由于前面执行了图像的放大操作，所以人物看起来有点虚，所以下面将结合"高斯模糊"滤镜及图层混合模式，对人物进行柔光处理。这样除了可以改善图像的质量外，还可以得到更加柔美的艺术图像效果。

复制"图层1"得到"图层1副本"，在该副本图层的蒙版缩览图上单击鼠标右键，在弹出菜单中选择"删除图层蒙版"命令。

选择菜单栏中的"滤镜>模糊>高斯模糊"命令，在弹出的对话框中设置"半径"为7，单击"确定"按钮退出对话框，得到如图9-120所示的效果。

设置"图层1"的混合模式为"滤色"，得到如图9-121所示的效果。

图9-120　模糊后的效果　　　图9-121　设置混合模式

4. 杂点化处理人物图像

　　人物左侧的图像是本步及下一步将要重点处理的图像区域，主要思路是利用滤镜功能增加图像的艺术效果，使其与背景之间产生一定的过渡效果。在本步中，主要是对人物与背景的过渡区域进行杂点化处理。

　　复制"图层1副本"得到"图层1副本2"，选择菜单栏中的"滤镜>杂色>添加杂色"命令，设置弹出的对话框如图9-122所示，得到如图9-123所示的效果。

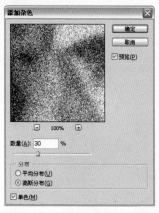

图9-122 "添加杂色"对话框

图9-123 "添加杂色"后的效果

> **提示**
>
> 此时观察图像可以看出，由于左侧人物与背景之间的过渡区域太亮，导致杂色根本无法显示出来，相反，右侧不需要杂色的区域则显示出了杂色。对于这两个问题，仔细分析可以想到，左侧的图像主要是由"图层1副本"混合得到的，所以只需使用图层蒙版隐藏该部分图像，恢复下面淡蓝色的图像内容即可解决过亮的问题；而对于右侧多余的杂点图像，同样可以使用图层蒙版进行隐藏。下面就来具体操作一下。

　　选择"图层1副本"并为其添加蒙版，设置前景色为黑色，选择画笔工具 ✐ 并设置适当的画笔大小，在左侧的过渡区域进行涂抹，以显示出下面的淡蓝色图像，效果如图9-124所示，此时的蒙版状态如图9-125所示。可以看出，左侧的杂点已经显示出来了。

图9-124 隐藏"图层1副本"中的图像

图9-125 蒙版状态

　　这一过程具体解释如下：

　　1. 使用简单的说明作记录并对所有的资料进行整理、分类。

　　2. 视资料的相对重要性，对其加以区分。

　　3. 选取最重要的特征，将这些特征要领记在心中，然后再转换到想像阶段。

　　4. 针对事物或物体在常态下的习惯性、平常性、传统性、规律性进行逆向思维。

　　5. 将这些特征用新的语言、奇特的语言、古老的语言进行描述。

　　6. 如果特征和要领是静态的内容，则可用动态的表达方式加以修正。

　　7. 将特征与动感、肌肉的力量感、重量感、大众、接触、能量、爱好、观察、听觉、色彩、味道、温度、电器的能量、力学的能量相结合。

　　8. 让特征与迸发、冲击、惊叹、挑战、愉快、困惑等令人吃惊的原因相结合。

　　9. 如果具有了能够暗示出上面这些内容的创意，那么就可以用下面的不同手法加以处理：幽默的、重大的、魔术的、迷惑的、神秘的、超人性的、象征性的、漫画性的、扭曲性的、夸张性的。

　　以上这些都是从理论上启迪设计者的思维，根据创意内容而产生的联想。

广告插图的作用

简单地说，广告插图具有以下几方面的作用。

1. 更好地传达广告主题。广告中的图像可以留给消费者有关商品或服务项目的深刻印象，这种印象是文字所不及的。因为形象的图形可以直接展示商品或服务项目，使消费者了解有关商品的各种功能和特性，这也是为什么有人将21世纪称为"读图时代"的原因。

广告插图可以通过图形将消费者的想像变为现实的形态，启发读者联想出美好的愿望和完美的广告商品形象。

2. 更多地吸引读者的注意力。在这个信息大爆炸的时代，几乎每分钟都会有一本甚至是几本新书问世，每天在全世界各地有成千上万份报纸正在发行，互联网上有数不尽的新网页每天都在诞生着。越来越多的信息，大大减弱了人们对信息的敏感度，只有那些被人们碰到和注意到的信息才可能被阅读。而要引起人们的注意，最好的方式之一就是使用精美的图像。

在可能的情况下每一则广告都应该有插图，而且应该力求精美、有创意，只有这样，广告才可能吸引消费者的注意力。

3. 保证更广泛的传播效果。广告插图是能够传播信息且通俗易懂的视觉语言形式，它不受性别、年龄、时空以及语言的限制，可以保证信息传递的准确性。

许多国外的广告，即使我

再选择"图层1副本2"，同样为其添加蒙版，并按照刚才的方法，使用画笔工具 ✐ 在蒙版的右侧涂抹以隐藏图像，从而得到左侧杂点若有若无的效果，如图9-126所示，此时对应的蒙版状态如图9-127所示。

图9-126 隐藏杂点图像　　　　图9-127 蒙版状态

5. 波纹化处理人物图像

本步将继续上一步的操作，在人物与背景之间增加过渡效果。略有不同的是，本步将制作出发散强度更大一些的扭曲效果。

按住Alt键向上拖动"图层1副本"至"图层1副本2"的上方，释放鼠标复制得到"图层1副本3"，如图9-128所示。按照第3步中的方法删除该副本图层的蒙版。

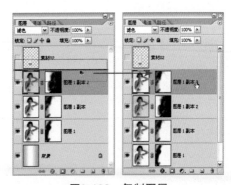

图9-128 复制图层

选择菜单栏中的"滤镜>扭曲>海洋波纹"命令，在弹出的对话框中设置适当的参数，单击"确定"按钮退出对话框，得到如图9-129所示的效果。

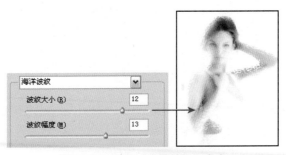

图9-129 应用"海洋波纹"命令

单击添加图层蒙版按钮 ，为"图层1副本3"添加蒙版，设置前景色为黑色，选择画笔工具 并设置适当的画笔大小，将右半部分的图像隐藏，得到如图9-130所示的效果，此时蒙版的状态如图9-131所示。

图9-130　隐藏图像　　　　　　图9-131　蒙版状态

6. 叠加绚丽的色彩

本步将为人物图像叠加一种随机性的色彩，此时"云彩"命令是一个非常理想的选择。

设置前景色的颜色值为#ff00ad，背景色的颜色值为#12a4f8，新建一个图层"图层2"，选择菜单栏中的"滤镜>渲染>云彩"命令，得到类似如图9-132所示的效果。

设置"图层2"的混合模式为"叠加"，得到如图9-133所示的效果，从而让刚才制作的随机云彩图像叠加于人物图像上。

图9-132　云彩效果　　　　　　图9-133　叠加效果

如果对叠加后的颜色效果不满意，可以按快捷键Ctrl+F重复应用上一次的滤镜——"云彩"滤镜，由于当前已经设置了"叠加"混合模式，所以得到的云彩叠加效果会立刻显示出来，直至满意为止。

另外，为了使叠加的颜色显得更加随意，除了在颜色上进行变化外，还可以使用不同程度的灰色编辑蒙版，从而得到深浅不同的颜色，使整体图像看来更加随性，也更具有美感。

为"图层2"添加图层蒙版，设置前景色为黑色，选择画笔工具 并设置适当的不透明度，在人物的脸部等位置进行涂抹，使色彩存在深浅的变化，得到如图9-134所示的效果，此时蒙版的状态如图9-135所示。

们看不懂文字内容，但是通过形象的插图，也能够明白广告的主题。同理，许多国内的广告原封不动刊于其他国家的杂志或报纸上，也同样能够使读者了解广告的主题与所想表达的内容，这正是得益于广告插图。

广告插图类型：具象

具象插图就是形象具体的插图，这类插图如实地表现出商品及商品的使用情况，极具真实感，使读者通过具体的形象充分理解广告主题。使用这类插图的常见广告类型有食品、服装、汽车、手机、家电、香水、房产等。

广告插图类型：抽象

抽象插图是用非写实的抽象化视觉语言来表现广告内容的插图。通常它包括以下3类插图。

- 简洁化的图形：将自然形象用理性的归纳方法进行概括、提炼、简化，舍弃一切具体的东西，越过具象界限构成抽象形态。

- 几何图形：用纯粹的点、线、面构成几何图形，或按照美学规律以严格的数理逻辑构成抽象图形。

- 偶然图形：这类图形是指利用颜色混合变化或纹理变化产生的图形，在设计制作之初，这种图形的效果不可预见。

图9-134　隐藏图像

图9-135　蒙版状态

7. 增加环绕光线

本步将为人物增加一些装饰用的环绕光线，操作时使用的是路径描边的方法，对于能够熟悉使用鼠标绘画或使用手写板绘画的读者，也可以尝试直接使用画笔工具 ✐ 进行光线的绘制。

选择钢笔工具 ✎，并设置其工具选项条如图9-136所示。在图像中绘制环绕人体的路径，如图9-137所示。

图9-136　钢笔工具选项条

图9-137　绘制路径

新建一个图层"图层3"，设置前景色为白色，选择画笔工具 ✐ 并设置适当的画笔大小，单击"路径"调板底部的用画笔描边路径按钮 ◯，隐藏路径后得到如图9-138所示的效果。

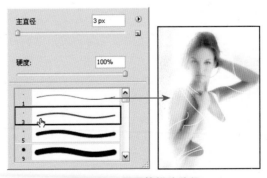

图9-138　用画笔描边路径

8. 制作环绕光线的渐隐及发光效果

由于描边后的各曲线端点处非常生硬，下面使用图层蒙版，对其进行渐隐效果的处理。

单击添加图层蒙版按钮 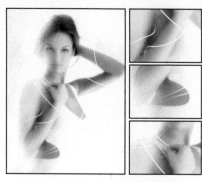，为"图层3"添加蒙版，设置前景色为黑色，选择画笔工具 并设置适当的柔边画笔参数，在人物腋下、腰部及手臂等位置的曲线端点上涂抹，使其具有渐隐效果，如图9-139所示。

图9-139　隐藏线的边缘

单击添加图层样式按钮 ，在弹出菜单中选择"外发光"命令，设置参数如图9-140所示，得到如图9-141所示的效果。

图9-140　"外发光"参数设置

图9-141　发光效果

9. 增加装饰光点

新建一个图层"图层4"。设置前景色为白色，选择画笔工具 并设置适当的柔边画笔大小，结合快捷键"["和"]"放大和缩小画笔，在图像中随意单击以添加几个光点。为便于观看，笔者暂时将所添加的白色光点变为黑色，如图9-142所示。

下面来为光点增加外发光效果。单击添加图层样式按钮 ，在弹出菜单中选择"外发光"命令，为图像增加蓝色的外发光，参数设置及效果如图9-143所示。

广告插图类型：　合成

有时单纯的素材图像并不能够充分表达广告创意的主题，这时就需要使用Photoshop软件强大的功能对素材图像进行加工、合成，以制作出具有合成效果的图像。

广告插图类型：卡通

　　轻松、幽默、拟人化是卡通插图的特征，因此这类广告插图极易令人产生亲切感，使人们产生阅读兴趣。

图9-142　添加光点

图9-143　添加"外发光"图层样式

　　设置"图层4"的"不透明度"为50%，得到如图9-144所示的效果。

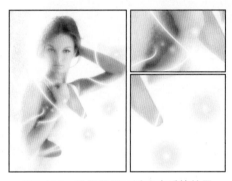

图9-144　设置图层不透明度后的效果

　　使用上面的方法，新建一个图层"图层5"，使用画笔工具 ✐ 在画布中绘制几个光点，并为该图层添加"外发光"图层样式，其中颜色块的颜色值设置为#f800ff，再设置其"不透明度"为50%，得到如图9-145所示的效果。

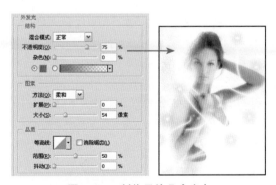

图9-145　制作另外几个光点

10．增加蝴蝶装饰图像

　　选择自定形状工具 ▨ 并载入"自然"预设形状，然后选择形状"蝴蝶"，设置其工具选项条如图9-146所示。结合自由变换功能在画布上半部分绘制两个蝴蝶图像，如图9-147所示，同时得到图层"形状1"。

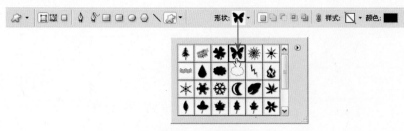

图9-146　选择形状

图9-147　绘制蝴蝶

设置"形状1"的"填充"为0%。单击添加图层样式按钮，在弹出菜单中选择"描边"命令，设置适当的参数，其中色块的颜色值为#e7abff，得到如图9-148所示的效果。

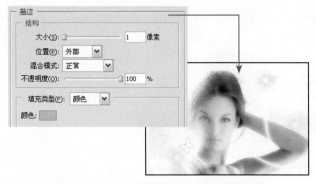

图9-148　添加"描边"图层样式后的效果

11.绘制曲线图形

设置前景的颜色值为#e7abff，选择钢笔工具并设置其工具选项条如图9-149所示，然后在画布的底部绘制如图9-150所示的形状，同时得到图层"形状2"。

图9-149　钢笔工具选项条

再设置前景色的颜色值为#b041a6，使用上面的方法再绘制一个曲线部分略向下收缩一些的形状，以露出下面形状的部分边缘，如图9-151所示。

插图特点：主题简洁

从广告传播本身的特点来说，广告的主题诉求必须单一而明确，过多的内容会冲淡表达效果。广告中的插图同样如此。

首先，过于繁琐复杂的图形元素往往相互干扰，难以突出主题，不仅难以给人以视觉上的冲击，还容易使人们产生理解困难甚至误解。

其次，人们观察广告的过程往往是动态的、无意识的，受外界因素影响和干扰较多，例如乘车的过程、翻书的过程、看电视的过程、在网上浏览的过程。研究表明，在这些动态的过程中，受众对广告的注意时间相当有限，看杂志广告的有效时间为5~10秒，看路牌广告的有效时间仅为2~3秒。在如此短的时间里要能够真正吸引人们的关注目光只有靠简练而明确的图形语言，否则广告就会被一翻而过。

需要指出的是，简洁的插图不等同于简化的处理效果，而应该是去除无谓的视觉元素，保留并强化传达主题的画面部分，同时寻找到最富创造性和表现力的传达方式。

下图所展示的广告中的插图符合简洁的特点要求。

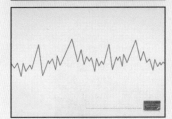

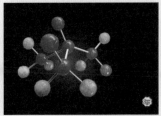

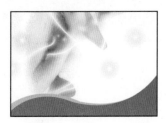

图9-150 绘制第1个形状　　　图9-151 绘制第2个形状

12. 添加变形文字

下面将结合文字输入功能及文字变形功能，在上一步绘制的曲线图形上方，制作带有同样曲线效果的文字。

设置前景色的颜色值为#db7dff，选择横排文字工具 T.并设置适当的字体和字号，在曲线形状上方输入文字"芳香四溢，风韵撩人"，如图9-152所示，同时得到一个对应的文字图层。

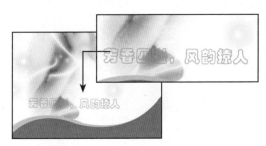

图9-152 输入文字

使用横排文字工具 T.选中上一步输入的文字，单击其工具选项条中的创建变形文字按钮，设置弹出的对话框如图9-153所示，得到如图9-154所示的效果。

图9-153 设置"变形文字"对话框

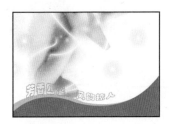

图9-154 变形文字效果

利用自由变换控制框，将文字顺时针旋转一定角度，使其与原曲线边缘的孤度保持一致，如图9-155所示。

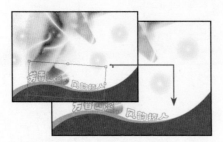

图9-155　调整文字的角度

13．添加化妆品包装图像

显示图层"素材02"，将其重命名为"图层6"。

按快捷键Ctrl+T调出自由变换控制框，按住Shift键缩小图像，并将其拖至画布的右下角，按Enter键确认变换操作，得到如图9-156所示的效果。

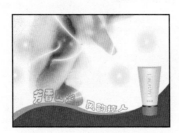

图9-156　摆放图像位置

14．绘制装饰圆环

设置前景色的颜色值为#e7abff，选择椭圆工具 ◐ 并在其工具选项条中单击形状图层按钮 ▱ ，按住Shift键绘制一个如图9-157所示的正圆，同时得到图层"形状4"。

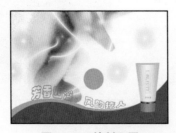

图9-157　绘制正圆

使用路径选择工具 ▸ 选中"形状4"中的路径，按快捷键Ctrl+Alt+T调出自由变换控制框并复制图像，按住快捷键Alt+Shift向中心拖动控制框句柄以缩小路径，按Enter键确认变换操作，并在工具选项条中单击从形状区域减去按钮 ▣ ，得到如图9-158所示的效果。

插图特点：效果悦目

广告插图除了要突出广告主题外，必须给受众在视觉上带来美的享受，因此必须具有悦目的特点。在化妆品、香水类广告中，这一点表现得尤其突出，这类广告往往使用大量的美女形象来提升广告的悦目程度与注目程度，如下图所示。

插图特点：表达贴切

广告插图的最终目的在于更好地表现广告的主题，而不仅仅是为了使广告更加好看，因此广告插图必须贴切，这样才不会使受众对广告插图进行猜测，最终导致曲解广告用意。下图所示的插图对于广告主题而言都是比较贴切的。

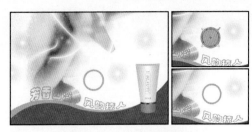

图9-158　制作得到圆环

　　使用路径选择工具 选中上面的圆环路径，并单击工具选项条中的"组合"按钮将二者组合，这样两条圆形路径就被合并在一起，以便于在下面进行选择和复制。

　　使用路径选择工具 选中上面合并后的圆环路径，按快捷键Ctrl+Alt+T调出自由变换控制框并复制图像，按住Shift键缩放图像，并重复此操作多次，从而在画布底部位置复制得到多条圆环路径。按照类似图9-159所示的方式摆放其位置。

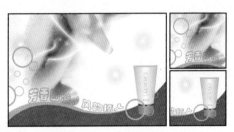

图9-159　复制得到多个圆环

15.完成最终效果

　　设置前景色为白色，选择横排文字工具 并设置适当的字体和字号，在画布的左下角输入文字"BEAUTY　魅力女人"，得到如图9-160所示的最终效果，此时的"图层"调板如图9-161所示。

图9-160　最终效果

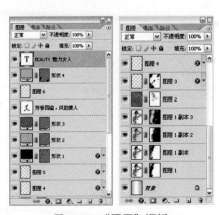

图9-161　"图层"调板

> **提示**　本例最终效果请参考随书所附光盘中的文件"第9章\9.4.psd"。

SALVIAMO LE VACANZE DAI COMPITI DI SCUOLA.

色彩在广告中的功能

　　人类生活在一个色彩斑斓的世界中，大自然通过色彩向人们展示生活的美好和世界的博大精深。大自然赋予人类的最丰富、也是最简单的事物便是色彩，美妙的色彩能令人产生美好的感情，寄托人们美好的理想与愿望。近年来色彩顾问成为越来越多的公司甚至个人的座上宾，因为人们在欣赏美丽色彩的同时，希望通过运用色彩提升自己、公司或作品的形象。

　　在任何一种视觉艺术中，色彩都具有不可忽略的艺术价值，这也是从事艺术创作的设计师需要学习三大构成之———色彩构成的原因。在现代广告设计构成

9.5 情侣表广告

由于是一款情侣手表，所以广告在色彩及使用的元素上都应用了与之相匹配的设计。

首先，设计者以象征情侣的牵手图像作为广告的主体内容，结合Photoshop强大的图像处理功能，为手臂调整色彩并叠加一些相关主题的图像内容，以丰富整体画面。除此之外，背景图像及其他装饰元素也起到了重要的修饰作用。读者在制作过程中可以体会一下背景的色彩以及顶部的花朵装饰图像的作用。

本例的操作步骤如下。

1. 调整背景图像的色彩

打开随书所附光盘中的文件"第9章\9.5-素材.psd"。在该文件中，共包括了6幅素材图像，其"图层"调板的状态如图9-162所示。

按住Alt键单击"背景"图层左侧的眼睛图标👁，以隐藏其他图层，此时图像的状态如图9-163所示。

图9-162 素材图像的"图层"调板　　图9-163 背景图像的状态

选择"背景"图层，下面使用"色相/饱和度"命令将图像的颜色调整为梦幻一些的紫色。

按快捷键Ctrl+U应用"色相/饱和度"命令，设置弹出的对话框如图9-164所示，得到如图9-165所示的效果。

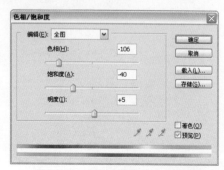 

图9-164 "色相/饱和度"对话框　　图9-165 调色后的效果

的诸多要素中，色彩作为一种表达创意的手段，是非常重要的一个要素。一件设计作品的成败，在很大程度上取决于色彩运用的优劣。马克思说，色彩的感觉是一般感觉中最大众化的形式。

色彩在广告设计中的功能主要体现以下几个方面。

- 鲜明性：鲜艳的色彩有助于设计作品吸引受众的注意力，许多艺术作品吸引受众的第一个原因就是具有鲜明的颜色。
- 真实性：就像黑白电视终被彩色电视所替代，黑白屏幕的手机必然被彩屏手手所取代一样，由于人们更喜欢、也更希望欣赏到富有色彩的世界，因此，在广告设计中注意颜色的真实性，能够提升人们对于广告的信任度。
- 审美性：美妙的色彩能够在精神上愉悦受众，当前，越来越多的报纸、杂志、书籍开始使用彩色印刷，这正是因为丰富的色彩能够带给受众最大程度上的审美感受。
- 感情性：缤纷的色彩能够诱发人们各种各样的感受，因此在广告中恰当地运用色彩有助于设计作品在信息传达过程中发挥感情的心理力量，刺激人们的欲求，达到促成销售的目的。

色彩的心理感觉

由于不同的人有不同的生活经历，因此在观看含有色彩的广告时，对色彩的心理感觉也不完全一样，但即使如此，许多方面仍然有相通之处。下面列出了一些公认的色彩心理感觉，了解这些色彩可能引发的心理感觉，有助于设计人员在设计广告时选择正确的颜色。

- 色彩的冷暖感。色彩的冷暖感又称为色性。暖色有红、黄、橙等色，其给人的视觉刺激较强，能使人联想到暖暖的太阳、火光，感到温暖。冷色有青色、蓝色等色，使人联想到天空、河流、阴天，感到寒冷。

- 色彩的兴奋感与沉静感。凡明度高、纯度高，又属于偏红、橙的暖色系颜色，均可使人产生兴奋感。凡明度低、纯度低，又属于偏蓝、青的冷色系颜色，均可

2．调整手臂图像的效果

显示图层"素材01"并将其重命名为"图层1"。使用移动工具 调整图像的位置至如图9-166所示的状态。

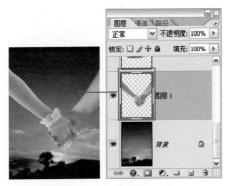

图9-166　添加手臂素材图像

按快捷键Ctrl+U应用"色相/饱和度"命令，在弹出的对话框中设置参数，得到如图9-167所示的效果。

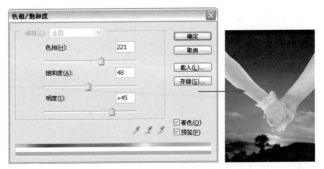

图9-167　为手臂着色

下面使用图层样式为手臂图像增加发光效果。

单击添加图层样式按钮 ，在弹出菜单中选择"内发光"命令，为图像添加蓝色的内发光效果，其中颜色块的颜色值为#91abee，得到如图9-168所示的效果。

图9-168　添加"内发光"图层样式

保持在"图层样式"对话框中，勾选"外发光"复选框，为图像添加外发光效果，效果如图9-169所示。

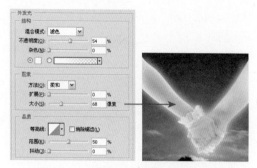

图9-169　添加"外发光"图层样式

3．为手臂叠加图像

显示图层"素材02"并将其重命名为"图层2"。

按快捷键Ctrl+T调出自由变换控制框，按住Shift键缩放图像并置于两手相握的图像上方，如图9-170所示。按Enter键确认变换操作。

设置"图层2"的混合模式为"柔光"，按快捷键Ctrl+Alt+G执行"创建剪贴蒙版"操作，得到如图9-171所示的效果。

图9-170　变换图像

图9-171　混合图像

4．深入处理手臂上叠加的图像

在上一步中已经将一幅人物图像叠加在两手相握的区域上，但仔细观察不难看出，混合后图像的顶部存在着非常生硬的边缘，下面将利用图层蒙版隐藏该硬边。

单击添加图层蒙版按钮 ，为"图层2"添加蒙版，设置前景色为黑色，选择画笔工具 并设置适当的画笔大小，在叠加的图像周围进行涂抹以将其隐藏，直至得到如图9-172所示的效果。

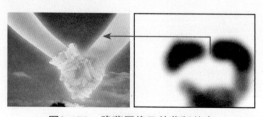

图9-172　隐藏图像及其蒙版状态

使人产生沉静感。

- 色彩的前进感与后退感。暖色和明色给人以前进的感觉，冷色和暗色则给人后退的感觉。
- 色彩的膨胀感与收缩感。由于色彩的不同，同一面积、同一背景的物体，会给人大小不同的视觉感觉。凡色彩明度高的，看起来面积也大一些，有膨胀的感觉；而色彩明度低的，看起来面积小些，有收缩的感觉。
- 色彩的轻重感。明度较高的色常使人感到轻快，而较暗的色能令人产生重量感。

色彩感情规律的应用

色彩能使人产生联想和感情，在广告设计中利用色彩的感情规律，可以更形象地表达广告主题，唤起人们的情感共鸣，引起人们对广告及广告商品的兴趣，并最终促成销售。

根据人们对色彩的情感反应，在广告设计中可以从以下几个方面运用颜色。

1．运用色彩引起兴奋感，引起人们的注意和兴趣。红、橙、黄等暖色调以及对比强烈的色彩，对人的视觉冲击力较强，能够给人以兴奋感，将受众的注意力吸引到广告画面上来，使人对广告产生兴趣。蓝、绿等冷色以及明度低、对比度差的色彩，虽不能在一瞬间强烈地冲击视觉，但给人以冷静、稳定的感觉，适宜于表现高科技产品的科学性、可靠性。

2．运用色彩的明快活泼感，

产生优美愉悦的效果。暖色、纯色及对比度强的色彩，使人感到清爽、活泼、愉快，利用色彩的这一特点设计广告，能够使人心情愉快地接受广告信息。

3. 运用色彩的档次感，体现商品的不同品位。色彩也有档次感，气派华贵的色调适用于高档的产品，因此时装广告、化妆品广告常常用饱和度、明度较高且对比强烈的色彩，给人以华丽感。

4. 运用色彩的冷暖感，表现不同商品的特点。在广告色彩中常常运用暖色调来表现食品，因为食品的颜色大多以暖色调为主。儿童用品给人的感觉是热情、活泼、充满朝气，因而儿童用品广告的色彩也多运用暖色调。而空调、冰箱、冷饮的广告大多用白色、蓝色等冷色调，给人清爽的感觉。

5. 运用色彩的味感，表现商品带给人的味觉感受。某些色彩会给人以甜、酸、苦、辣的味觉感，如点心上的奶油色和橘黄色给人以香酥感和鲜美感，并引起人的食欲，因而食品类的广告普遍采用暖色。

红色与黑色的搭配

根据不同情况，红色与黑色搭配使用时两种颜色都可以作为主色调使用。其中红色使人感到兴奋、喜悦、乐观、充满激情，而黑色给人庄重、沉默、压抑的感觉，如果两种颜色相互搭配运用，则能够进行有效的反衬，从而产生强烈的视觉冲击力，下图所示为两种颜色的搭配示例。

复制"图层2"得到"图层2副本"，以增强图像的效果，如图9-173所示。

在复制"图层2"时，最好将该图层拖至创建新图层按钮 📄 上复制，如图9-174所示，这样才可以保证得到的"图层2副本"图层仍然保有与下面的图层之间的剪贴蒙版关系。如果按快捷键Ctrl+J复制图层，那么得到"图层2副本"后，需要重新按快捷键Ctrl+Alt+G执行"创建剪贴蒙版"操作才可以。

图9-173 增强图像效果　　　　图9-174 复制图层操作

单击创建新的填充或调整图层按钮 ⚫，在弹出菜单中选择"亮度/对比度"命令，不设置任何参数单击"确定"按钮退出对话框，得到调整图层"亮度/对比度1"，然后按快捷键Ctrl+Alt+G执行"创建剪贴蒙版"操作。

在不设置参数的情况下创建调整图层是为了接着创建剪贴蒙版。这样做的好处在于，可以将调整的效果限制在手臂图像（即"图层1"中的图像）区域，以便于及时观看到调整后的效果。而且这样的操作在熟练掌握后，速度要比选择范围命令的速度快一些。如果不先创建剪贴蒙版，将直接对画布中的所有图像进行调整，这样就很难准确判断出如何调整才能得到所需要的图像效果。

创建"亮度/对比度 1"调整图层后，双击其缩览图，在弹出的对话框中设置参数，降低图像的亮度并提高图像的对比度，得到如图9-175所示的效果。

图9-175 增强图像对比度

5．为手臂叠加另外一幅图像

在上面几步中，结合混合模式、蒙版及调整图层等功能为手臂叠加了一幅图像，在本步的操作中，将在该图像的上方再叠加另外一幅图像，以丰富其效果。

显示图层"素材03"并将其重命名为"图层3"，按快捷键Ctrl+Alt+G执行"创建剪贴蒙版"操作，并设置该图层的混合模式为"柔光"，得到如图9-176所示的效果，此时的"图层"调板如图9-177所示。

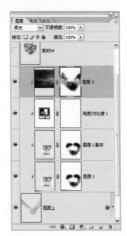

图9-176　创建剪贴蒙版后设置图层混合模式　图9-177　"图层"调板

单击添加图层蒙版按钮，为"图层3"添加蒙版，设置前景色为黑色，选择画笔工具并设置适当的画笔大小，在该图像的周围进行涂抹，将手臂上半部分及与下面人物相重合的图像隐藏，得到如图9-178所示的效果，此时蒙版的状态如图9-179所示。

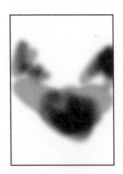

图9-178　隐藏图像　　　　图9-179　蒙版状态

6．添加鲜花图像

显示图层"素材04"并将其重命名为"图层4"，使用移动工具调整图像的位置至画布的顶部，如图9-180所示。

设置"图层4"的混合模式为"柔光"，"不透明度"为60%，得到如图9-181所示的效果。

黄色与红色的搭配

黄色极易引人注目，因此此种颜色常被用于需要良好远视效果的设计作品中，如招贴、海报等。红色与黄色这两种暖色调颜色搭配时，常给人一种红红火火、蓬勃向上、积极进取的感觉，下图所示为两种颜色的搭配示例。

绿色与白色的搭配

绿色给人希望、蓬勃、充满生机的感觉，通常情况下人们将绿色视为生命色，因此许多与生命有关的行业都被称为绿色行业。将绿色与白色相互搭配使用，能够给人清爽、淡雅、宁静的感觉，下图所示为两种颜色的搭配示例。

图9-180　添加鲜花图像

图9-181　设置混合模式后的效果

下面调整一下鲜花图像的颜色，使其与整体图像更加匹配。

按快捷键Ctrl+U应用"色相/饱和度"命令，在弹出的对话框中调整"色相"参数以改变图像的颜色，得到如图9-182所示的效果。

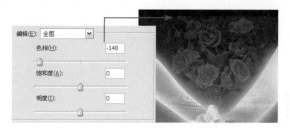

图9-182　为图像调色

7．添加手表图像

显示图层"素材05"并将其重命名为"图层5"，按快捷键Ctrl+T调出自由变换控制框，按住Shift键缩小图像并旋转一定角度，将其置于右侧的手臂上，如图9-183所示，按Enter键确认变换操作。

图9-183　变换手表图像

复制"图层5"得到"图层5副本"，并按照刚才的方法将该副本图层中的手表图像变换至左侧的手臂上，得到如图9-184所示的效果。

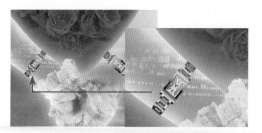

图9-184　添加另一个手表图像

8．添加文字并完成最终效果

最后结合横排文字工具 T.在图像中输入相关的说明文字即可，最终效果及对应的"图层"调板如图9-185所示。

> **提示** 本例为主题文字WHMOA增加了一些特效。方法是复制该文字图层然后将其栅格化，并使用"动感模糊"滤镜使其具有一定的上、下运动感。

图9-185　最终效果分解图及"图层"调板的状态

> **提示** 本例最终效果请参考随书所附光盘中的文件"第9章\9.5.psd"。

9.6　雅尼尔手机广告

本例的手机广告以极其夸张的手法，将人物置于手机上舞蹈，从而突出该手机在表面设计上的特性。

另外，为了更好地丰富和装饰画面，还特意制作了多组优美的曲线和星光图像，分布于广告的不同位置，从而达到美化整体图像的效果，以给浏览者留下深刻的印象。本例的操作步骤如下。

1．调整背景图像的色彩

打开随书所附光盘中的文件"第9章\9.6-素材1.psd"，在该文件中，共包括了4幅素材图像，其"图层"调板的状态如图9-186所示。

蓝色与白色的搭配

由于蓝色常给人一种博大、智慧、深远、冷静的感觉，因此许多高科技企业将蓝色作为企业的标准色。将蓝色与白色搭配在一起使用，能够使人产生清淡、睿智、轻柔的感觉，下图所示为两种颜色的搭配示例。

非彩色系颜色的搭配

由于黑、白、灰这3种非彩色系的颜色均不含有感情色彩在内，因此在感觉上黑、白、灰的颜色搭配会使人感觉到质朴无华、平静悠远，下图所示为这3种颜色的搭配示例。

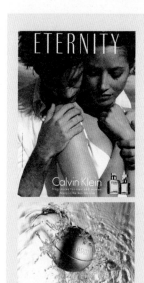

常用色彩综述：红色

红色容易引起人及大多数动物的注意、兴奋、激动、紧张，但由于眼睛不适应红色光的刺激，因此红色容易造成视觉疲劳。

在生活中艳丽的鲜花、丰硕的果实和鲜美的肉类食品，都呈现出不同类型的红色。因此红色往往是兴奋与欢乐的象征，也正因此红色在标志、旗帜、宣传品等用色中占据首位，成为最常用的宣传色。

另一方面，由于火与血被人类视之为灾难而其颜色亦为红色，因此在大多数情况下红色也

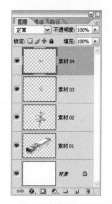

图9-186 素材图像的"图层"调板

按住Alt键单击"背景"图层左侧的眼睛图标👁，以隐藏其他图层。

首先为背景制作一个渐变。选择"背景"图层，设置前景色为白色，背景色为黄色，选择线性渐变工具▣并设置其渐变类型为"前景到背景"，然后从画布的右上角至左下角绘制渐变，得到如图9-187所示的效果。

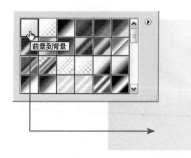

图9-187 绘制渐变

2. 添加并处理手机图像

显示"素材01"并将该图层重命名为"图层1"。使用移动工具▶➕将手机图像移至画布的左下方，如图9-188所示。

图9-188 摆放手机图像

下面调整一下手机图像的饱和度。按快捷键Ctrl+U应用"色相/饱和度"命令，在弹出的对话框中提高图像的饱和度，得到如图9-189所示的效果。

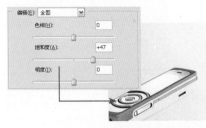

图9-189 调整图像饱和度

下面为手机图像添加阴影效果。单击添加图层样式按钮 ，在弹出菜单中选择"投影"命令，设置适当的参数，得到如图9-190所示的效果。

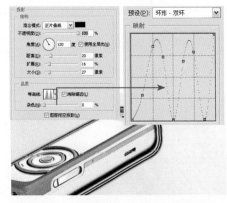

图9-190 为图像添加"投影"图层样式

3. 绘制星光图像

选择画笔工具 ，按F5键显示"画笔"调板，单击右上角的三角按钮 ，在弹出菜单中选择"载入画笔"命令，在弹出的对话框中打开随书所附光盘中的文件"第9章\9.6-素材2.abr"，载入画笔。如图9-191所示是载入并打开该画笔素材后的"画笔"调板状态。

新建一个图层"图层2"，设置前景色为白色，使用画笔工具 在图像中随意涂抹，注意星光的大小与疏密，直至得到类似图9-192所示的效果。

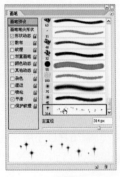

图9-191 "画笔"调板

图9-192 绘制星光

被用作警戒色。正是由于红色是一种对人类产生强烈而复杂影响的色彩，因此一定要慎重使用。

常用色彩综述：黄色

黄色光的光感最强，给人以光明、辉煌的感观印象，自然界中的迎春花、菊花、向日葵等花朵都呈现出不同程度的黄色，能够给人欣欣向荣的感觉，而秋收的五谷、水果也显示出金灿灿的黄色，因此黄色也给人丰收的感觉。

历史上的帝王多以辉煌的黄色作服饰，因为黄色能够给人崇高、智慧、神密、华贵、威严的感觉。但另一方面，秋季的黄叶、黄色的沙尘及昏黄的天色，赋予了黄色凋零、病态和反常的一面。因此，黄色被应用到不同的作品中时能够体现出截然不同的气氛。

常用色彩综述：橙色

橙色又称橘黄或橘色，在自然界中橙柚、玉米、鲜花果实、霞光、灯彩都含有丰富的橙色，因其具有明亮、华丽、健康、兴奋、温暖、欢乐、辉煌以及容易动人的色感，所以橙色常用作装饰色。

橙色光在空气中的穿透力仅次于红色光，而色感较红色更暖，最鲜明的橙色应该是色彩中最暖的色，能给人庄严、尊贵、神秘等感觉。

历史上许多权贵和宗教界都用橙色装点自己，现代社会中往往将橙色作为标志色和宣传色。

常用色彩综述：绿色

太阳投射到地球的光线中绿色光占50％以上，由于绿色光在可见光谱中波长居中，人的视觉对绿色光波长的微差分辨能力最强，最能适应绿色光的刺激。

在自然界中生命力较强的植物大多呈绿色，因此绿色往往被人们称为生命之色，并将其作为农业、林业、畜牧业的象征色。由于植物与其他生物一样，具有诞生、发育、成长、成熟、衰老到死亡的过程，这就使绿色出现各个不同阶段的变化，黄绿、嫩绿、淡绿象征着春天和人或植物的稚嫩、青春与旺盛的生命力；艳绿、盛绿、浓绿象征着夏天和植物的茂盛、健壮与成熟；灰绿、褐绿意味着秋冬及人、植物的病弱、衰老。

常用色彩综述：蓝色

蓝色出现的位置往往是人类所知甚少的地方，如宇宙和深海，因此蓝色往往被赋予神秘色彩。此外蓝色属于冷色系，象征冷静、沉思、智慧，所以在现代，蓝色是标准的高科技色，许多IT公司使用蓝色作为公司或企业的专用色。

常用色彩综述：紫色

在可见光谱中紫色光的波长最短，尤其是肉眼看不见的紫外线更是如此。因此眼睛对紫色光细微变化的分辨力很弱，紫色容易引起视觉疲劳。

紫色能够给人以高贵、优雅、神秘的感觉，而灰暗的紫

设置"图层2"的混合模式为"叠加"，得到如图9-193所示的效果。

图9-193　设置混合模式后的效果

4．添加并处理人物素材图像

显示"素材02"并将其重命名为"图层3"。

按快捷键Ctrl+T调出自由变换控制框，按住Shift键缩小图像，然后置于手机的按键中心上，如图9-194所示。按Enter键确认变换操作。

设置"图层3"的混合模式为"线性加深"，得到如图9-195所示的效果。

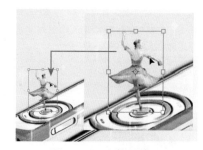

图9-194　变换图像　　　　图9-195　设置图层混合模式后的效果

下面调整人物的颜色。按快捷键Ctrl+U应用"色相/饱和度"命令，在弹出的对话框中调整人物的色彩，得到如图9-196所示的效果。

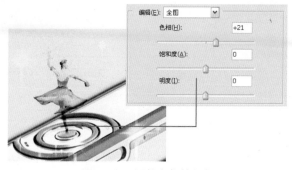

图9-196　调整人物的颜色

5．为人物图像添加图层样式

选择"图层3"，单击添加图层样式按钮，在弹出菜单中选择"外发光"命令，设置参数如图9-197所示，其中色块的颜色值为#6b41b7。

保持在"图层样式"对话框中，勾选"渐变叠加"复选框，设置其参数如图9-198所示，得到如图9-199所示的效果。

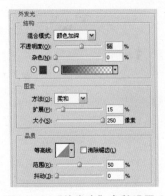

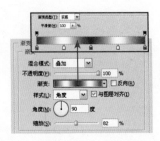

图9-197 "外发光"参数设置　　　图9-198 "渐变叠加"参数设置

提示 在"渐变叠加"选项面板中，所使用的渐变为金属类渐变中名为"银色"的渐变类型。要载入此渐变，可以单击渐变类型选择框，在弹出的"渐变编辑器"对话框中单击右上方的三角按钮 ，在弹出菜单底部选择"金属"命令，如图9-200所示，在弹出的确认对话框中单击"追加"按钮即可载入该组渐变类型，然后在"预设"渐变类型列表中选择名为"银色"的渐变即可。

图9-199 添加样式后的效果　　　图9-200 载入预设渐变

6. 绘制韵律曲线

本步将结合画笔工具 和描边路径功能，制作得到一组有韵律的曲线图像。

为便于操作，暂时隐藏除"背景"图层以外的图层。操作方法是按住Alt键单击"背景"图层左侧的眼睛图标 。

选择钢笔工具 并在其工具选项条中设置适当的参数，在画布中绘制一条曲线路径，如图9-201所示。

色则是伤痛、疾病以及尸斑的颜色，容易造成人类心理上的忧郁痛苦和不安，此外紫色还能够表现苦味、毒素与恐怖。

常用色彩综述：土色

土色指土红、土黄、赭石等一类颜色，此类颜色是土地和岩石的颜色，传达出厚重、博大、坚实、稳定、沉着等诸多心理感觉。

常用色彩综述：白色

白色光是由全部可见光均匀混合而成的，称为全色光，是光明的象征色，被广泛应用于各类设计作品中。白色具有明亮、干净、畅快、朴素、雅致与贞洁的感觉，在西方特别是欧美，白色是结婚礼服的色彩，代表爱情的纯洁与贞坚。但有时白色也能够表达出空洞、寂寞、恐怖的感觉。

常用色彩综述：黑色

黑色对人类的心理影响很大，多数人会首先感觉到黑色的消极因素，例如在漆黑之夜或漆黑的地方，人们会失去方向感，因此黑色能够轻易表现出阴森、恐怖、烦恼、忧伤、消极、悲痛甚至死亡等感觉，这主要是因为人类在黑暗中容易感受到自身的渺小与无助。

另一方面黑色使人感到安静、严肃、庄重、坚毅。黑色与其他色彩组合时是极好的衬托色，可以充分显示他色的光感与色感，例如黑白组合是非常经典的用色组合。

常用色彩综述：灰色

灰色居于白色与黑色之间，属于无彩度及低彩度的色彩。灰色对眼睛的刺激程度适中，既不眩目也不暗淡，属于视觉最不容易感到疲劳的颜色。在某种颜色中添加灰色的成分，往往能够降低该颜色的亮度，并使人容易接受。灰色在设计中是非常难以驾驭的颜色，使用得当可以给人以高雅、精致、含蓄、耐人寻味的感觉，而如果没有使用好，则给人混浊、模糊的感觉。

广告文字的字体选择

每一种字体都具有不同的感情特色，例如，黑体给人庄重严肃的感觉，圆体给人细腻柔和的感觉，行书给人奔放洒脱的感觉，隶书给人古朴端庄的感觉，因此在制作不同类型的广告时应注意选择不同的字体。具体来说在选择广告文字的字体时，应该注意字体的以下4个特点。

- 注目性：注目性是非常重要的一个特点，只有令人注目的广告才能引起人们的注意。

- 和谐性：在广告画面中往往有两种或两种以上的字体同时存在。因此，在选择字体时应注意保持不同字体之间的和谐。一般情况下，一幅广告中的字体不易太多，以免造成混乱。

- 规范性：文字是传达广告内容的重要手段，若字体不规范，就可能使人错误地理解广告内容或者根本看不懂。

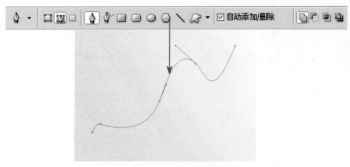

图9-201　绘制路径

在所有图层的上方新建一个图层"图层4"，选择画笔工具✐并设置前景色为白色，在"画笔"调板中选择默认的硬边3像素大小的画笔，然后在"路径"调板中单击用画笔描边路径按钮 ○ ，单击"路径"调板中的空白区域以隐藏当前的路径，得到如图9-202所示的效果。

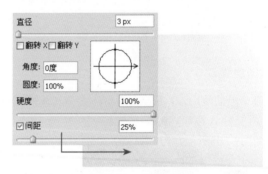

图9-202　描边路径

7. 制作一组韵律曲线

上一步制作得到了一根曲线图像，下面将结合变换及图层样式功能，制作一组彩色的韵律曲线图像。

按住Ctrl键单击"图层4"的缩览图以载入其选区，然后按快捷键Ctrl+Alt+T调出自由变换控制框并复制图像，在工具选项条中设置"旋转"的角度为0.7，此时图像的效果如图9-203所示。按Enter键确认变换操作。

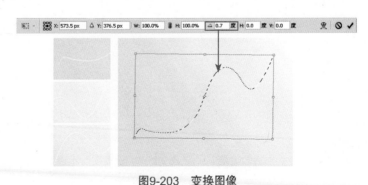

图9-203　变换图像

> **提示** 如果在执行变换并复制操作前不载入"图层4"的选区，那么在变换时就会产生图层，而如果载入选区再进行复制，则只在当前图层中复制图像。为了便于管理图层，这里先载入选区再进行图像的变换并复制操作。

保持变换后的选区，连续按快捷键Ctrl+Alt+Shift+T执行变换并复制操作多次，复制得到多条曲线，满意后按快捷键Ctrl+D取消选区，得到类似如图9-204所示的效果。

图9-204 连续变换图像

8．为曲线增加图层样式

在制作完成一组曲线后，下面使用图层样式为其叠加一个渐变色彩。

单击添加图层样式按钮 ，在弹出菜单中选择"渐变叠加"命令，设置参数如图9-205所示，得到如图9-206所示的效果。

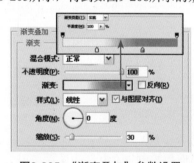

图9-205 "渐变叠加"参数设置

设置"图层4"的"不透明度"为50%，得到如图9-207所示的效果。

图9-206 渐变叠加后的效果

图9-207 设置图层不透明度后的效果

■ 联想性：由于每一种字体都能够使人产生联想，因此在选择时要注意文字字体在造型上所包含或象征的意义是否与广告主题相吻合。例如，宣传现代产品时不要选择古老繁琐的字体，反之亦然。

下图所展示的几则广告在字体选择方面均具有一定的特点。

广告文案包括广告标题、广告语和广告正文，广告文案的写作要站在商品推销战略的高度，有策略、有针对性、有侧重地设计广告的全部内容，特别要选用最动人、最精炼的语言来传达广告主题。广告文案对于写作者有着方方面面的要求，设计者要尽量去了解产品特性、使用情况、消费心理以及广告策划的精神，了解得越多，创作出好的广告文案的可能性就越大。

在上述3种广告文案中以广告语最为重要，因为现代社会中广告信息过多，要想在短短几秒钟的时间内吸引消费者的目光，好的广告语是一个非常有力的武器。

在撰写广告文案时要有理有据、简明扼要、中心突出、生动有趣。广告语要简洁、易记，有一定的刺激性，能引起人们的注意。

广告语要尽量突出商品的优点，使人们产生购买欲望。比较典型的广告语有两种类型，一是强调商品优点的广告语，如"有山必有路，有路必有三菱车"、"没有最好，只有更好"、"苹果熟了"、"谁用谁知道"、"做女人挺好"等，二是促使读者采取行动的广告语，如"不打不相识"的打字机广告语。

广告文字：适应阅读

增强广告的视觉传达功能，赋予其审美情趣，诱导人们更有兴趣地进行阅读是广告文字编排的根本目的。因此，在文字编排

9. 制作多条曲线

首先对当前的曲线图像进行一下变换。

按快捷键Ctrl+T调出自由变换控制框，按住快捷键Ctrl+Alt+Shift分别拖动左侧和右侧的控制句柄，使图像在横向上具有一定的透视效果，调整其位置，效果如图9-208所示。按Enter键确认变换操作。

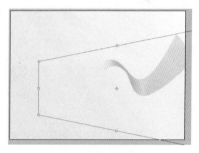

图9-208　变换图像

下面利用图层蒙版隐藏曲线右侧的图像，使其具有一定的渐隐效果。为"图层4"添加蒙版，设置前景色为黑色，选择画笔工具　并设置适当的画笔大小，在曲线的右侧涂抹，直至得到如图9-209所示的效果。

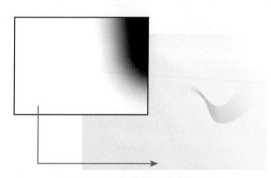

图9-209　隐藏右侧的图像内容

复制"图层4"3次，按照上面的步骤变换图像并为其添加蒙版，使其边缘较显眼的图像产生一定的渐隐效果，如图9-210所示，此时的"图层"调板如图9-211所示。

图9-210　制作其他曲线

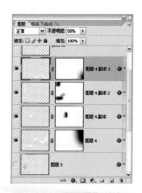

图9-211　"图层"调板

重新显示"图层1"至"图层3"，此时图像的效果如图9-212所示。

图9-212　显示其他图层后的图像效果

10.　输入路径绕排文字

使用钢笔工具🖊在画布中绘制路径，如图9-213所示。

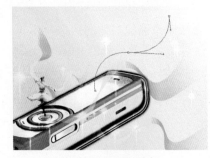

图9-213　绘制路径

选择横排文字工具 T.并设置适当的字体、字号及文字颜色。将光标置于路径底部的边缘上，此时光标变为⫯形，单击鼠标左键以生成插入点，然后输入相关的文字内容，如图9-214所示。

图9-214　输入文字

11.　完成最终效果

显示图层"素材03"和"素材04"，并分别将其重命名为"图层5"和"图层6"。利用移动工具🖐分别拖动两个图层中的图像至画布的左上角和右下角，如图9-215所示。

组合方式上一定要符合人们的心理和习惯，比较常用的方法之一是按如下所述的受众视线流动的规律进行文字编排：

- 在水平方向上，人们的视线一般是从左向右流动。
- 在垂直方向上，人们的视线一般是从上向下流动。
- 斜度大于45°时，视线是从上向下流动。
- 斜度小于45°时，视线是从下向上流动。

在编排文字时一定要考虑这些因素，这样才能创造良好的视线诱导效果。

下图所示的广告在文字的排列方向及文字的大小方面均安排得当，属于较出色的广告作品。

此外，还要充分考虑受众的特殊阅读习惯，例如有些地区的人习惯阅读竖向排列的文字，有些地区的人偏爱水平排列的文字，且不同年龄段的受众也具有不同的阅读习惯，例如，幼儿及成年人的阅读习惯就很不相同。

广告文字：合理编排

不同的图片具有不同的视觉感染力，不同的文字也具有不同的视觉动向，如扁体字的动感方向是左右向的，长体字的动感方向是上下向的，斜体字的动感方向是向前或倾斜的。合理编排文字能够满足读者视觉心理的舒适性、方向性和顺序性，能正确、方便、快速地引导阅读。不同版式对字体的选择也不同，扁体字适合做横向编排组合，长体字适合做竖向编排组合，斜体字则适合做横向或有一定斜度的斜向编排组合。

广告文字：有设计基调

正如一幅绘画作品要有颜色基调一样，一个广告作品在文字运用方面也应该有一个基调，即一种总体上的文字情感及格律的风格倾向。

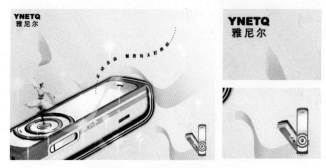

图9-215　调整素材图像的位置

结合矩形工具□和横排文字工具 **T**，在画布的右上角和右下角分别输入相关的说明文字，得到如图9-216所示的最终效果。最终的"图层"调板如图9-217所示。

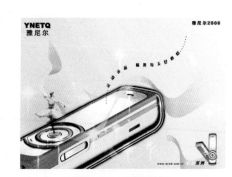

图9-216　最终效果

图9-217　"图层"调板

> **提示**　本例最终效果请参考随书所附光盘中的文件"第9章\9.6.psd"。

9.7　泳装设计展招贴

本例对人物的处理可谓巧妙，人物皮肤层次丰富，从具象来说几乎没有人的特点，但此处也成为吸引消费者眼球的焦点，同时反衬出泳装与形象标志，突出了主体。

人物鞋子的处理活跃了画面的气氛，再配以具有设计感的标题，更体现出高雅、时尚的感觉。最后在脚部添加一些稍小的文字说明来让消费者了解详细的内容。本例的操作步骤如下。

1．制作作品主体

打开随书所附光盘中的文件"第9章\9.7-素材.psd"，"图层"调板如图9-218所示。隐藏图层"素材2"及其上面的所有图层，选择图层"素材1"，将其重命名为"图层 1"，配合自由变换控制框调整到如图9-219所示的状态。

图9-218　素材图像的"图层"调板

图9-219　调整素材

选择钢笔工具，在工具选项条中单击路径按钮，在图中沿人物的边缘绘制路径，将人物选中，如图9-220所示。选择菜单栏中的"图层>矢量蒙版>当前路径"命令，得到如图9-221所示的效果。

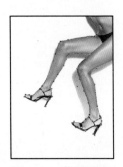

图9-220　绘制路径

图9-221　添加蒙版

创建调整图层调整"图层 1"的图像，设置及效果如图9-222所示。再次创建调整图层，设置及效果如图9-223所示。得到两个调整图层"色相/饱和度 1"和"色调分离 1"。

图9-222　"色相/饱和度"设置及效果

广告创意与文案的联系

广告创意与广告文案虽然有着不同的特性、不同的运作过程并分担着不同的具体任务，但还是需要特别注意广告创意与文案两者间的呼应与整合。从这一点来说，在创作广告文案时应该注意以下问题：

- 广告文案的目标要单纯。广告文案要达到解决问题的目标，要解决的目标不宜过大或过多，无论在针对产品性质与优点的展示方面，还是在针对消费者行为、态度的说服方面，都须注重目标的单纯性。

- 要强化和突出广告文案的个性。无论在观念上、具体表达方式上还是语言使用上，广告文案要力争具有鲜明的个性与风格，以便在众多广告中脱颖而出。

- 广告文案要有必要的承诺。实在而必要的承诺往往能使广告更有成效，当然，这样做的前提是广告产品或服务具有真实可信的品质，否则越多人知道并注意到广告中的产品或服务，该产品或服务就消亡越快。

特效文字的应用

除了使用现有的印刷文字字体外，在大多数情况下，为了获得独特的广告效果，制作出具有视觉冲击力的广告作品，广告设计师常会使用各种设计软件制作具有特殊效果的艺术文字。

下图所示的广告中的文字均为通过设计软件配合素材图像制作出的特效文字。

图9-223 "色调分离"设置及效果

> **提示** 创建调整图层时，可单击"图层"调板下方的创建新的填充或调整图层按钮 ，在弹出菜单中选择命令，也可以选择菜单栏中的"图层>新建调整图层"子菜单中的命令。

2. 调整泳装状态

选择魔棒工具，在其工具选项条中设置"容差"为32，在泳装区域单击得到选区，如图9-224所示。单击创建新的填充或调整图层按钮 ，在弹出菜单中选择"色相/饱和度"命令，设置弹出的对话框如图9-225所示。确认后得到如图9-226所示的效果，得到调整图层"色相/饱和度 2"。

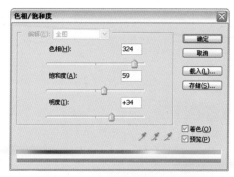

图9-224 绘制选区　　图9-225 "色相/饱和度"对话框

按住Ctrl键单击"色相/饱和度 2"的蒙版缩览图载入选区，选择调整图层"色调分离 1"的蒙版使用黑色填充，将图像的"色调分离 1"调整图层遮住，得到如图9-227所示的效果。

图9-226 调整颜色后的效果　　图9-227 编辑蒙版后的效果

3．制作泳装形象标志

将前景色设置为白色，选择自定形状工具，在其工具选项条中单击形状图层按钮，在泳装上绘制形状，得到图层"形状 1"，如图9-228所示。设置"叠加"图层混合模式，得到如图9-229所示的效果。

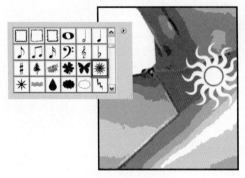

图9-228　绘制形状

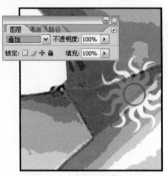

图9-229　设置混合模式

给图层"形状 1"添加蒙版，得到如图9-230所示的效果，蒙版状态如图9-231所示。

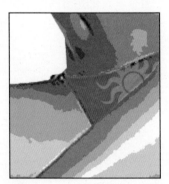

图9-230　泳装形象标志的效果

图9-231　蒙版的状态

4．制作修饰形状

将前景色设置为#c20082，使用矩形工具在人物腰部的左侧绘制矩形，使用添加锚点工具为矩形添加锚点，再使用直接选择工具调整锚点并添加蒙版，得到如图9-232所示的效果，制作过程如图9-233所示。

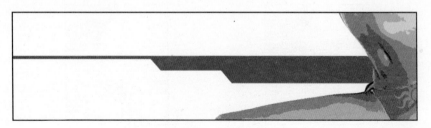

图9-232　绘制形状

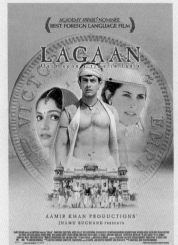

无论是选择现有的印刷字体，还是使用自己制作的特殊字体，都必须遵循"功能第一，形式第二"的原则，不能因盲目追求华美的表现形式，而减弱以致丧失文字传达信息的功能。

广告的情感表现概述

情感表现是指在广告设计表现时，将广告主题赋予某种情感，并通过各种艺术创作手段将这种情感传达给受众，使受众与广告产品或广告主题产生情感共鸣。

在商品同质化的今天，为广告产品或广告主题赋予情感是上佳的广告表现手段。消费者在消费一个产品或一种服务时，实质上是在认可一种生活方式，因此每一个广告设计师都应该明白，广告不仅仅是在传达商品信息，更是在倡导一种生活的态度与方式。

采取情感表现手段的广告五花八门，数量最多的当数日常生活用品的广告，尤其是软性商品如服装、面料和女性用品等。原因之一是，这类商品消费量很大、消费次数频繁，因此消费者在购买时不需要像购买家电、汽车等大件商品时那样进行认真而理性的分析，而更多是由情感来支配购买行为；另一个重要原因是，这类产品的消费者大多数是女性，而女性消费者往往更加感性而非理性。

广告情感：情感体验

情感体验是指广告在设计表现上不直接去描绘产品的功能与特点，而是着重表现消费者如何享受到广告产品所给予的愉悦心理感受，赋予商品很浓郁的感情色彩。这类广告能从感情上驱动消费者的欲求。

下图所示是一些优秀的通过情感体验来达到吸引消费者目的的广告作品。

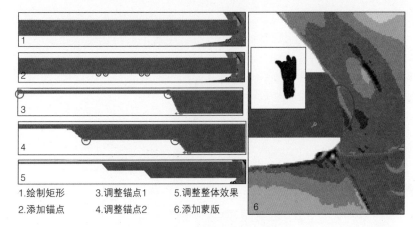

1. 绘制矩形　　3. 调整锚点1　　5. 调整整体效果
2. 添加锚点　　4. 调整锚点2　　6. 添加蒙版

图9-233　绘制形状的过程

5. 制作文字

选择横排文字工具 T，设置适当的颜色、字体、字号，在上步绘制的矩形附近输入如图9-234所示的文字。

图9-234　添加文字的效果

选择横排文字工具 T，设置适当的字体、字号后输入文字"展"，如图9-235所示。将图层"不透明度"设置为50%，并使用"形状2"的矢量蒙版的选区为文字图层"展"添加蒙版，得到如图9-236所示的效果。

图9-235　输入文字　　　　图9-236　设置"不透明度"并添加蒙版

6. 制作修饰图像

将前景色设置为#b9436e，选择椭圆工具 ◎，单击形状图层按钮 □，在画布的左下角绘制一些杂乱的圆，得到形状图层"形状3"。在图层"形状3"的图层名称上单击鼠标右键，在弹出菜单中选择"栅格化图层"命令，将图层栅格化。选择菜单栏中的"滤镜>液化"命令，弹出"液化"对话框。使用顺时针旋转扭曲工具 ，在图像边缘处按住鼠标左键并拖动，待图像变到自己需要的形态时释放鼠标，多次操作后即可得到理想的花纹图案。确认后再为其添加"渐变叠加"图层样式，得到渐变效果。操作流程如图9-237所示。

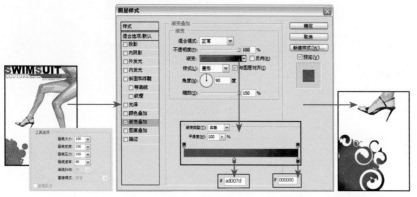

图9-237 绘制形状、添加"液化"滤镜和"渐变叠加"图层样式

复制图层"形状 3"得到"形状 3 副本"，设置"不透明度"为20%，配合自由变换控制框调整得到如图9-238所示的状态。

复制图层"形状 3副本"得到"形状 3 副本 2"，使用上面的方法，再一次放大图像，直至得到如图9-239所示的效果。

显示图层"素材2"，将其重命名为"图层 2"，使用移动工具 调整图层中的图像到如图9-240所示的位置，设置图层混合模式为"颜色加深"，效果如图9-241所示。

图9-238 复制调整   图9-239 再次复制调整   图9-240 摆放素材

单击添加图层蒙版按钮 ，给"图层 2"添加蒙版，选择画笔工具 并设置适当的大小，使用黑色在花的边缘处涂抹，使其过渡自然，效果如图9-242所示。

显示图层"素材3"和"素材4"，分别重命名为"形状 4"和"形状 5"，配合自由变换控制框调整得到如图9-243所示的效果。

广告情感：性感表达

性感表达形式是一种表现性特征、性心理的广告创作手段。性心理是人类最基本、最强烈的心理情感之一，利用这种情感进行广告表达，很容易吸引受众认知产品，这种手法早已被西方广告界所看重并广泛使用。健康的人体及男女之间的恋情本来就是美的事物，因此将它们作为一种审美对象展示出来，不但可以促进销售，还可以给受众带来美感。

但性的问题向来是人类伦理道德的敏感区，特别是在国内，因此在运用性感表达形式进行广告创作时，应慎之又慎，注意掌握分寸与尺度。下图所示是比较不错的走性感路线的广告作品。

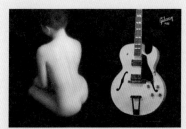

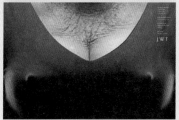

图9-241 设置混合模 图9-242 添加蒙版后的 图9-243 添加并调整
式后的效果 效果 素材

7. 制作脚后的装饰

使用自定形状工具 🔗 绘制形状，使用直接选择工具 ▷ 编辑形状，然后复制调整得到如图9-244所示的效果，同时得到"形状6"和"形状6副本"，制作形状的流程图如图9-245所示。

 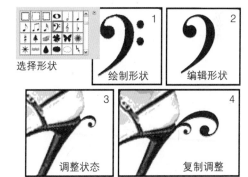

图9-244 制作形状 图9-245 制作形状的流程图

选择横排文字工具 T，设置适当的颜色、字体、字号后输入文字，完成作品，最终效果及"图层"调板如图9-246所示。

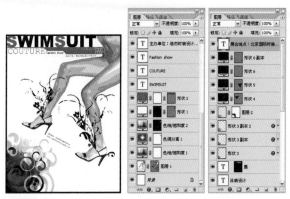

图9-246 最终效果及"图层"调板

> **提示** 本例最终效果请参考随书所附光盘中的文件"第9章\9.7.psd"。

出血印刷

当印刷的文字或图片超出了限定的页面边缘时，边缘外的文字或图片就叫作出血。

插销

指把散页装订在一起的一种装订工具。

纸张耐折性

在选定印刷纸张时，一定要考虑其耐折性。

环衬

指精装书的前页的末页，用来连接书芯和硬封。常用较重的绘图纸制作。有进上面印有独特的图案。装饰性的色彩或设计作品。

B 系列纸张尺寸

也是根据国际标准化组织的标准确定的纸张尺寸。B 系列纸张尺寸为 A 系列纸张尺寸的一半。

粗硬布

用于装订的涂有胶水的粗布条或棉布条。

渗胶装订法

在折页处打上小孔，胶水从小孔渗入到每一折页，然后再附上封面的装订方法。

加拿大式装订

一种螺缝式的装订方法。其封面是包裹式的，侧面与胶装书差不多。半加拿大式装订的图书，其书脊是露在外面的，加拿大式图书的书脊则没有外露。

精装

是一种硬封式的书籍装订法。图书的每个部分用线缝合，书脊上粘有布条，十分平整。书后留有空页，最后加上硬封皮。此外，书籍两侧的凹槽用来作全书的铰链。

招贴与海报设计

招贴与海报泛指同一类设计作品，例如电影海报也可称之为电影招贴，同时它也属于广告的一个分支，因为它们最终的目的都是：广而告之。由于海报本身门类众多，甚至有人以此划分出一个新行业，所以本书将海报设计单独列为一个章节进行讲解。

本章包括了7个不同门类的海报设计作品，读者可以配合本章的理论知识，在学习技术的同时，了解一下海报设计的特点与规范等内容。

10.1 房产销售中心悬挂招贴

本例为房产销售招贴，主体文字设计为毛笔字体，体现一种内涵，具有文化底韵，再配以古建筑物烘托出主题。文字下方的白色色块除了用来突出文字外，也表现出一种自然、随性的感觉，且与整体画面的风格和谐统一。本例的操作步骤如下。

1．制作底图

打开随书所附光盘中的文件"第10章\10.1-素材.psd"，其"图层"调板如图10-1所示。

新建一个图层"图层 1"，按D键将前景色与背景色设置为默认状态，应用"云彩"滤镜，得到如图10-2所示的效果，再应用4次"分层云彩"滤镜，得到如图10-3所示的效果。

图10-1 素材图像的"图层"调板　图10-2 "云彩"效果　图10-3 "分层云彩"效果

> **提示** 选择菜单栏中的"滤镜>渲染>云彩"命令来应用"云彩"滤镜，选择菜单栏中的"滤镜>渲染>分层云彩"命令来应用"分层云彩"滤镜。这两个滤镜产生的图像随机性很强，所以读者在此步操作时不必追求书本中效果一模一样。

单击创建新的填充或调整图层按钮 ，在弹出菜单中选择"渐变"命令，设置参数如图10-4所示，确认后得到如图10-5所示的效果，得到调整图层"渐变填充 1"。

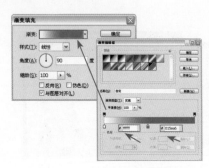 

图10-4 制作"渐变填充"　　　图10-5 渐变效果

招贴/海报概述

招贴又名"海报"或"宣传画"，属于户外广告，分布在各街道、影剧院、展览会、商业区、车站、码头、公园等公共场所。国外也称之为"瞬间"的街头艺术。与其他广告形式相比，招贴/海报具有画面面积大、内容广泛、艺术表现力丰富、远视效果强烈等特点。

"玻璃"滤镜

该滤镜使图像产生透过不同种类的玻璃的效果。用户可以选取一种玻璃效果或者创建自己的玻璃表面，然后应用它。不断尝试调整"缩放"、"扭曲度"和"光滑度"参数，有助于用户使用此滤镜。

另外，单击"玻璃"对话框中的三角按钮 ▶ ，在弹出菜单中选择"载入纹理"命令，可以选择一个PSD格式的文件，作为扭曲时的置换图像。

下图所示是使用"玻璃"滤镜处理前后的图像效果对比。

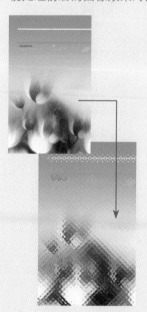

将"渐变填充1"的图层混合模式设置为"滤色"，效果如图10-6所示，选择"图层1"将其"不透明度"设置为50%，效果如图10-7所示。

图10-6　设置图层混合模式后的效果　　　图10-7　设置不透明度后的效果

显示图层"素材1"并将其重命名为"图层2"，并配合自由变换控制框调整到如图10-8所示的效果。

将"图层2"的图层混合模式设置为"叠加"，效果如图10-9所示。单击添加图层蒙版按钮 ◎ ，给"图层2"添加蒙版，使用线性渐变工具及画笔工具 ✎ 编辑蒙版，得到如图10-10所示的效果。

选择"背景"图层，使用黑色填充，得到如图10-11所示的效果。

图10-8　调整素材　　　　　图10-9　设置图层混合模式后的效果

图10-10　添加蒙版　　　　图10-11　编辑"背景"图层后的效果

2. 添加花饰

显示"素材2"并将其重命名为"形状1"，将图像调整到画布的左上角，如图10-12所示。将图层混合模式设置为"叠加"，得到如图10-13所示的效果。

图10-12　摆放素材位置　　图10-13　设置混合模式后的效果

3. 制作文字及修饰

选择"通道"调板，新建一个通道"Alpha 1"，使用矩形选框工具绘制一个矩形并填充白色，如图10-14所示。分别应用滤镜"玻璃"、"喷色描边"和"干画笔"，得到如图10-15所示的效果，图10-16为应用滤镜的制作过程。

图10-14　绘制图像　　　　图10-15　编辑图像

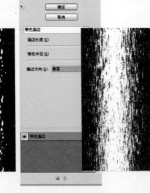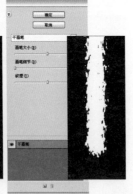

图10-16　应用滤镜

载入通道"Alpha 1"的选区，返回"图层"调板，新建一个图层"图层 3"，使用白色填充，得到如图10-17所示的效果。复制"图层3"得到"图层 3 副本"。

选择"图层 3 副本"，选择菜单栏中的"滤镜>模糊>动感模糊"命令，设置参数如图10-18所示，得到如图10-19所示的效果。

"干画笔"滤镜

该滤镜使用干画笔技术（介于油画和水彩画之间）绘制图像的边缘。它通过将图像的颜色范围减少为常用的颜色区来简化图像。

下图所示是在原图像的基础上使用"干画笔"滤镜对图像进行处理前后的效果对比。

"动感模糊"滤镜

该滤镜可模拟拍摄运动物体时产生的动感模糊效果，其对话框中的"角度"和"距离"参数的解释如下。

- 角度：在此输入数值，或调节其右侧的圆周角度，可以设置动感模糊的方向。
- 距离：在此输入数值或拖动其下的滑块，可以控制动感模糊的强度，数值越大，模糊效果越强烈。

此滤镜的应用示例如下图所示。

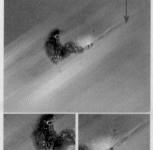

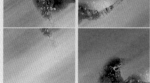

图10-17 填充颜色后的效果　　图10-18 "动感模糊"对话框　　图10-19 模糊后的效果

显示"图层3"，将图层的"不透明度"设置为80%，配合自由变换控制框调整"图层3"的图像。选择"图层3"和"图层3副本"，使用移动工具 将其向右移动。

显示"素材3"，将其重命名为"形状2"，并利用自由变换控制框调整到画布的右侧，如图10-20所示。

确认后给图层"形状2"添加"投影"与"颜色叠加"图层样式，参数设置如图10-21所示，确认后得到如图10-22所示的效果。

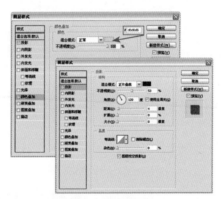

图10-20 添加素材　　图10-21 设置图层样式　　图10-22 文字效果

4. 输入说明文字并添加效果

将前景色的颜色值设置为#015ea6，使用矩形工具 ，单击形状图层按钮 ，在形状的右边绘制矩形如图10-23所示，得到图层"形状3"。单击添加图层蒙版按钮 ，给图层"形状3"添加蒙版，再利用线性渐变工具 编辑蒙版，得到如图10-24所示的效果。

图10-23 绘制形状　　　　　　图10-24 添加蒙版

选择直排文字工具 T ，设置适当的颜色、字体字号后在"形状 3"中输入文字，如图10-25所示，得到对应的文字图层。选择图层"形状3"及刚生成的文字图层，拖到图层"形状 2"的下面。

图10-25　输入文字

使用横排文字工具 T ，在画布底部输入文字并添加"描边"图层样式，得到如图10-26所示的效果，图10-27为制作过程。再分别选择横排文字工具 T 与直排文字工具 T ，输入其他的文字，完成作品，最终效果如图10-28所示，"图层"调板如图10-29所示。

图10-26　添加效果文字　　　图10-27　输入文字并添加图层样式

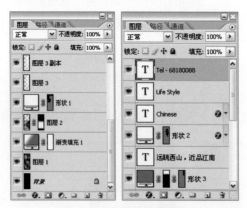

图10-28　最终效果　　　　　图10-29　"图层"调板

提示 本例最终效果请参考随书所附光盘中的文件"第10章\10.1.psd"。

招贴的特点

1．画面大

招贴不是捧在手上的设计作品，它需要张贴在热闹的公共场所，容易受到周围环境和各种因素的干扰，所以必须以大画面及突出的形象和色彩展现在人们面前。其规格有全开、对开、长三开及特大画面（八张全开等）。

2．远视感强

为了给来去匆匆的人们留下印象，除了面积大之外，招贴设计还要充分体现定位设计的原理，以突出的商标、标志、标题、图形，对比强烈的色彩或大面积的空白营造简练的视觉流程，使其成为视觉的焦点。如果就形式上区分广告与其他视觉艺术的不同，招贴可以说更具广告的典型性。

3．艺术性高

就招贴的内容性质而言，它包括了商业和非商业方面的多种内容。就每张招贴而言，其针对性又很强。

商业性的商品招贴往往以具有艺术表现力的摄影、造型写实的绘画和漫画形式表现居多，给消费者留下真实感人的画面和富有幽默情趣的感受。

而非商业性的招贴，内容广泛、形式多样，艺术表现力丰富。特别是文化艺术类的招贴画，根据广告的主题，可充分发挥想像力，尽情地施展艺术手段。许多追求形式美的画家都积极投身到招贴画的设计之中，并并且在设计中通过自己的绘画语言，设计出风格各异、形式多样的招贴画。不少现代派画家的作品就是以招贴画的面目出现的，美术史上也曾留下了他们诸多精彩的逸事和生动的画作。

下图所示是一些优秀的招贴设计作品。

10.2　听吧店内悬挂招贴

此例为听吧的招贴，将人物放大并与旁边红色的图案对比强烈，具有很强的视觉冲击力。招贴侧面通过文字传达出招贴的主题，在顶部的处理体现出音乐的特点，起到了很好的烘托作用。

此例涉及到的处理技术主要有混合模式、图层蒙版、矢量形状及图层样式。本例的操作步骤如下。

1．制作闪电

打开随书所附光盘中的文件"第10章\10.2-素材.psd"，此时"图层"调板如图10-30所示。

按Alt键单击"背景"图层左侧的眼睛图标 👁 ，隐藏所有素材图层。选择"背景"图层，使用色值为#e4d6a9的颜色填充。

显示图层"素材1"，将其重命名为"图层 1"，配合自由变换控框调整到如图10-31所示的状态，将图层混合模式设置为"变亮"，得到如图10-32所示的效果，添加图层蒙版得到如图10-33所示的效果。

图10-30　素材图像的"图层"调板

图10-31　调整素材

图10-32　设置混合模式后的效果

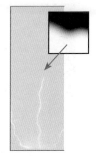

图10-33　添加蒙版

> **提示**　选中要添加蒙版的图层"图层 1"，单击添加图层蒙版按钮 ▢ ，然后激活蒙版，使用画笔工具 ✎ 并设置适当的画笔大小，用黑色在蒙版上涂抹，隐藏不需要的图像。

选择"图层1"，按快捷键Ctrl+J复制出一个图层"图层1副本"，按快捷键Ctrl+T调出自由变换控制框，将其调整到如图10-34所示的状态，按Enter键确认操作，效果如图10-35所示。

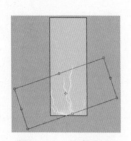

图10-34　调整图层　　　　　　　图10-35　确认后的效果

2．制作底图

显示图层"素材2"，将其重命名为"图层2"，配合自由变换控制框调整到如图10-36所示的状态。

将图层混合模式设置为"线性加深"，得到如图10-37所示的效果，添加图层蒙版得到如图10-38所示的效果，蒙版状态如图10-39所示。

图10-36　调整素材　　　　　　　图10-37　设置混合模式后的效果

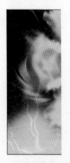

图10-38　添加蒙版后的效果　　　　图10-39　添加的蒙版

显示图层"素材3"，将其重命名为"图层3"，配合自由变换控制框调整到如图10-40所示的状态。将图层混合模式设置为"亮度"，得到如图10-41所示的效果，添加图层蒙版得到如图10-42所示的效果。

折叠或展开图层组

将图层组折叠起来有利于多图层的显示，单击图层组名称前的三角形按钮▽使其转换为▷形，即可折叠图层组。反之，在图层组处于折叠状态时，单击图层组名称前的三角形按扭▷使其转换为▽形，即可展开图层组。

如果要在折叠或展开的图层组中展开或折叠图层组中图层所具有的图层效果，可以在单击三角形按钮展开或折叠图层组时按住Alt键。

复制图层组

复制图层组可以执行以下操作之一。

选中要复制的图层组，然后选择菜单栏中的"图层>复制组"命令，或在"图层"调板的弹出菜单中选择"复制组"命令。在弹出的"复制组"对话框中设置参数后，单击"确定"按钮即可。

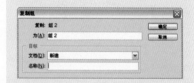

也可以将图层组拖至"图层"调板的创建新图层按钮上进行复制。

了解"路径"调板

与钢笔工具 配合使用的是"路径"调板，用户所创建的任何一条路径都会显示在"路径"调板中，利用"路径"调板用户可以有效地填充、勾勒、新建与删除路径。"路径"调板如下图所示。

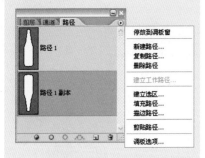

"路径"调板中各个按钮的含义如下。

- 填充路径按钮 ：可以用前景色填充路径。
- 描边路径按钮 ：可以用前景色和默认的画笔大小描边路径。
- 将路径作为选区载入按钮 ：可以将当前选择的路径转换为选区。
- 从选区生成工作路径按钮 按钮 ：可以将当前选区存储为工作路径。
- 创建新路径按钮 ：可以新建路径。
- 删除当前路径按钮 ：单击后在弹出的提示对话框中单击"是"按钮可以删除选中的路径。

图10-40　调整素材　　图10-41　设置混合模式　　图10-42　添加蒙版
后的效果

3．绘制框架

将前景色的颜色值设置为#de4607，使用矩形工具 绘制矩形，配合添加锚点工具 与直接选择工具 ，制作如图10-43所示的形状，得到图层"形状 1"和"形状 2"，图10-44为形状绘制流程。

形状 1
1.绘制矩形
2.添加锚点
3.调整锚点
4.绘制矩形
5.调整锚点
形状 2
6.绘制矩形
7.绘制矩形
8.绘制矩形

图10-43　绘制框架　　　　图10-44　形状绘制流程

> 提示　绘制完第1个形状后，在绘制第2个时应单击添加到形状区域按钮 。

4．绘制调整装饰形状

将前景色设置为白色，单击形状图层按钮 ，在画布中间偏左的地方绘制正圆，得到"形状 3"，如图10-45所示。再单击添加到形状区域按钮 ，绘制较小的圆，如图10-46所示。使用同样的方法绘制多个不同大小的圆，得到如图10-47所示的效果。

图10-45　绘制圆形　　图10-46　添加圆形　　图10-47　绘制形状

> 提示　单击添加到形状区域按钮 ，可以只生成一个形状图层，绘制完第1个圆形后单击即可，绘制其他的圆时该按钮已默认处于激活状态。

复制"形状3"得到"形状3副本"，双击图层缩览图，弹出"拾色器"对话框，设置颜色值为#e60011。确认后使用移动工具 将其向左移动，得到如图10-48所示的效果。

图10-48　复制并编辑图层

复制"图层3副本"得到"图层3副本2"，设置"填充"为0%，添加"描边"图层样式，参数设置如图10-49所示，确认后得到如图10-50所示的效果。

图10-49　"描边"设置　　　图10-50　添加图层样式后的效果

显示图层"素材4"，将其重命名为"图层4"，并配合自由变换控制框调整到如图10-51所示的状态。将图层混合模式设置为"正片叠底"，得到如图10-52所示的效果。

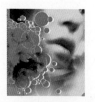

图10-51　调整素材　　　图10-52　设置混合模式后的效果

单击添加图层蒙版按钮 ，为"图层4"添加蒙版，再使用画笔工具 在蒙版上涂抹黑色，以隐藏多余的花朵图像，得到如图10-53所示的效果，蒙版状态如图10-54所示。

图10-53　添加蒙版后的效果　　　图10-54　蒙版的状态

正片叠底

将上方图层的混合模式设置为"正片叠底"时，最终将显示两个图层中较暗的颜色，另外在此模式下任何颜色与图像中的黑色重叠将产生黑色，任何颜色与白色重叠时该颜色保持不变。

下图所示是混合前的两幅素材图像的状态，以及设置混合模式后对应的"图层"调板。

下图所示是将上方图层的混合模式设置为"正片叠底"后的图像效果。

将选区转换为路径

在Photoshop中要由选区生成路径，需要首先使用制作选区的各种工具创建所需要的选区，或者按Ctrl键单击某一图层，以调出其非透明区域的选区。

在创建得到选区后，切换至"路径"调板中，按Alt键单击"路径"调板底部的从选区生成工作路径按钮，或者单击"路径"调板右上角的三角形按钮，在弹出菜单中选择"建立工作路径"命令，此时将弹出的"建立工作路径"对话框如下图所示。

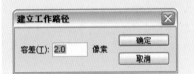

在"建立工作路径"对话框中，"容差"参数决定了由选区所生成的路径中包括的锚点数量，默认值为2个像素，其数值范围可从0.5个像素到10个像素。

如果选用一个较大的容差值，用于定位路径形状的锚点会比较少，得到的路径较平滑。如果选用一个较小的容差值，可用的定位点则较多，产生的路径也不平滑。

下图所示为将人物选中的原选区状态。

5. 输入文字并制作音乐效果

选择直排文字工具，设置适当的字体、字号后在画布顶部偏左的位置输入文字并设置颜色，效果如图10-55所示。

将前景色设置为白色，选择矩形工具，单击形状图层按钮，在刚才输入的文字的右边绘制矩形，如图10-56所示，得到"形状 4"，按快捷键Ctrl+Alt+T调出自由变换控制框并复制图像，将矩形向右水平移动复制出一个，确认后效果如图10-57所示。

图10-55　输入文字　　图10-56　绘制矩形　图10-57　复制矩形

多次按快捷键Ctrl+Alt+Shift+T重复上一次操作，得到如图10-58所示的效果。使用路径选择工具配合自由变换控制框调整矩形的高度，得到如图10-59所示的效果。

图10-58　复制出的矩形　　　　图10-59　调整后的效果

单击添加图层蒙版按钮，给图层"形状 4"添加图层蒙版，选择线性渐变工具，设置渐变类型为"黑色、白色"后在蒙版上拖动，得到如图10-60所示的效果。

图10-60　添加蒙版后的效果

利用横排文字工具及直排文字工具，设置适当的颜色、字体、字号后输入文字，完成作品，最终效果如图10-61所示，"图层"调板如图10-62所示。

 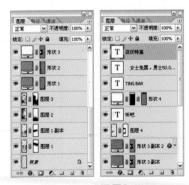

图10-61　最终效果　　　　　图10-62　"图层"调板

提示 本例最终效果请参考随书所附光盘中的文件"第10章\10.2.psd"。

10.3 舞厅宣传招贴

作品主体为一位舞者,其形体传达出一种狂热与激情,这是舞厅所具有的,杂乱的音符以及无规则形状也加强了画面的动感。画面文字标题处理为对比较强烈的黄色与黑色以突出主题,在画布的底部配以文字说明来介绍详细内容。本例的操作步骤如下。

1. 绘制矢量底纹

打开随书所附光盘中的文件"第10章\10.3-素材.psd",此时"图层"调板如图10-63所示,素材图像如图10-64所示。

隐藏图层"素材1",选择"背景"图层,将前景色设置为黑色,使用矩形工具▢并单击形状图层按钮▢,在画布内绘制形状,如图10-65所示,得到图层"形状 1"。

图10-63 "图层"调板　图10-64 素材图像　图10-65 绘制形状

将前景色的颜色值设置为#fff405,选择圆角矩形工具▢,单击形状图层按钮▢,设置"半径"为20像素,在画布中央绘制一个圆角矩形,如图10-66所示,得到"形状 2"。

复制"形状 2"得到"形状 2 副本",使用移动工具将其向下垂直拖动到如图10-67所示的位置。复制"形状 2"得到"形状 2 副本 2",按快捷键Ctrl+T调出自由变换控制框,将其缩放到如图10-68所示的状态,按Enter键确认变换操作。

 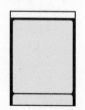 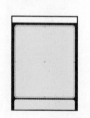

图10-66 绘制圆角矩形　图10-67 复制圆角矩形　图10-68 再次复制并
调整

下图所示是分别设置"容差"为0.5和2时得到的路径效果。

"容差"为0.5

"容差"为2

"图案叠加"图层样式

使用"图案叠加"图层样式，可以在图层上叠加图案，其选项面板及操作方法与"渐变叠加"样式的相似，如下图所示。

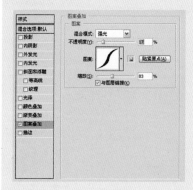

下图所示是利用"图案叠加"图层样式叠加图像前后的效果对比。

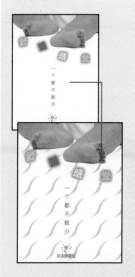

"色相/饱和度"命令

利用"色相/饱和度"命令不但可以调整整幅图像的色相及饱和度，还可以分别调整图像中不同颜色的色相及饱和度，其对话框如下图所示。

单击添加图层样式按钮，在弹出菜单中选择"渐变叠加"命令，设置参数如图10-69所示，确认后得到如图10-70所示的效果。

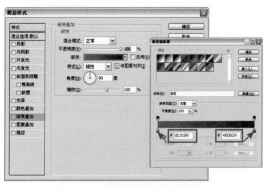

图10-69　"渐变叠加"参数设置　　图10-70　渐变叠加后的效果

2. 制作无机底纹

新建一个图层"图层1"，将其拖到图层最顶层，将前景色设置为白色，设置画笔大小为1个像素。

选择钢笔工具，单击路径按钮，绘制一些杂乱无章的路径，如图10-71所示。

在选择钢笔工具的状态下在画布中单击鼠标右键，在弹出菜单中选择"描边路径"命令，在弹出的对话框中选择"画笔"，并取消"模拟压力"复选框的勾选，确认后得到如图10-72所示的效果。将图层的"不透明度"设置为70%，得到如图10-73所示的效果。

图10-71　绘制路径　　图10-72　描边效果　　图10-73　设置"不透明度"后的效果

3. 处理人物效果

显示图层"素材1"并将其重命名为"图层2"，配合自由变换控制框调整到如图10-74所示的状态，为其添加剪贴调整图层"色相/饱和度1"，得到图10-75所示的效果。

单击添加图层蒙版按钮，为"图层1"添加蒙版，选择矩形选框工具，绘制如图10-76所示的选区。使用黑色填充蒙版，得到如图10-77所示的效果。

图10-74　添加素材

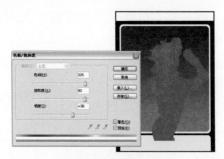

图10-75　调整颜色

图10-76　绘制选区

图10-77　添加蒙版

在"色相/饱和度"对话框中，各参数的解释如下。

给"图层 2"添加"投影"图层样式，参数设置如图10-78所示，确认后得到如图10-79所示的效果。

- 编辑：在此下拉列表中选择"全图"选项，将同时调整图像中的所有颜色。选择"红色"、"黄色"、"绿色"、"青色"、"蓝色"和"洋红"之中的一个选项，将仅调整图像中相应的颜色。也可以用右下方的吸管工具 在图像中定义要调整的颜色，然后拖动吸管下面的滑块选择颜色的范围。

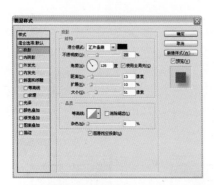

图10-78　"投影"设置

图10-79　添加图层样式后的效果

- 色相：用于调整图像颜色的色彩。

下图是在"编辑"下拉列表中选择了"青色"作为调整的颜色，并仅拖动"色相"滑块进行色彩调整的前后图像效果对比。

4. 利用形状制作修饰

选择"图层 1"为当前操作图层，选择自定形状工具 ，单击形状图层按钮 ，在图中分别用值为#db127c和#97255c的颜色绘制如图10-80所示的雪花形状，得到形状图层"形状 3"和"形状 4"。

使用同样的方法，继续使用值为#c4106f、#922c39和#db127c的颜色绘制形状，用路径选择工具 调整得到如图10-81和图10-82所示的形状，得到图层"形状 5"、"形状 6"和"形状 7"。

原图像状态

调色后的效果

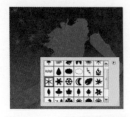

图10-80　绘制雪花形状

图10-81　绘制心形形状

■ 饱和度：用于调整图像颜色的饱和度。数值为正时，提高颜色的饱和度；数值为负时，降低颜色的饱和度。

■ 明度：用于调整图像颜色的亮度。

■ 着色：勾选该复选框并调整参数，可以为图像统一进行色彩的叠加处理。

动态参数：散布

在"画笔"调板中勾选"散布"复选框后，将看到如图所示的调板状态。

勾选"散布"复选框时的"画笔"调板中各主要参数的解释如下。

■ 散布：此参数控制笔划的偏离程度，百分数越大，偏离的程度越大，如下图所示。

图10-82 绘制音符形状

> **提示** 绘制形状时，在绘制完第1个形状后要单击添加到形状区域按钮，这样不会生成很多形状图层。绘制音符时，用路径选择工具，按快捷键Ctrl+T调出自由变换控制框调整大小、位置及角度。

5．利用画笔修饰底纹

新建一个图层"图层 3"，选择画笔工具，设置参数如图10-83所示，使用色值为#da127c的颜色绘制图像，效果如图10-84所示。

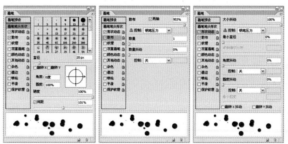

图10-83 "画笔"调板　　　　图10-84 圆点的效果

6．处理文字效果

将前景色的颜色值设置为#fff405，选择图层最顶层，使用横排文字工具，设置适当的字体、字号后在画布的下部输入文字，如图10-85所示，得到两个文字图层。

选择两个文字图层，按快捷键Ctrl+Alt+E合并拷贝图层，得到"DISSCO,CLUB（合并）"。给图层添加"投影"和"描边"图层样式，设置参数如图10-86所示，确认后得到如图10-87所示的效果。

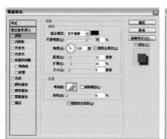
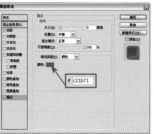

图10-85 输入文字　　　　图10-86 设置图层样式

图10-87　添加图层样式后的效果

复制"DISSCO,CLUB（合并）"得到"DISSCO,CLUB（合并）副本"，给图层添加图层样式"描边"，参数设置及效果如图10-88所示。

图10-88　添加"描边"图层样式

7. 制作文字框架并输入文字

选择最顶端的图层，使用矩形工具 、添加锚点工具 及直接选择工具 ，制作形状并输入文字，效果如图10-89所示，得到图层"形状8"和"形状9"及对应的文字图层，图10-90为制作流程图。

图10-89　制作形状并输入文字的效果

1.绘制矩形　　　　　　　　4.绘制直线
2.使用添加锚点工具添加锚点　5.复制直线
3.使用直接选择工具调整锚点　6.添加说明文字

图10-90　绘制形状及输入文字的流程图

8. 编辑主体文字

将前景色设置为黑色，选择横排文字工具 ，设置适当的字体、字号后在画布上方输入文字"带你去纽约HI舞"，得到对应的文字图层。添加图层样式"外发光"与"描边"，参数设置如图10-91所示，确认后得到如图10-92所示的效果。

- 两轴：勾选此复选框，画笔在X及Y两个轴向上发生分散，如果不勾选此复选框，则画笔只在X轴向上发生分散。
- 数量：此参数控制笔划上画笔的数量。
- 数量抖动：此参数控制在绘制时，画笔数量的波动幅度。

使用快捷键填充颜色

为选区或图层填充实色，最常用、最方便的方法是使用快捷键，按快捷键Alt+Delete可以为选区或当前图层填充前景色，按快捷键Ctrl+Delete填充背景色。

在非"背景"图层中进行填充时，按快捷键Alt+Shift+Delete可以在保护图层透明像素的情况下填充前景色，而按快捷键Ctrl+Shift+Delete可以在保护图层透明像素的情况下填充背景色。

在"背景"图层中按Delete键，可以为选区填充背景色，而在非"背景"图层中按Delete键，将删除选区中的像素。

智能对象概述

智能对象是Photoshop CS2提供的一项较先进的功能，使用它可以用智能对象的形式将一个位图文件或一个矢量文件嵌入到当前工作的Photoshop文件中。

以智能对象形式嵌入到Photoshop文件中的位图或矢量文件，能够与当前工作的Photoshop文件保持相对的独立，当修改当前工作的Photoshop文件或对智能对象执行缩放、旋转、变形等操作时，不会影响到嵌入的位图或矢量文件的源文件。

例如下图所示的"图层"调板中就包括了一个智能对象图层，辨认一个图层是否是智能对象图层的方法是观察图层缩览图右下角是否有一个特殊的标志。

特殊标志表示该图层是一个智能对象图层

智能对象的优点

笔者在使用智能对象的过程中，总结出智能对象的以下几个优点。

- 当工作于一个较复杂的Photoshop文件上时，可以将若干个图层保存为智能对象，从而降低Photoshop文件中图层的复杂程度，使其更便于管理和操作。

- 如果在Photoshop中对图像进行频繁的缩放，会引起图像信息的损失，最终导致图像变得越来越模糊；但如果将一个智能对象进行频繁缩放，则不会使图像变得模糊，因为这一过程并未改变外部子文件中的图像信息。

图10-91 "图层样式"对话框设置　　图10-92 添加图层样式后的效果

在文字图层"带你去纽约HI舞"的图层名称上单击鼠标右键，在弹出菜单中选择"编组到新建智能对象图层中"命令。

> **提示** 将图像转化为智能对象可以将所有的图层效果合在一起，在下面的操作中所有图层效果都会随文字变形而变动。

选择菜单栏中的"编辑>变换>变形"命令，通过调整控制句柄得到如图10-93所示的效果，按Enter键确认变换。使用移动工具将文字调整到如图10-94所示的状态，完成作品，"图层"调板如图10-95所示。

图10-93 "变形"调整　　　　　　图10-94 最终效果

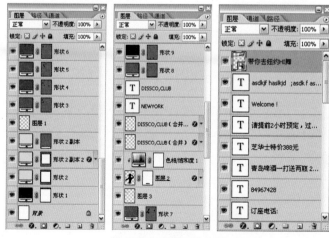

图10-95 "图层"调板

> **提示** 本例最终效果请参考随书所附光盘中的文件"第10章\10.3.psd"。

10.4 英语通销售点海报

本例中的照片不仅介绍了各国的风情，而且从侧面突出了海报的目的。橘黄色的色调营造出一种积极的氛围，促使消费者主动去了解和接受。

画面的底部放置宣传口号及联系方式，画面的左侧通过文字与图示，讲述了详细的内容。此例涉及的主要技术有变形、快速蒙版及图层混合。本例的操作步骤如下。

1. 制作底图

打开随书所附光盘中的文件"第10章\10.4-素材.psd"，此时的"图层"调板如图10-96所示。

隐藏所有的素材图层，选择"背景"图层，单击创建新的填充或调整图层按钮，在弹出菜单中选择"渐变"命令，弹出的对话框设置如图10-97所示，确认后得到如图10-98所示的渐变效果，得到图层"渐变填充 1"。

 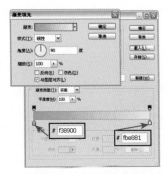 

图10-96 素材"图层" 　图10-97 "渐变"参数 　图10-98 渐变效果
调板

显示"素材1"，将其重命名为"图层 1"，配合自由变换控制框调整到如图10-99所示的状态。将图层混合模式设置为"滤色"，得到如图10-100所示的效果，添加蒙版得到如图10-101所示的效果。

图10-99 调整素材　图10-100 设置混合模式　图10-101 添加图层蒙版
后的效果

 添加蒙版时，选择"图层 1"后单击添加图层蒙版按钮 给"图层 1"添加蒙版，选择画笔工具 ，设置适当的大小并使用黑色在蒙版上涂抹。

由于Photoshop不能够处理矢量文件，因此所有置入到Photoshop中的矢量文件会被位图化，解决这个问题的方法就是以智能对象的形式置入矢量文件，从而实现在Photoshop中使用矢量文件的效果。

下面通过实例来深入了解智能对象的优点，下图是为智能对象图层中的图像添加了图层样式后的效果。

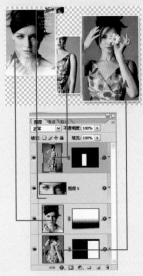

保存并关闭此智能对象文件后，原图像将发生相应的改变，下图所示为改变前后的图像对比效果。

创建智能对象

要创建智能对象可以使用下面操作方法中的一种。

- 使用"置入"命令为当前工作的Photoshop文件置入一个矢量文件或位图文件。
- 选择一个或多个图层后，在"图层"调板中选择"编组到新建智能对象图层中"命令或选择菜单栏中的"图层>智能对象>编组到新建智能对象图层中"命令。
- 直接将一个PDF文件或AI文件中的图层拖入Photoshop文件中。

导出智能对象

通过导出智能对象的操作，可得到一个包含所有嵌入到智能对象中的位图或矢量信息的文件。要导出智能对象，按下面的步骤操作。

1. 选择智能对象图层。

2. 选择菜单栏中的"图层>智能对象>导出内容"命令。

3. 在弹出的"存储"对话框中为文件选择保存位置并对其进行命名。

2. 制作标题文字

使用横排文字工具 T，设置适当的颜色、字体、字号后在画布的左上部输入文字，如图10-102所示。

显示图层"素材2"，将其重命名为"图层 2"，配合椭圆工具 ○、矩形工具 □ 及横排文字工具 T，在刚输入的文字的上方制作出如图10-103所示的效果，图10-104为制作流程图。

图10-102　输入文字

图10-103　制作标题

1. 绘制正圆
2. 添加蒙版并调整"不透明度"
3. 绘制直线并添加蒙版
4. 添加素材并输入文字
5. 给文字"1"添加蒙版

图10-104　标题制作流程图

> 提示　使用椭圆工具 ○ 绘制正圆，添加蒙版并设置"不透明度"为40%，再使用矩形工具 □ 绘制红色直线，添加素材并输入文字，最后为文字"1"添加蒙版。

选择从文字图层到最顶部图层的多个图层，按快捷键Ctrl+G创建组，将其放在一个组内，得到组"1st"，此时"图层"调板如图10-105所示。

复制组"1st"得到组"1st 副本"，使用移动工具 ↳ 将其拖到如图10-106所示的位置，修改相应的文字图层及素材，得到如图10-107所示的效果。

图10-105　"图层"调板　　　图10-106　复制组　　　图10-107　修改后的效果

> **提示** 修改文字时,选择要修改的文字图层,选择横排文字工具 T.,在需要修改处单击生成插入点,修改文字;图层"素材3"大小和位置调整到类似"图层2"的效果即可,将其重命名为"图层3"。

3. 制作形象标志

选择"通道"调板,新建一个通道"Alpha 1",结合椭圆选框工具 ○、"羽化"命令及滤镜制作出如图10-108所示的效果,图10-109为图像制作流程图。

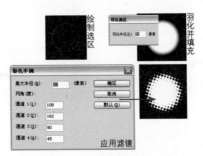

图10-108　制作图像效果　　　　图10-109　图像制作流程

> **提示** 执行"羽化"命令时可按快捷键Ctrl+Alt+D调出"羽化"对话框,使用滤镜时选择菜单栏中的"滤镜>像素化>彩色半调"命令。

载入通道"Alpha 1"的选区,返回"图层"调板,新建一个图层"图层4",用颜色#fdf0bb填充选区,效果如图10-110所示。然后配合自由变换控制框调整到画布的左上角,效果如图10-111所示,并将"图层4"拖动到图层最顶层。

图10-110　填充颜色　　　　图10-111　调整位置及大小

选择钢笔工具 ♦.,单击形状图层按钮 □,在"图层4"的图像上绘制形状,并添加"投影"图层样式,得到如图10-112所示的效果。

图10-112　绘制形状并添加图层样式后的效果

该滤镜模拟在图像的每个通道上使用扩大的半调网屏形成的效果。

下图为原图像的状态。

下图是保持其他参数不变,分别设置不同的"最大半径"后得到的不同图像效果。

重命名图层样式

在"样式"调板中重命名样式，可以执行以下操作之一。

■ 在需要重命名的样式图标上单击鼠标右键，在弹出菜单中选择"重命名样式"命令，在弹出的对话框中输入新样式的名称，单击"确定"按钮。

■ 双击当前需要重命名的样式图标，在弹出的对话框中输入新样式的名称，单击"确定"按钮。需要注意的是，如果当前选择了一个可添加图层样式的图层，在双击的同时，该样式会被应用于所选图层。

选择全部图像

要选择全部图像，可以选择菜单栏中的"选择>全选"命令或按快捷键Ctrl+A。

选择横排文字工具 T.，设置适当的颜色、字体、字号后在"形状3"上输入"英语通"，得到文字图层"英语通"。为其添加图层样式"投影"与"描边"后得到如图10-113所示的效果，图10-114为"图层样式"对话框设置。

图10-113　添加文字并设置图层样式的效果

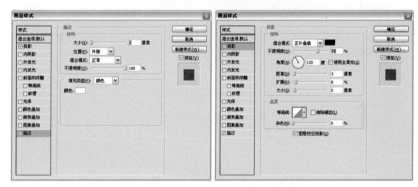

图10-114　"图层样式"对话框设置

4. 制作主体文字及其他文字

选择横排文字工具 T.，设置适当的颜色、字体、字号后在画布的左下部输入文字"山高人为峰英语通助你一臂之力！"并得到对应的文字图层，如图10-115所示。

图10-115　输入文字

将文字图层栅格化，选择套索工具 ，配合Shift键在文字上绘制如图10-116所示的选区。

山高人为峰
英语通助你一臂之力

图10-116　绘制选区

单击工具箱底部的以快速蒙版模式编辑按钮 ，图像状态如图10-117

所示，选择菜单栏中的"滤镜>像素化>晶格化"命令，参数设置如图10-118所示，确认后单击以标准模式编辑按钮 ▣ ，得到选区。

"晶格化"滤镜

该滤镜将像素结块为纯色多边形，类似于晶体中的晶格一样。

下图所示为原图像的状态。

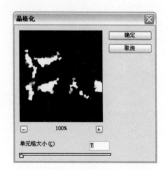

图10-117　快速蒙版状态

图10-118　"晶格化"对话框

下图所示是分别设置不同的"单元格大小"时，得到的图像效果。

选择移动工具 ▶ ，将选区图像向右下角移动，取消选区后添加"描边"图层样式，设置如图10-119所示，确认后得到如图10-120所示的效果。

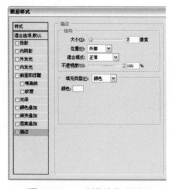

图10-119　"描边"设置

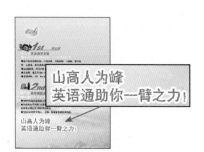

图10-120　文字的效果

> 提示　将文字图层删格化的方法是在图层名称上右键单击，在弹出菜单中选择"栅格化图层"命令。

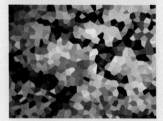

选择横排文字工具 T ，设置适当的颜色、字体、字号后在画布的底部输入如图10-121所示的文字，得到对应的文字图层。再利用矩形工具 ▭ ，单击形状图层按钮 ▭ ，在文字上面绘制一条直线，效果如图10-122所示，得到图层"形状4"。

图10-121　输入文字

图10-122　绘制直线

快速蒙版概述

在所选图像的背景较为复杂的情况下，通常无法使用创建选区工具或命令直接得到所需选区，此时可以借助快速蒙版完成选区的制作，这也是一种常用的制作选区的方法，其原理与使用Alpha通道制作选区的原理基本相同。

快速蒙版的特色就在于它与绘图工具的结合。以最常用的画笔工具 ✐ 为例，在进入快速蒙版状态后，当使用黑色作图时，将在图像中得到红色的区域，也就是退出快速蒙版编辑状态后的非选择区域；反之，当使用白色作图时，可以去除红色的区域，而这一部分使用白色绘制的区域，就是退出快速蒙版编辑状态后生成的选区；而如果用灰色作图的话，生成的选区就会带有一定的羽化效果。

选择刚刚取消的选区

如果希望载入最近一次载入的选区，可以选择菜单栏中的"选择>重新选择"命令或按快捷键Ctrl+Shift+D。

反相选择

选择菜单栏中的"选择>反选"命令可以选择当前选区内容以外的图像，也就是说现有选择范围刚好与原来的选择范围相反。

5．制作弯折照片

显示"素材4"，将重命名为"图层 5"，按快捷键Ctrl+T调出自由变换控制框，将图像调整到如图10-123所示的状态。在控制框内单击鼠标右键，在弹出菜单中选择"变形"命令，向上拖动最下方的控制点，得到如图10-124所示的效果，按Enter键确认变换。

 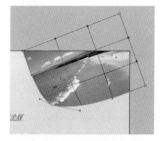

图10-123　调整素材的大小、位置及角度　　图10-124　变形素材图像

单击添加图层样式按钮 ✔ ，在弹出菜单中选择"投影"命令并设置参数。勾选"描边"复选框，设置参数如图10-125所示，确认后得到如图10-126所示的效果。

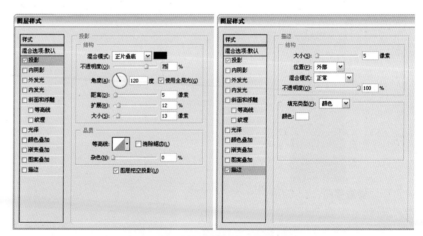

图10-125　"图层样式"对话框设置

图10-126　添加图层样式后的效果

> **提示**　下面来为图片绘制阴影。

使用多边形套索工具 ，绘制如图10-127所示的选区。

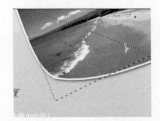

图10-127　绘制选区

按快捷键Ctrl+Alt+D弹出"羽化"对话框，设置参数如图10-128所示，确认后新建一个图层"图层6"，使用黑色填充，取消选区后的效果如图10-129所示。

图10-128　"羽化选区"对话框

图10-129　填充颜色

将"图层6"拖到"图层5"的下面，设置其"不透明度"为20%，得到如图10-130所示的效果。

图10-130　设置图层属性后的效果

提示 下面绘制照片弯折处的阴影。

新建一个图层"图层7"，将其拖到图层最顶层，选择画笔工具 ，设置适当的大小，在照片的折角处用黑色涂抹，效果如图10-131所示，然后将图层"不透明度"设置为30%，按快捷键Ctrl+Alt+G创建剪贴蒙版，得到如图10-132所示的效果。

图10-131　绘制图像

图10-132　照片阴影效果

取消当前选区

如果当前选区已经没有用处，可以通过以下两种方法取消选区：

- 选择菜单栏中的"选择>取消选择"命令或按快捷键Ctrl+D，取消选择当前选区。
- 使用选择工具在选区以外的区域单击以取消选区。

载入图层样式

要载入已有的图层样式，可以执行以下操作之一。

如果要载入Photoshop内置的图层样式，可以单击"样式"调板右上方的三角按钮 ，在弹出的如下图所示的菜单中选择需要载入的样式名称，在接下来弹出的提示对话框中单击"追加"按钮即可。

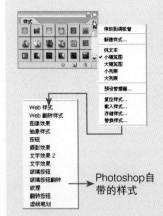

如果要载入外部的图层样式，可以单击"样式"调板右上方的三角按钮 ，在弹出菜单中选择"载入样式"命令，在弹出的"载入"对话框中选择需要载入的样式，单击"载入"按钮即可。

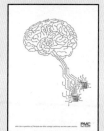

使用类似的方法制作其他素材的弯折的照片效果，得到如图10-133所示的效果。选择"图层6"以上的所有图层，按快捷键Ctrl+G创建组得到"组1"，完成作品，"图层"调板如图10-134所示。

图10-133　最终效果

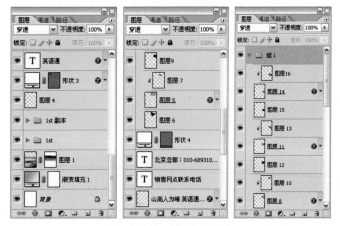

图10-134　"图层"调板

> **提示** 本例最终效果请参考随书所附光盘中的文件"第10章\10.4.psd"。

10.5 · 店内悬挂招贴

此例主体图像颜色饱和度较高，与较为柔和的背景形成对比，突出了主体部分。文字处理没有采用很艺术化的字体，主要保证文字简洁大方、易于辨认。

此例重点为剪贴蒙版、绘制形状、编辑形状、图层样式和渐变填充。本例的操作步骤如下。

1. 制作底图文字

打开随书所附光盘中的文件"第10章\10.5-素材.psd"，此时"图层"调板如图10-135所示，两张素材图像如图10-136所示。

隐藏素材图像，选择"背景"图层，将前景色的颜色值设置为#882674，按快捷键Alt+Delete进行填充。选择横排文字工具 T.，在画布的顶部输入文字，如图10-137所示，得到文字图层"EPOCH PLAZA"。

图10-135 "图层"调板　　图10-136 素材图像　　图10-137 输入文字

将文字图层复制两份并配合自由变换控制框调整到如图10-138所示的状态，并设置"EPOCH PLAZA 副本"的"不透明度"为50%，"EPOCH PLAZA 副本 2"的"不透明度"为20%，得到如图10-139所示的效果。

"不透明度"为50%

"不透明度"为20%

图10-138 复制并调整文字　　图10-139 设置"不透明度"后的效果

2．制作底图形状

使用椭圆工具 ○，配合"渐变叠加"图层样式制作出如图10-140所示的效果，得到两个形状图层"形状 1"与"形状 1 副本"，图10-141为图层样式设置。

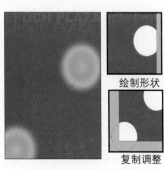

绘制形状

复制调整

图10-140 制作圆形

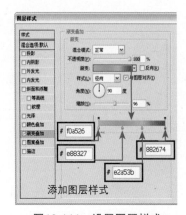

添加图层样式

图10-141 设置图层样式

海报／招贴设计：文化

文化海报是指各种社会文娱活动及各类展览的宣传海报。展览的种类很多，不同的展览有各自的特点，设计师只有充分了解展览或活动的主题才能运用恰当的方法表现其内容和风格。

下图所示是几幅典型的文化海报作品。

海报/招贴设计：电影

电影海报是海报的分支，它主要起到吸引观众注意、刺激电影票房收入的作用，与戏剧海报、文化海报等有几分类似。

下图所示是几幅典型的电影海报作品。

3. 绘制形状并编辑

选择钢笔工具，激活形状图层按钮，在画布的中间部分绘制如图10-142所示的形状并添加图层样式，设置如图10-143所示，得到如图10-144所示的效果。

图10-142 绘制形状   图10-143 "图层样式"对话框   图10-144 图层中样式的效果

单击创建新的填充或调整图层按钮，在弹出菜单中选择"渐变"命令，设置参数如图10-145所示，确认后按快捷键Ctrl+Alt+G创建剪贴蒙版，效果如图10-146所示，得到图层"渐变填充1"。

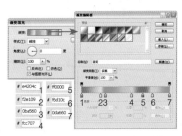 

图10-145 "渐变填充"及"渐变编辑器"设置   图10-146 添加渐变填充的效果

为图层"渐变填充1"添加剪贴调整图层，设置如图10-147所示，得到如图10-148所示的效果，得到图层"色相/饱和度1"。再创建剪贴调整图层，设置参数及效果如图10-149所示，得到图层"色调分离1"。

图10-147 "色相/饱和度"设置

图10-148 调整颜色的效果   图10-149 "色调分离"设置及效果

在彩条的底部绘制黑色矩形如图10-150所示，创建剪贴蒙版得到如图10-151所示的效果。

图10-150　绘制矩形　　　　　图10-151　创建剪贴蒙版

4．制作弧形形状

将前景色的颜色值设置为#ff6000，选择钢笔工具，单击形状图层按钮，在画布的右上角绘制如图10-152所示的形状，得到形状图层"形状 3"，图10-153为制作形状的流程。

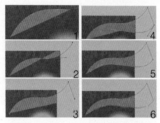

图10-152　绘制形状　　　　图10-153　绘制形状的过程

复制图层"形状 3"得到"形状 3 副本"，使用路径选择工具与直接选择工具，调整形状的位置并设置颜色值为#ffc000。再复制得到"形状 3 副本 2"，调整形状的位置并设置颜色为白色，为其添加"投影"图层样式后得到如图10-154所示的效果。

复制并调整得到黄色图形　复制并调整得到白色图形

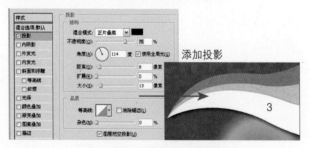

图10-154　制作形状的过程

选择图层"形状 3"、"形状 3 副本"和"形状 3 副本 2"，按快捷键Ctrl+Alt+G创建组，将图层放在一个组内，得到"组 1"。

复制"组 1"得到"组 1 副本"，选择菜单栏中"编辑>变换>旋转180度"命令，然后将图像调整到画布左边中间位置，效果如图10-155所示。

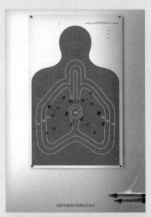

海报/招贴设计：公益

公益海报的作用是向公众传播明确的观念和思想，展现传统美德、公共伦理及社会关怀。

下图所示是几幅典型的公益海报作品。

合并剪贴蒙版

如果要合并剪贴蒙版中的全部图层，必须确保剪贴蒙版中的全部图层可见（剪贴蒙版中被隐藏的图层在合并时将被删除），在剪贴蒙版中的基层被选中的情况下，按快捷键Ctrl+E或选择菜单栏中的"图层>合并剪贴蒙版"命令即可。

如果剪贴蒙版中的基层是文字图层或形状图层，则必须在将文字图层或形状图层转换为普通图层后，才可以合并剪贴蒙版。

拼合图层

选择菜单栏中的"图层>拼合图像"命令或在"图层"调板的弹出菜单中选择"拼合图像"命令，即可合并所有图层。

如果当前图像中存在处于隐藏状态的图层，则选择"拼合图像"命令后将弹出如下图所示的确认对话框，询问用户是否删除隐藏图层。

单击"确定"按钮将删除隐藏图层，单击"取消"按钮则取消拼合操作。

将光标移到"形状 3 副本 5"的指示图层效果按钮 f 上，将其拖到"形状 3 副本 3"上面，得到如图10-156所示的效果。

图10-155　复制"组 1"并调整　　　图10-156　设置图层样式后的效果

5．添加人物

显示图层"素材1"，将其调整到如图10-157所示的位置。将其进行"色相/饱和度"调整，效果如图10-158所示。将图层名称修改为"图层1"。

 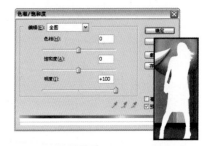

图10-157　添加素材　　　　　图10-158　调整色相

选择"图层 1"，添加"投影"图层样式，参数设置及效果如图10-159所示。

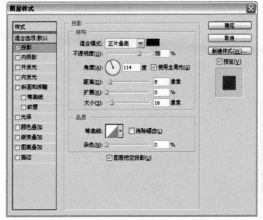 

图10-159　"投影"参数设置及效果

显示图层"素材2"，配合自由变换框调整素材到如图10-160所示的状态。按快捷键Ctrl+Alt+G创建剪贴蒙版，得到如图10-161所示的效果。单击添加图层蒙版按钮 ，使用画笔在蒙版上涂抹，得到如图10-162所示的效果，蒙版状态如图10-163所示，图10-164为整体效果。将图层名称修改为"图层2"。

图10-160　添加素材

图10-161　创建剪贴蒙版

图10-162　添加蒙版后的效果

图10-163　图层蒙版的状态

图10-164　整体效果

选择横排文字工具 T，设置适当的颜色、字体、字号后在画布中输入如图10-165所示的文字，得到对应的文字图层，并为除"欢迎登陆www.dzwh.com"以外的文字添加"投影"图层样式，参数设置及效果如图10-166所示。

图10-165　输入文字

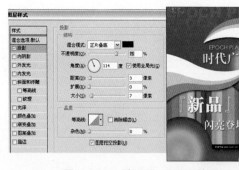

图10-166　"投影"设置及效果

> **提示**　各文字图层添加的图层样式都一样，可以添加一个图层样式，其他的复制图层样式即可。

使用圆角矩形工具 ▢ 与横排文字工具 T，在画布的左上角制作形象标志，完成作品。图10-167为形象标志制作过程，图10-168为添加图层样式的过程。最终效果如图10-169所示，"图层"调板如图10-170所示。

编辑智能对象

受到诸多方面的限制，能够对智能对象进行的操作是有限的，Photoshop中可以对智能对象进行以下操作：

可以对其进行缩放、旋转、变形等操作，但不能进行透视或扭曲等操作。

可以改变智能对象的混合模式、不透明度，也可以为其添加图层样式。

不可以直接对智能对象使用颜色调整命令，但可以通过为其添加一个专用的调整图层解决这一问题。

如前所述，智能对象的优点是能够在外部编辑智能对象的源文件，并使所有改变反映在当前工作的Photoshop文件中。具体操作方法如下。

1. 在"图层"调板中选择智能对象图层。

2. 直接双击智能对象图层或选择菜单栏中的"图层>智能对象>编辑内容"命令，或在"图层"调板的弹出菜单中选择"编辑内容"命令。

3. 无论是使用上面的哪一种方法，都会弹出如下图所示的确认对话框。直接单击"确定"按钮，则进入智能对象的源文件中。

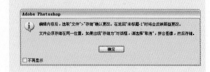

4. 在源文件中进行修改操作，然后按快捷键Ctrl+S或选择菜单栏中的"文件＞存储"命令，关闭此文件。

执行上面的操作后，修改后源文件的变化会反映在智能对象中。如果希望取消对智能对象的修改，可以按快捷键Ctrl+Z，此操作不仅能够取消在当前Photoshop文件中智能对象的修改效果，而且还能够使被修改的源文件也回退至未修改前的状态。

图层组的混合模式

默认情况下，图层组的混合模式是"穿过"，这表示图层组没有自己的混合属性。为图层组选择其他混合模式时，是将当前图层组看作是一个普通图层并与其下方的图层进行混合。

以"正常"模式为例，将图层组的混合模式设置为此模式时，该图层中的图层及其图层样式等所具有的混合模式均被强制设置为"正常"。也就是说，如果为图层组选择的混合模式不是"穿过"，则图层组中各图层的混合模式将不会应用于图层组的外部图层。

提示　制作时注意以下几点：1.绘制形状标志的黑色圆角矩形与彩色圆角矩形时设置工具选项条中的"半径"为10个像素。2.在变换图层时注意过程图4中箭头所示处为变换中心点。3.过程图6在删除多余形状时选择路径选择工具，选中要删除的形状删除。4.添加渐变时，在"渐变编辑器"对话框中单击小三角按钮，在弹出菜单中选择"复位渐变"，然后在"渐变选择框"内选择"色谱"渐变。

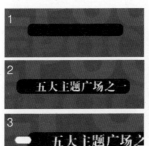

1.绘制形状
2.输入文字
3.绘制形状
4.变换形状
5.重复变换
6.最终形状

图10-167　绘制形象标志的过程

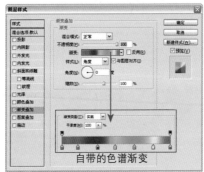

图10-168　添加图层样式的过程

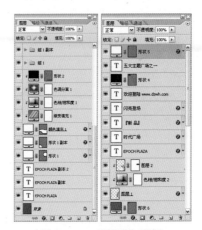

图10-169　最终效果　　　　图10-170　"图层"调板

提示　本例最终效果请参考随书所附光盘中的文件"第10章\10.5.psd"。

10.6 工作室特色宣传海报

画面包含元素较多，从古埃及到现在的时尚人物，从侧面体现出工作室的文化内涵。博闻广见为设计的源泉，在这里强调工作室具有出色的设计能力，是消费者可以信赖的团体。

本例使用到的技术主要有矢量蒙版、图层样式、混合模式、图案填充等。本例的操作步骤如下。

1. 绘制底图形状

打开随书所附光盘中的文件"第10章\10.6-素材.psd"，其中包括两幅素材图像，"图层"调板如图10-171所示。

隐藏所有素材图层，选择"背景"图层，将前景色的颜色值设置为#feee02，选择圆角矩形工具，单击形状图层按钮并设置"半径"为30个像素，在画布的右下方绘制圆角矩形，如图10-172所示，得到图层"形状1"。

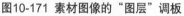

图10-171 素材图像的"图层"调板

图10-172 绘制圆角矩形

选择矩形工具，单击添加到形状区域按钮后绘制矩形，如图10-173所示。

 两个形状的最顶面要对齐,可选中两个图层后单击工具选项条中的顶对齐按钮执行对齐操作。

选择添加锚点工具，在矩形的左边添加两个锚点，如图10-174所示。选择直接选择工具，选择下面的那个锚点向右拖动，得到如图10-175所示的效果。

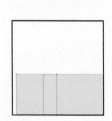

图10-173 绘制矩形

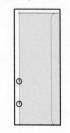

图10-174 添加锚点

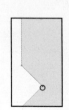

图10-175 调整锚点

栅格化智能对象

由于智能对象具有许多编辑限制，因此如果希望对智能对象进行进一步操作，例如为其添加滤镜，则必须要将其栅格化，即转换为普通的图层。

选择智能对象图层后，选择菜单栏中的"图层>智能对象>转换到图层"命令即可将智能对象转换为图层。

对齐链接/选中图层

选择菜单栏中的"图层>对齐"的子菜单命令，可以将所有链接或选中图层的内容与当前操作图层的内容对齐。下图所示为未对齐前的图像效果及其"图层"调板。

在选择"对齐"的子菜单命令前应先链接需要对齐的图层。子菜单命令有以下几项。

■ "顶边"命令：可将链接图层的最顶端像素与当前图层的最顶端像素对齐，下图所示为选择"图层1"后的对齐效果。

■ "垂直居中"命令：将链接图层垂直方向的中心像

素与当前图层垂直方向中心的像素对齐。

- "底边"命令：将链接图层的最底端的像素与当前图层的最底端的像素对齐。
- "左边"命令：将链接图层的最左端的像素与当前图层的最左端的像素对齐，下图所示为选择"图层1"后的对齐效果。

- "水平居中"命令：将链接图层的水平方向的中心像素与当前图层的水平方向的中心像素对齐。
- "右边"命令：将链接图层的最右端的像素与当前图层的最右端的像素对齐，下图所示为在"图层5"被选中的情况下，选择此命令得到的效果。

除了可以使用"图层>对齐"命令、"图层>将图层与选区对齐"命令进行操作外，还可以选择工具箱中的移动工具，利用如下图所示的工具选项条中的按钮进行操作。

其中从左至右分别选择中的一个按钮，可以实现"顶对齐"、"垂直居中对齐"和"底对齐"3种对齐效果。

2．添加底图素材

显示图层"素材1"并将其重命名为"图层 1"，配合自由变换控制框调整到如图10-176所示的状态。将图层混合模式设置为"正片叠底"，并创建剪贴蒙版，得到如图10-177所示的效果。

图10-176 调整素材　　　图10-177 设置混合模式并创建剪贴蒙版后的效果

为"图层1"添加图层蒙版，并在其中从左至右绘制从黑色到白色的线性渐变，以从左至右逐渐隐藏图像，得到如图10-178所示的效果，蒙版状态如图10-179所示。

图10-178 添加蒙版后的效果　　　图10-179 蒙版的状态

复制"图层 1"得到"图层 1 副本"，单击指示图层蒙版链接到图层按钮，解除链接，选择图层缩览图，按快捷键Ctrl+T调出自由变换控制框，调整到如图10-180所示的状态。

进行多次复制并调整，得到如图10-181所示的效果，得到"图层 1 副本 2"、"图层 1 副本 3"和"图层 1 副本 4"。

图10-180 调整素材　　　图10-181 多次复制调整后的效果

3．制作底图纹理

新建一个图层"图层 2"，将前景色与背景色设置为默认状态，选择菜单栏中的"滤镜>渲染>云彩"命令，得到如图10-182所示的效果。选择"通道"面板，复制"蓝"通道得到通道"蓝 副本"，调整"色阶"参数得到如图10-183所示的效果。

图10-182 "云彩"的效果

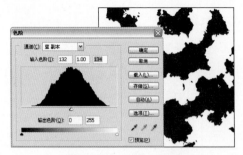

图10-183 调整"色阶"

> **提示** 通道中各通道的图像相似,可以任选一个通道。

　　载入通道"蓝 副本"的选区,返回"图层"调板,选择"图层2",单击添加图层蒙版按钮 ▣ ,给"图层 2"添加蒙版,得到如图10-184所示的效果。在图层蒙版上单击鼠标右键,在弹出菜单中选择"应用蒙版"命令。

　　单击添加图层蒙版按钮 ▣ ,再次给"图层 2"添加蒙版,载入"形状 1"矢量蒙版的选区,选择"图层 2"的图层蒙版使用黑色填充,再载入"图层 1"的蒙版选区,使用黑色填充,得到如图10-185所示的效果,蒙版状态如图10-186所示。

图10-184 添加蒙版
后的效果

图10-185 再次添加蒙版
后的效果

图10-186 蒙版的状态

4. 调整纹理颜色

　　选择"图层2",单击创建新的填充或调整图层按钮 ◑ ,在弹出菜单中选择"色相/饱和度"命令,弹出的对话框设置如图10-187所示,确认后按快捷键Ctrl+Alt+G创建剪贴图层,得到如图10-188所示的效果,得到"色相/饱和度 1"。

图10-187 "色相/饱和度"对话框

图10-188 创建剪贴图层后的效果

　　从左至右分别选择 ▣▣▣ 中的一个按钮,可以实现"左对齐"、"水平居中对齐"和"右对齐"3种对齐效果。

创建Alpha通道

　　按Alt键单击创建新通道按钮 ▣ 或选择"通道"调板弹出菜单中的"新通道"命令,弹出如下图所示的"新建通道"对话框。

　　在此对话框中,各参数的解释如下。

- 名称:在此文本框中输入新通道的名称。
- 被蒙版区域:单击此单选按钮后新建的通道显示为黑色,利用白色在通道中作图,白色区域成为对应的选区。
- 所选区域:单击此单选按钮后新建通道显示为白色,利用黑色在通道中作图,黑色区域成为对应的选区。
- 颜色:单击色块,在弹出的"拾色器"对话框中指定快速蒙版的颜色。
- 不透明度:在此指定快速蒙版的不透明度显示。

　　如果需要以默认的参数创建Alpha通道,可以直接单击"通道"调板下方的创建新通道按钮 ▣ 。

　　创建Alpha通道后,按住Ctrl键单击通道,或单击"通道"调

板下方的将通道作为选区载入按
钮 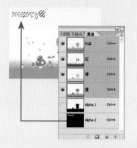 ，即可调出Alpha 通道保
存的选区，如下图所示。

新建Alpha通道的另外一种
方法是在当前图像文件中存在
选区的状态下，单击"通道"
调板下方的将选区存储为通道
按钮 ■ 。

Alpha通道越多，图像文件
越大，因此添加Alpha通道应该
根据情况而定。

"色阶"命令概述

"色阶"命令可以调整图像
的明暗度、中间色和对比度，是
图像调整过程中使用最为频繁的
命令之一。选择菜单栏中的"图
像>调整>色阶"命令，会弹出如
下图所示的对话框。

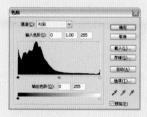

"色阶"对话框中各参数
的含义如下。

- 通道：在该下拉列表中可
  以选择要调整的通道，在
  调整不同颜色模式的图像
  时，该下拉列表中的选项
  也不尽相同。例如操作
  RGB模式的图像时，该下

将"图层 2"与"色相/饱和度 1"复制得到"图层 2 副本"与"色
相/饱和度 1 副本"，单击指示图层蒙版链接到图层按钮 ⑧ 将其链接解
除，将"图层 2 副本"的混合模式设置为"点光"，并调整"色相/饱和
度 1 副本"的参数，设置如图10-189所示，确认后配合自由变换控制框
调整到如图10-190所示的效果。

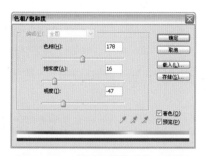

图10-189　"色相/饱和度"对话框　　　图10-190　调整后的效果

再次复制得到"图层 2 副本 2"与"色相/饱和度 1 副本 2"，调整
"色相/饱和度 1 副本2"的参数如图10-191所示，确认后配合自由变换控
制框调整到如图10-192所示的效果。

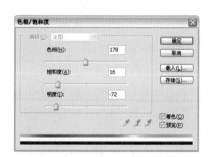

图10-191　"色相/饱和度"对话框　　　图10-192　调整后的效果

> 提示　下面制作一些无规则的形状放在图像中。

按住Alt键将"图层 2 副本 2"拖到"色相/饱和度 1 副本 2"的上
面，复制出一个图层"图层 2 副本 3"。

选择菜单栏中的"滤镜>风格化>查找边缘"命令，得到如图10-193
所示的效果。将图层混合模式设置为"颜色加深"，复制"图层 2 副本
3"得到"图层 2 副本 4"，配合自由变换控制框调整到如图10-194所示
的效果。

图10-193　应用滤镜的效果　　图10-194　设置混合模式并复制调整的效果

将前景色的颜色值设置为#feee02，选择自定形状工具 ，单击形状图层按钮 ，绘制如图10-195所示的形状，并配合自由变换控制框调整到如图10-196所示的效果，得到图层"形状 2"。

选择"形状 1"至"形状 2"的所有图层按快捷键Ctrl+G创建组，将其放在一个组内，得到"组 1"。

图10-195　绘制形状

图10-196　调整形状后的效果

5. 制作装饰形状

将前景色的颜色值设置为#87a438，使用椭圆工具 与矩形工具 制作出如图10-197所示的形状，图10-198为制作流程图，其中绘制形状的运算方式为添加到形状区域，得到"形状 3"。

复制"形状 3"得到"形状 3 副本"，双击图层缩览图，在弹出的"拾色器"对话框中设置颜色值为#ff0e00，设置图层混合模式为"叠加"，并配合自由变换控制框调整到如图10-199所示的效果。

图10-197　绘制形状

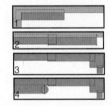

图10-198　绘制形状流程

图10-199　复制并调整形状后的效果

复制"形状 3 副本"得到"形状 3 副本 2"，设置图层混合模式为"差值"，并配合自由变换控制框调整到如图10-200所示的效果。

将前景色设置为白色，选择椭圆工具 ，单击形状图层按钮 ，按住Shift键在画布左上角绘制一个正圆，如图10-201所示，得到"形状 4"。此时"图层"调板如图10-202所示。

图10-200　再次复制调整

图10-201　绘制正圆

图10-202　"图层"调板

拉列表中显示"RGB"、"红"、"绿"和"蓝"4个选项，而在灰度模式下，由于此时只有一个"灰色"通道，所以该下拉列表将不再提供任何选项。

■ 输入色阶：分别拖动"输入色阶"直方图下面的黑、灰或白色滑块或在"输入色阶"数值框中输入数值，可以对应改变照片的暗调、中间调或高光，从而增加图像的对比度。向左拖动白色滑块或灰色滑块，可以加亮图像；向右拖动黑色滑块或灰色滑块，可以使图像变暗。

■ 拖动"输出色阶"下面的控制条上的滑块或在"输出色阶"数值框中输入数值，可以重新定义暗调和高光值，以降低图像的对比度。其中向右拖动黑色滑块，可以降低图像暗部对比度从而使图像变亮；向左拖动白色滑块，可以降低图像亮部对比度从而使图像变暗。

■ 存储及载入：单击"存储"按钮，在弹出的对话框中可以将当前对话框的设置保存为一个*.ALV文件，在以后的工作中如果遇到需要做同样的设置，可以单击"载入"按钮调出该设置文件。

■ 自动：单击"自动"按钮后Photoshop将自动调整图像，其实质是Photoshop以0.5%的比例调整图像的亮度，将图像中最亮的像素变成白色，将最暗的像素变成黑色，使图像中的亮度分布更均匀，消除图像不正常的亮部与暗部像素。

色阶：调整图像明暗

在Photoshop中要使用"色阶"命令调整图像，可以照以下提示拖动各个滑块，以尽快达到调整图像的操作目的。

- 要增加图像的明度可以拖动"输入色阶"区域中的白色滑块。

- 要降低图像的明度可以拖动"输出色阶"区域中的白色滑块。

- 要增加图像的暗度可以拖动"输入色阶"区域中的黑色滑块。

- 要降低图像的暗度可以拖动"输出色阶"区域中的黑色滑块。

举例来看，下图所示是原图像的状态。

下图所示是利用此命令调整前后的图像效果对比。

色阶：黑、白吸管调色

除使用"输入色阶"与"输出色阶"对图像进行调整外，还可以使用"色阶"对话框中的3个吸管工具对图像进行调整。

从左到右的3个吸管依次为设置黑场吸管 ✒、设置灰点吸

6. 制作网格图层及文字

单击创建新的填充或调整图层按钮 ⬭，在弹出菜单中选择"图案"命令，参数及效果如图10-203所示，得到图层"图案填充 1"。

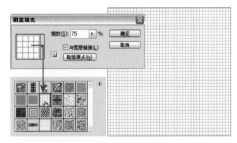

图10-203 制作"图案填充"图层

> **提示** 此处添加网格图案，是为了下面制作文字及到后面给文字添加纹理时进行参考。此图案为图案列表中的"拼贴"图案，单击图案选择框右边的小三角按钮，在弹出菜单中选择"图案"载入，即可使用此图案。

将前景色设置为黑色，选择矩形工具 ▭，单击形状图层按钮 ⬚，在图中沿网格绘制如图10-204所示的矩形，得到图层"形状 5"。使用添加锚点工具 ⬥ 给形状添加锚点，如图10-205所示。

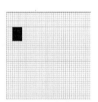
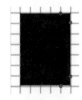

图10-204 绘制矩形 　　图10-205 添加锚点

选择转换点工具 ⬧ 在添加的锚点上单击，再选择删除锚点工具 ⬦ 将矩形右边两个直角上的点删除，得到如图10-206所示的形状。选择矩形工具 ▭，单击其工具选项条中的从形状区域减去按钮 ◰，绘制如图10-207所示的矩形。

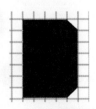
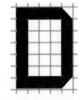

图10-206 删除锚点后的形状 　　图10-207 绘制矩形

选择矩形工具 ▭，单击创建新的形状图层按钮 ⬚，在"形状 5"图像的右边绘制如图10-208所示的矩形，得到图层"形状 6"。选择直接选择工具 ▹，按住Alt键拖动形状，复制出一个并调整到如图10-209所示的位置。重复以上操作再复制出一个，位置如图10-210所示。

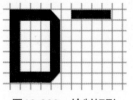

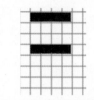
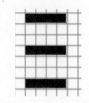

图10-208　绘制矩形　　　图10-209　复制并调　　图10-210　再次复制
　　　　　　　　　　　　　　　　　整位置　　　　　　　　并调整

按快捷键Ctrl+Alt+T调出自由变换控制框并复制图像，将形状调整到如图10-211所示的状态。

使用同样的方法制作其他的文字，效果如图10-212所示，得到图层"形状7"、"形状8"、"形状9"和"形状10"。

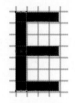

图10-211　调整形状　　　　　图10-212　制作其他文字

7．调整形状文字

选择图层"形状5"、"形状6"、"形状7"、"形状8"、"形状9"和"形状10"，按快捷键Ctrl+G创建组得到"组2"，并按快捷键Ctrl+Alt+E合并拷贝图层得到图层"组2（合并）"，给图层"组2（合并）"添加"渐变叠加"图层样式，得到如图10-213所示的效果。

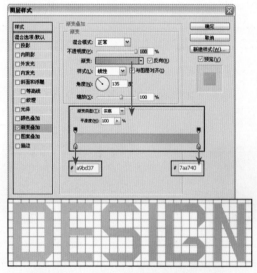

图10-213　添加"渐变叠加"图层样式

选择图层"图案填充1"，将其拖到图层"组2（合并）"的上面，并在图层名称上单击鼠标右键，在弹出菜单中选择"栅格化图层"命

管 🖋 和设置白场吸管 🖋，单击其中任一吸管，然后将光标移到图像窗口中，光标将变成相应的吸管形状，单击即可完成色调调整。

黑、白吸管的工作原理是，当用户分别使用设置黑场吸管 🖋 与设置白场吸管 🖋 在图像的最暗与最亮（注意不是黑色与白色）区域内单击时，可以分别将图像最暗与最亮处的像素映射为黑色与白色，并使Photoshop按改变的幅度重新分配图像中所有像素，从而调整图像。下面分别讲解两个吸管工具的作用。

- 设置黑场吸管 🖋：用该吸管在图像中单击，Photoshop将定义单击处的像素为黑点，并重新分布图像的像素值，从而使图像变暗，此操作类似于在"输入色阶"区域中向右侧拖动黑色滑块。下图所示为原图像及使用设置黑场吸管工具重新定义图像暗调后的效果。

- 设置白场吸管 🖋：与设置黑场吸管相反，Photoshop将定义设置白场吸管所单击处的像素为白点，并重新分布图像的像素值，从而使图像变亮，此操作类似于在"输入色阶"区域中向左侧拖动白色滑块，

但此操作更直观、更精确。下图所示为原图像及使用设置白场吸管单击图中箭头所指的位置后得到的效果。

盖印可见图层

如果要盖印两个可见图层，选择上方的图层按快捷键Ctrl+Alt+E，即可将上方图层中的图像盖印至下方图层，而上方图层中的图像不会发生变化。但执行盖印操作的两个可见图层必须连续，即两个图层的中间不能有隐藏图层。

要盖印所有可见的图层，应确保要包括的图层是可见的，选择目标图层，按快捷键Shift+Ctrl+Alt+E即可。

下图所示为在所有图层上方执行"盖印所有可见图层"操作前后的"图层"调板状态对比。

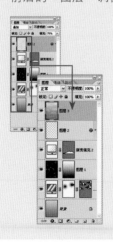

令，将图层栅格化，按快捷键Ctrl+I将图像反相，状态如图10-214所示。

载入图层"组2（合并）"的图像选区，给"图案填充1"添加蒙版，设置混合模式为"滤色"。单击创建新的填充或调整图层按钮，在弹出菜单中选择"曲线"命令，设置相应参数，确认后按快捷键Ctrl+Alt+G创建剪贴蒙版，得到如图10-215所示的效果，得到图层"曲线1"。

　　　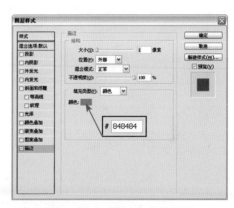

图10-214　"反相"后的局部效果　　　　图10-215　调整"曲线"及效果

8. 制作文字及形状的效果

选择横排文字工具T，输入如图10-216所示的文字，并将各个文字图层的"填充"设置为0%。添加"描边"图层样式并设置如图10-217所示，确认后得到如图10-218所示的效果。

图10-216　输入文字　　　　图10-217　"描边"参数设置

图10-218　"描边"后的效果

> **提示**　下面在文字前面添加一个修饰形状。

选择椭圆工具，单击形状图层按钮，按住Shift键在画布左侧绘制正圆，如图10-219所示，得到图层"形状11"。

按快捷键Ctrl+Alt+T调出自由变换控制框并复制图像，调整到如图10-220所示的状态，按Enter键确认变换操作。在选择路径选择工具 的情况下，单击工具选项条中的从形状区域减去按钮 ，制作得到一个圆环图形。

图10-219　绘制正圆

图10-220　调整形状

选择矩形工具 并单击从形状区域减去按钮 ，在圆环的右下方绘制矩形，如图10-221所示。设置图层"形状11"的"填充"为0%，并添加"描边"图层样式如图10-222所示，得到如图10-223所示的效果。

图10-221　绘制矩形

图10-222　"描边"参数设置

图10-223　图层样式效果

9. 调整人物素材

显示"素材2"并其重命名为"图层3"，配合自由变换控制框调整到如图10-224所示的状态。添加"描边"图层样式如图10-225所示，确认后得到如图10-226所示的效果。

图10-224　添加人物

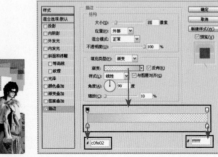

图10-225　"描边"参数设置

图10-226　添加图层样式后的效果

色阶：设置灰点吸管

在使用素材图像的过程中，不可避免地会遇到一些偏色的图像，而使用"色阶"对话框中的设置灰点吸管工具 可以轻松地解决这个问题。

设置灰点吸管工具 纠正偏色操作的方法很简单，只需要使用吸管单击图像中某种颜色，即可在图像中消除或减弱此种颜色，从而纠正图像中的偏色现象。

下图所示是对一幅偏红的图像利用设置灰点吸管校正颜色前后的图像效果对比。

样式中的"等高线"

在多个图层样式的对话框中，都可以设置"等高线"参数，例如"投影"、"外发光"、"光泽"、"斜面和浮雕"等。使用等高线可以定义图层样式效果的外观，单击此下三角按钮 ，将弹出如下图所示的"等高线"选择框，可在其中选择等高线的类型，默认情况下Photoshop自动选择线性等高线。

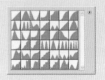

如果读者的软件中没有显示出上图中这么多的等高线，则需要单击该等高线选择框右上角的三角按钮 ，在弹出菜单中选择底部的"等高线"命令，并在接下来弹出的确认对话框中，单击"确定"以载入等高线，如下图所示。

制作单色图像

前面介绍了在"色相/饱和度"对话框中勾选"着色"复选框可以为整体图像叠加一个单一的色彩。

在勾选"着色"复选框后，对话框中的"编辑"下拉列表将变为灰色不可用状态，此时只能拖动"色相"、"饱和度"及"明度"的3个滑块，对图像的色彩进行调整。

下图所示是原图像，及勾选了"着色"复选框后为图像着色得到的效果对比。

"阴影/高光"命令

此命令可以分析出图像中过暗或过亮部分的细节，通过调整适当的参数，将它们完整地展现出来。

单击创建新的填充或调整图层按钮 ，在弹出菜单中选择"色相/饱和度"命令，弹出的对话框设置如图10-227所示，确认后按快捷键Ctrl+Alt+G创建剪贴蒙版，生成"色相/饱和度2"。

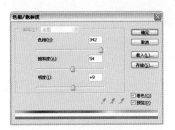

图10-227 "色相/饱和度"对话框

按照上面的方法，再创建剪贴调整图层"亮度/对比度1"，设置如图10-228所示，得到如图10-229所示的效果。

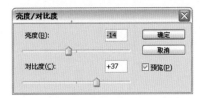

图10-228 "亮度/对比度"对话框　　　图10-229 调整后的效果

10. 制作形状并输入文字

使用矩形工具 ，单击形状图层按钮 ，在画布的底部绘制如图10-230所示的形状，得到图层"形状12"、"形状13"、"形状14"、"形状15"和"形状15副本"，图10-231为制作过程（形状颜色详细见光盘文件）。

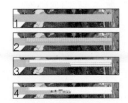

图10-230 绘制形状　　　　图10-231 形状制作过程

选择横排文字工具 ，设置适当的颜色、字体、字号后在刚绘制的形状上输入文字，如图10-232所示，得到对应的文字图层。

图10-232 输入文字

11. 制作画布顶部的文字

继续使用横排文字工具 ，设置适当的颜色、字体、字号后在画布

的顶部输入文字，如图10-233所示，得到对应的文字图层。将文字图层
"设计时尚"转化为形状，并调整到如图10-234所示的效果。

图10-233　输入文字　　　　　　　图10-234　调整形状

　　将前景色设置为黑色，使用矩形工具 ■，单击形状图层按钮 ■，
绘制如图10-235所示的形状，得到"形状 16"。使用路径选择工具 ▶，
选择形状，单击从形状区域减去按钮 ▣，得到如图10-236所示的最终效
果，"图层"调板如图10-237所示。

图10-235　绘制形状　　　　　　　图10-236　最终效果

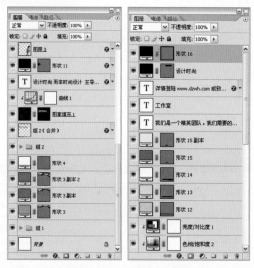

图10-237　"图层"调板

　　提示　本例最终效果请参考随书所附光盘中的文件"第10章\10.6.psd"。

10.7　店内食品海报

　　干净、清洁是食品类海报的基本要求，此例画面处理上选择大量矢
量图形，配以精美的说明图片，来讲述具体内容。

　　选择菜单栏中的"图像>
调整>阴影/高光"命令，弹出
如下图所示的"阴影/高光"对
话框。

■　阴影：拖动其滑块即可改
　　变暗部区域的明亮程度，
　　数值越大暗部区域越亮。
■　高光：拖动其滑块即可改
　　变高光区域的明亮程度，
　　数值越大高光区域越暗。

　　下图所示为原图像及应用
该命令后的效果对比。

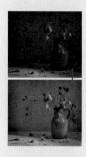

海报招贴的设计原则

　　1．一目了然，简洁明确：
为了使人在一瞬之间、一定距离
外能看清楚所要宣传的事物，在
设计中往往采取一系列假定手
法，突出重点，删去次要的细节
甚至背景，并可以把不同时间、
不同空间发生的活动组合在一
起。也经常运用象征手法，启发
人们的联想。

　　2．以少胜多，以一当十：
招贴画属于"瞬间艺术"。要做
到在有限的时空下让人过目难
忘、回味无穷，就需要做到"以
少胜多，以一当十"。招贴艺术
通常从生活的某一侧面不是从一

切侧面来再现现实。在选择设计题材的时候，选择最富有代表性的现象或元素，就可能创作出"言简意赅"的好作品。有时尽管构图简单，却能够表现出吸引人的意境，达到了情景交融的效果。

3．表现主题，传达内容：设计意念只有成功地表现主题，清楚地传达海报的内容信息，才能使观众产生共鸣。因此设计者在构思时一定要了解海报的内容及中心思想，在此基础之上才能有的放矢地进行创意表现。

扭曲图像

扭曲图像是应用非常频繁的一类变换操作。通过此类变换操作，可以使图像在任何一个控制句柄处发生变形。

选择菜单栏中的"编辑>变换>扭曲"命令，将光标移至变换控制框附近或控制句柄上，当光标变为一个箭头▶时拖动鼠标，即可使图像发生拉斜变形。在得到需要的效果后释放鼠标，并按Enter键或在控制框内部双击以确认扭曲操作即可。下图所示为原图像及"图层"调板的状态。

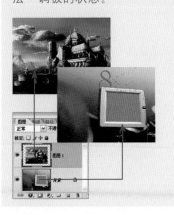

本例涉及的主要技术为绘制人物时使用的钢笔工具、绘制形状工具及处理图片的蒙版与图层样式。本例的操作步骤如下。

1．制作底图条纹

打开随书所附光盘中的文件"第10章\10.7-素材.psd"，其中包括12张素材图片，"图层"调板如图10-238所示。

将前景色的颜色值设置为#e76182，选择矩形工具▭，单击形状图层按钮▭，在画布中绘制如图10-239所示的形状，得到"形状1"。

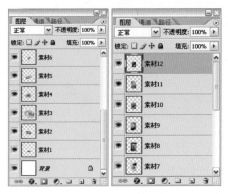

图10-238　素材"图层"调板

图10-239　绘制形状

复制图层"形状1"得到"形状1副本"，双击图层缩览图弹出"拾色器"对话框，设置颜色值为#fdc9d5，确认后将其向右拖到如图10-240所示的位置。

使用同样的方法复制并使用色值为#fb86a3填充形状，调整位置制作出如图10-241所示的效果，得到图层"形状1副本2"。

图10-240　复制并编辑

图10-241　再次复制并编辑

选择"形状1"、"形状1副本"和"形状1副本2"，将其拖动至创建新图层按钮▭上，复制图层，保持选择的图层，使用移动工具▶⊕移动到如图10-242所示的位置。

将前景色设置为白色。选择矩形工具▭，单击形状图层按钮▭，在画布内绘制如图10-243所示的矩形，得到图层"形状2"。

图10-242　复制并调整位置

图10-243　绘制矩形

复制"形状2"得到"形状2副本",将其拖动到如图10-244所示的位置。选择"形状1"到"形状2副本2",按快捷键Ctrl+G创建组,将图层放在一个组内,得到"组1"。按快捷键Ctrl+Alt+E合并盖印图层,得到图层"形状2副本(合并)",并将其拖到"组1"的上面。

图10-244　复制矩形

2．调整底图条纹

隐藏"组1",选择"形状2副本(合并)",按快捷键Ctrl+T调出自由变换控制框,按住Ctrl键拖动控制句柄到如图10-245所示的状态,按Enter键确认变换。

单击添加图层蒙版按钮 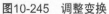,给图层"形状2副本(合并)"添加蒙版,选择线性渐变工具 ,设置渐变类型为"黑色、白色",在蒙版上拖动,得到如图10-246所示的效果,蒙版状态如图10-247所示。

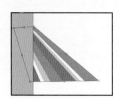  

图10-245　调整变换　　图10-246　添加蒙版　　图10-247　蒙版状态

3．制作圆环

将前景色的颜色值设置为#ee84b5,选择椭圆工具 ,单击形状图层按钮 ,按住Shift键在画布的右侧绘制正圆,如图10-248所示,得到图层"形状3"。

复制"形状3"得到"形状3副本",双击图层缩览图弹出"拾色器"对话框,设置颜色值为#e2808d,确认后配合自由变换控制框调整到如图10-249所示的效果。使用同样的方法,制作出如图10-250所示的效果。

  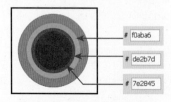

图10-248　绘制正圆　图10-249　复制并调整　图10-250　多次复制并调整

下图所示是变换图像后得到的效果。

斜切图像

在Photoshop中要斜切图像,可以在调出自由变换控制框后在其中单击鼠标右键,在弹出菜单中选择"斜切"命令,此时,光标变为 形,拖动鼠标即可进行斜切操作;或者直接选择菜单栏中的"编辑>变换>斜切"命令,使用调出的变换控制框对图像进行斜切变换操作。

此时拖动各个控制句柄即可使图像在光标移动的方向上发生斜切变形,下图所示为对图像执行斜切操作的示例。

历史记录

在新建或打开了图像后,该调板就会记录用户所做的每一步操作,显示方式为"图标+操作名称",从而便于用户清楚地看出当前图像曾经执行的操作。

默认状态下,"历史记录"调板只记录最近20步的操作,要改变记录步骤的数量,可以选择菜单栏中的"编辑>预设>常规"命令或按快捷键Ctrl+K，在弹出的"首选项"对话框中改变默认的参数值。

在进行一系列操作后，如果希望回退至某一个历史状态，只需要使用鼠标左键单击该历史记录的名称即可，此时在所选历史记录后面的操作都将呈灰色显示，如下图所示。

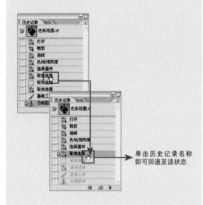

单击历史记录名称即可回退至该状态

描边路径

要对路径进行描边，可以按下面步骤操作。

1．显示"路径"调板，在调板中选择需要进行描边的路径，如下图所示。

2．将前景色设置为描边线条所应该具有的颜色。

3．在工具箱中选择需要用于描边操作的工具，通常选择画笔工具 。

4．在其工具选项条中设置该工具所使用的画笔大小及"不透明度"、"模式"等参数。

选择"形状3"到"形状3副本4"，按快捷键Ctrl+Alt+E合并盖印图层，得到图层"形状3副本4（合并）"。再选择"形状3"到"形状3副本4"，按快捷键Ctrl+G创建组，将图层放在一个组内，得到"组2"。

隐藏"组2"，选择"形状3副本4（合并）"，配合自由变换控制框，将其调整到如图10-251所示的位置，按Enter键确认变换。复制图层得到"形状3副本（合并）副本"，调整大小和位置后得到如图10-252所示的效果。

图10-251　调整位置　　　　　图10-252　复制并调整

4．绘制云彩形状

将前景色的颜色值设置为#e6a9cb，选择自定形状工具 ，单击形状图层按钮 ，绘制如图10-253所示的形状，得到"形状4"。

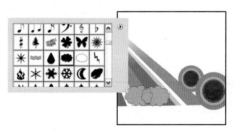

图10-253　绘制形状

> **提示**　绘制完第1个形状，在绘制第2个形状时要单击添加到形状区域按钮 ，这样不会生别的形状图层。

将前景色的颜色值设置为#ef847c，选择钢笔工具 ，单击形状图层按钮 ，绘制如图10-254所示的形状，得到"形状5"。使用同样的方法绘制其他的形状，得到如图10-255所示的效果，得到"形状6"（颜色值#e3297c）和"形状7"（颜色值#ffa5cd），图10-256为第1个形状绘制的流程图。

图10-254　绘制形状　图10-255　多次绘制　　图10-256　形状制作流程

5．制作花朵

利用第3步的方法制作出如图10-257所示的效果，得到图层"形状8"、"形状8副本"、"形状8副本2"和"形状8副本3"。

选择图层"图层8"、"图层8副本"、"图层8副本2"和"图层8副本3"，按快捷键Ctrl+Alt+E合并盖印图层，得到图层并命名为"圆"。复制"圆"两次，得到"圆副本"和"圆副本2"，并结合自由变换控制框调整得到如图10-258所示的状态。

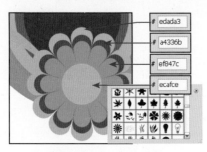

edada3

a4336b

ef847c

ecafce

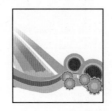

图10-257　绘制形状　　　　图10-258　复制并调整

选择"形状1"至"圆副本2"的所有图层，按快捷键Ctrl+G创建组，命名为"底图"。

6．绘制人物

将前景色的颜色值设置为#f8e50d4，选择钢笔工具，单击形状图层按钮，在图中绘制人物脸部如图10-259所示得到"形状9"，图10-260为绘制流程图。

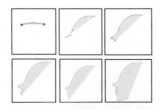

图10-259　绘制脸部　　　　图10-260　脸部绘制流程图

按照上面的方法，使用色值为#ed8431，在人物的脸部相应位置绘制嘴唇，如图10-261所示，得到"形状10"。将前景色修改为黑色，绘制出衣服，如图10-262所示，得到"形状11"。

图10-261　绘制嘴唇　　　　图10-262　绘制衣服

5．单击"路径"调板中的用画笔描边路径按钮，即可得到所需要的效果。

下图所示为描边前的路径，及按照上述方法描边路径后的图像效果。

复制与删除组

要复制组，可以按如下步骤之一进行操作。

- 在组被选中的情况下，选择菜单栏中的"图层>复制组"命令。
- 在"图层"调板弹出菜单中选择"复制组"命令，即可以复制当前组。
- 将组拖至"图层"调板中创建新图层按钮上，待高光显示线出现时释放鼠标左键，即可以复制该组。

删除图层组

如果需要删除组，将目标组拖至"图层"调板下方的删除图层按钮上，待该按钮高亮显示时释放鼠标左键即可。

在一个图层组被选中的情况下，单击"图层"调板右上角的小三角按钮，在弹出菜单中选择"删除组"命令，或者直接单击"图层"调板底部的删除图层按钮，此时将弹出如下图所示的确认对话框。

在上图所示的对话框中，单击"仅组"按钮，将仅删除组，该组中的图层全部被移出该组；单击"组和内容"按钮，可以删除组及其中的所有图层。

分布链接/选中图层

选择菜单栏中的"图层>分布"的子菜单命令，可以平均分布链接或选中图层中的图像，其子菜单命令如下所述。

- "顶边"命令：从每个图层的顶端像素开始，以平均间隔分布链接的图层，下图所示为执行该命令后的效果。

- "垂直居中"命令：从每个图层的垂直居中像素开始，以平均间隔分布链接的图层。
- "底边"命令：从每个图层的底部像素开始，以平均间隔分布链接的图层。
- "左边"命令：从每个图层的最左边像素开始，以平均间隔分布链接的图层，下图所示为执行该命令后的效果。

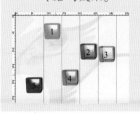

将前景色的颜色值设置为#9a3428，选择钢笔工具，单击形状图层按钮，在人物头后绘制如图10-263所示的发缕。得到"形状 12"。使用同样的方法制作其他的头发，效果如图10-264所示（颜色值参见光盘文件），图10-265为绘制发缕的流程图。

图10-263 绘制发缕

图10-264 绘制头发

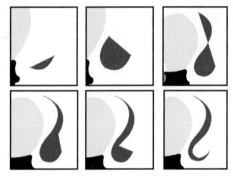

图10-265 绘制发缕流程图

7. 绘制耳机

将前景色设置为白色，选择矩形工具，单击形状图层按钮，在人物的头上绘制矩形并调整角度，得到如图10-266所示的耳机带，得到图层"形状 17"。

将前景色设置为黑色，选择椭圆工具，按住Shift键在人物耳朵处绘制一个正圆，效果如图10-267所示，得到图层"形状 18"。复制两次图层"形状 18"，得到"形状 18 副本"和"形状 18 副本 2"，调整大小并设置颜色后得到如图10-268所示的效果，此时"图层"调板如图10-269所示。

图10-266 绘制耳机带

图10-267 绘制耳机外缘

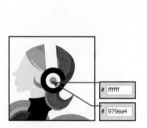

图10-268　绘制其他形状

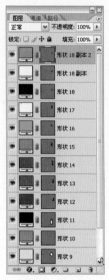

图10-269　"图层"调板

> **提示**　下面制作耳机的其他部分。

将前景色的颜色值设置为#979ea4，选择矩形工具 ▢，单击形状图层按钮 ▢，在白色的耳机带上绘制矩形，调整角度后得到如图10-270所示的效果，得到图层"形状 19"。

图10-270　绘制形状

新建一个图层"图层 1"，将前景色设置为黑色，设置画笔大小为3个像素。选择钢笔工具 ◊，单击路径按钮 ▨，在耳机上绘制如图10-271所示的路径并单击右键，在弹出菜单中选择"描边路径"命令，在弹出对话框中选择"画笔"，取消"模拟压力"复选框的勾选，确认后得到如图10-272所示的效果。

图10-271　绘制路径

图10-272　描边的效果

将前景色的颜色值设置为#f4cca9，选择钢笔工具 ◊，单击形状图层按钮 ▢，在图中绘制人物的手臂，效果如图10-273所示，得到图层"形状 20"。

- "水平居中"命令：从每个图层的水平中心像素开始，以平均间隔分布链接的图层。
- "右边"命令：从每个图层最右边像素开始，以平均间隔分布链接的图层。

除了可以使用"图层 > 分布"的子菜单命令进行操作外，还可在选择移动工具 ⊹ 的情况下，利用工具选项条进行操作。

其中从左至右分别选择 ▤▦▥ 中的一个按钮，可以实现按顶分布、按水平居中分布和按底分布3种分布效果。

从左至右分别选择 ▥▥▥ 中的一个按钮，可以实现按左分布、按垂直居中分布和按右分布3种分布效果。

图层组的不透明度

在设置一个图层组的不透明度时，相当于将图层组中的所有图层看作一个图层，调整图层组的不透明度后，图层组中的所有图层的属性将一起改变。

图10-273　绘制手臂

关于矢量蒙版

使用图层矢量蒙版是另一种控制显示或隐藏图层中图像的方法，通过图层矢量蒙版可以创建具有锐利边缘的蒙版。

值得一提的是，图层矢量蒙版是通过钢笔或形状工具所创建的矢量图形，因此在输出时矢量蒙版的光滑程度与分辨率无关，能够以任意一种分辨率进行输出。

另外，由于图层矢量蒙版其本质仍是一种蒙版，具有与图层蒙版相同的特点。因此前面学习到的关于图层蒙版的操作内容，也同样适用于矢量蒙版。

添加矢量蒙版

添加图层矢量蒙版包括显示全部、隐藏全部及使用当前路径创建矢量蒙版3种，其具体操作方法如下。

要添加显示全部的图层矢量蒙版，在"图层"调板中选中要添加图层矢量蒙版的图层，选择菜单栏中的"图层>矢量蒙版>显示全部"命令，下图所示为应用此命令添加矢量蒙版后的"图层"调板。

选择"形状 9"至"形状 20"的所有图层，按快捷键Ctrl+G创建组，将所选图层放在一个组内，并命名为"人"。

选择组"人"，按快捷键Ctrl+Alt+E合并盖印，得到图层"人（合并）"。隐藏组"人"，选择"人（合并）"，为其添加"描边"图层样式后得到如图10-274所示的效果。

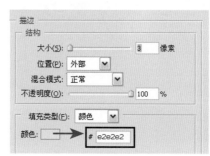

图10-274　"描边"设置及效果

8．制作画布上面的图像效果

显示图层"素材1"，将其重命名为"图层 2"，并调整到如图10-275所示的状态。选择圆角矩形工具，单击路径按钮，设置"半径"为15个像素，在图中绘制如图10-276所示的路径。

图10-275　素材状态　　　　　图10-276　绘制路径

按快捷键Ctrl+Enter将路径转化为选区，单击添加图层蒙版按钮，给"图层 2"添加图层蒙版，效果如图10-277所示。

给图层添加"描边"图层样式，设置如图10-278所示，得到如图10-279所示的效果。显示"素材2"并重命名为"图层 3"，调整素材到如图10-280所示的效果，按住Alt键拖动"图层 2"的蒙版至"图层3"的名称上，以复制图层蒙版。

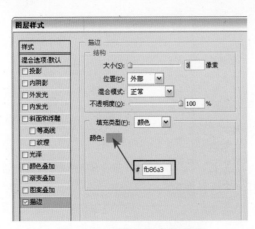

图10-277　添加图层蒙版　　　图10-278　"描边"参数设置

要添加隐藏全部的图层矢量蒙版,在"图层"调板中选中要添加图层矢量蒙版的图层,选择菜单栏中的"图层>矢量蒙版>隐藏全部"命令,下图所示为应用此命令添加矢量蒙版后的"图层"调板。

图10-279　添加图层样式后的效果　　　图10-280　调整素材

单击"图层3"的蒙版与图层缩览图之间的链接图标解除链接,使用移动工具将蒙版水平移动,得到如图10-281所示的效果。

按住Alt键将"图层1"中的"描边"图层样式拖至"图层3"的名称上,以复制图层样式,得到如图10-282所示的效果。使用同样的方法,利用"素材3"至"素材6"制作出如图10-283所示的效果,得到"图层4"、"图层5"、"图层6"和"图层7"。

要以当前路径创建矢量蒙版,可先在"路径"调板中选择用于创建矢量蒙版的路径,然后在"图层"调板中选中要创建矢量蒙版的图层,选择菜单栏中的"图层>矢量蒙版>当前路径"命令即可。

图10-281　水平移动蒙版　　图10-282　添加图层样式后的效果　　图10-283　制作其他图像效果

9. 制作画布下面的图像效果

将前景色设置为白色,使用矩形工具,单击形状图层按钮,在画布底部绘制矩形,如图10-284所示,得到"形状21"。

继续选择矩形工具,单击从形状区域减去按钮,在绘制的矩形上绘制另一个矩形将原矩形挖空。然后利用路径选择工具选择矩形,按Alt键向右水平拖动形状,进行多次复制以制作出框架效果,流程图如图10-285所示。

删除矢量蒙版

删除图层矢量蒙版，可以选择菜单栏中的"图层>矢量蒙版>删除"命令，或在"图层"调板中单击图层矢量蒙版并拖至删除图层按钮 🗑 上。

如果要删除图层矢量蒙版中的某一条或某几条路径，可以使用工具箱中的路径选择工具 ▶ 将路径选中，然后按Delete键删除。

需要注意的是，使用形状工具创建的形状图层所拥有的蒙版也是矢量蒙版，但由于该图层自身的特性，当删除了该矢量蒙版中的所有路径时，将弹出如下图所示的对话框。

此时如果单击第1个单选按钮单击"确定"按钮后即删除当前的这个形状图层；如果单击第2个单选按钮，那么就会删除当前形状图层的矢量蒙版，而保留图层缩览图，在这种情况下该形状图层中的色彩会覆盖整个画布；如果单击第3个单选按钮，那么就只删除矢量蒙版中的路径，保留矢量蒙版。

图10-284　绘制矩形

图10-285　制作流程表图

显示"素材7"至"素材12"，修改名称为对应的图层名称，配合自由变换控框调整到如图10-286所示的状态。利用矩形选框工具 ▭，分别在每个图层上绘制比上面矩形稍小的选区，单击添加图层蒙版按钮 ▢ 添加蒙版，得到如图10-287所示的效果。

图10-286　调整素材

图10-287　添加蒙版后的效果

将"图层 2"以上的所有图层选中，按快捷键Ctrl+G创建组，将其放在一组内，并命名为"图"。选择横排文字工具 T，设置适当的颜色、字体、字号后输入文字如图10-288所示。为文字图层添加"描边"图层样式，设置如图10-289所示，确认后得到如图10-290所示的最终效果，"图层"调板如图10-291所示。

图10-288　输入文字

图10-289　"描边"参数设置

图10-290　最终效果

图10-291　"图层"调板

提示　本例最终效果请参考随书所附光盘中的文件"第10章\10.7.psd"。

C 形折页

将六折页叠成双层三折页，最后一折页插入其他页面或折页之上。所以 C 形折页的尺寸通常会比正常折的尺寸小些。

毛边

指纸张的边缘比较粗糙，由造纸机在造纸时做成。机做纸有两个毛边，而手工做的纸有四个毛边。如不切除它可用作装饰，因为看起来像是手撕的纸边一样。

背胶背封

指有背胶的封面，在封面上可能还做了模切工艺，便于读者撕下背胶。

半切

用月刀在底质上划出印迹，主要是便于折叠。其性质与模切相近。

双层折叠插页

把三折页放进书的中间，所以其尺寸要比内页的尺寸小，这样才能藏于内页之中。

叠码（爬码）

主要用于骑马订装订时，不同折手或页面之间的偏移量。

凹印

凹印的原理与凸印相同，只是模印凹进底质表层。

模切

一种工艺，用月刀切去书页中的某些部分或特定的图形。

凸印

凸印是指将凸模印入纸中以形成凸起表面（无油墨）的效果。

交叉折叠

指不同方向的两个或更多折页，特别是右折页之间的折叠，一般在做书时会出现交叉折叠。

包装设计

11.1	11.2
糕点包装设计	润之源药品包装设计

11.3	11.4	11.5
中草药面贴膜包装设计	月饼包装设计	空气清新剂包装设计

包装早期的功能仅仅是保护产品本身不受到损害，但随着人们审美情趣的不断提高，产品的包装设计越来越受到重视。对于设计师而言，如何为产品设计一个漂亮、精致的外包装也就成为了一门必备功课。

本章分析了5个不同门类的包装实例，同时介绍了大量的包装设计理论知识，读者在学习制作方法的同时，应及时理解和消化这些重要的、具有指导意义的理论知识。

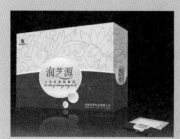

11.1　糕点包装设计

包装结构设计概述

对于包装设计，能够吸引消费者的眼球是最重要的，同时又要体现产品特性。此包装在设计上以此产品的照片为中心，这也是食品包装设计中较为常用的一种手法，既能让消费者比较直观地了解产品的特性，又可以引起其食欲，促进购买行为。

在制作上使用文字变形、图层样式等处理文字，使其富于动感且醒目。在辅助图形的制作上采用了蒙版、通道和滤镜，使画面更加丰富。绘制形状的操作在本例中也频频出现。本例的操作步骤如下。

包装结构设计也被称为容器设计。在当前的形势下，包装已经被设计为多种多样的形态，下图所示是一些典型的产品包装设计作品。

1．制作背景

打开随书所附光盘中的文件"第11章\11.1-素材.psd"，用颜色值为c1d347的颜色填充背景。设置前景色的颜色值为527721，选择矩形工具□并在其工具选项条中单击形状图层按钮，在画布上方绘制一个矩形，得到"形状1"，如图11-1所示。

2．制作包装中的叶子图像

显示"素材1"将其重命名为"图层1"并移动到图像的左下方如图11-2所示的位置，按快捷键Ctrl+Alt+T调出自由变换控制框并复制图像，单击鼠标右键，在弹出菜单中选择"水平翻转"命令，水平移动复制出的图像到原图像右侧如图11-3所示的位置，得到"图层1副本"。按Enter键确认变换操作。

图11-1　绘制矩形　　图11-2　移动素材图像　　图11-3　复制并变换图像

3．制作圆环图像

显示"素材2"并将其重命名为"图层2"，缩小并移动到如图11-4所示的位置。

设置前景色的颜色值为#bb953b，使用椭圆工具◯在图像中央绘制一个正圆，如图11-5所示，得到"形状2"。

按快捷键Ctrl+Alt+T调出自由变换控制框并复制图像，按住快捷键Ctrl+Shift缩小形状到如图11-6所示的状态。使用路径选择工具▶选择刚刚绘制的路径，在其工具选项条中单击从形状区域减去按钮▣，得到如图11-7所示的效果。

大部分设计师面对的是最常见的纸盒结构设计，如下图所示。

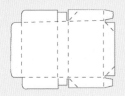

由于目前纸盒的结构设计日趋完美，而且已有许多种类可供选择，在绝大部分的工作项目中无需设计师重新设计结构。因此设计师的工作基本上是对盒体进行美化处理，即包装装潢设计。

变形文字

Photoshop具有使文字变形的预设变形样式，利用这些样式可以使文字效果更加丰富。要设置文字变形可以按如下步骤进行操作。

1. 在"图层"调板中选择要变形的文字图层为当前操作图层，选择文字工具，或直接将插入点插入到要变形的文字中。

2. 单击工具选项条中的创建文字变形按钮，弹出"变形文字"对话框，单击"样式"右

图11-4　变换图像

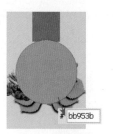

图11-5　绘制形状

图11-6　复制并变换图像

图11-7　形状运算后的效果

为"形状 2"添加"投影"图层样式，得到如图11-8所示的效果。

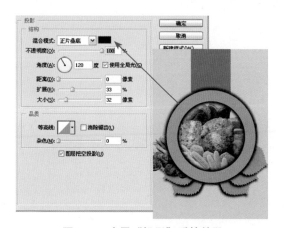

图11-8　应用"投影"后的效果

显示"素材 3"，将其重命名为"图层 3"，得到如图11-9所示的效果。复制"图层 3"得到"图层 3 副本"，将其缩小到如图11-10所示的状态。

图11-9　显示素材图像

图11-10　变换并复制图像

选择横排文字工具，设置适当的字体、字号及颜色，在圆环上输入几个红色星形，如图11-11所示。单击创建文字变形按钮，设置弹

出的对话框后得到如图11-12所示的效果。将星形向下移动，得到如图11-13所示的效果。

图11-11　输入星形　　　图11-12　文字变形　　　图11-13　移动图像

提示 添加星形时，可以打开输入法的软键盘，选择特殊符号后单击软键盘上相应的键。

4. 修整图像

下面将露出圆环的"图层2"图像去除。选择"图层2"，为其添加图层蒙版，设置前景色为黑色，用画笔在超出圆环的图像上涂抹，得到如图11-14所示的效果，其蒙版状态如图11-15所示。

图11-14　添加图层蒙版后的效果　　　图11-15　图层蒙版状态

在"图层2"的下方新建一个图层"图层4"。将圆环中透出绿色背景的部分涂黑，得到如图11-16所示的效果。此时的"图层"调板如图11-17所示。

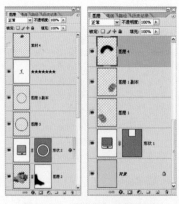

图11-16　涂抹后的效果　　　图11-17　"图层"调板状态

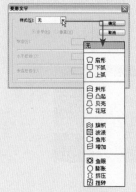

侧的下三角按钮，弹出变形选项列表，如下图所示。

下面介绍"变形文字"对话框中的重要参数。

- 样式：在此下拉列表中可以选择15种不同的文字变形效果。

- 水平/垂直：单击"水平"单选按钮可以使文字在水平方向上发生变形，单击"垂直"单选按钮可以使文字在垂直方向上发生变形。

- 弯曲：此参数用于控制文字扭曲变形的程度。

- 水平扭曲：此参数用于控制文字在水平方向上的变形程度。

- 垂直扭曲：此参数用于控制文字在垂直方向上的变形程度。

- 如果要取消文字变形效果，可以在"变形文字"对话框的"样式"下拉列表中选择"无"选项。

3. 选择一种变形样式后，"变形文字"对话框中的参数被激活。用户可以一边预览文字效果，一边调整各项参数。

4. 对文字效果满意后，单击"变形文字"对话框中的"确定"按钮，确认变形效果，得到变形文字，如下图所示。

5．如果要对其他文字进行变形设置，则继续按照第1-4步进行处理即可。

包装设计的重要性

包装装潢是依附于包装结构上的平面设计，是包装外表上的视觉形象，主要由文字、照片、插图、图案等要素构成。

包装的装潢设计不是单纯的画面装饰，它必须是一定商品信息传达和视觉审美传达相结合的设计。

许多读者都会有这样的体验：在超市中对某种商品的兴趣往往是在无意间被引发的，并会进一步购买这些不在计划中的商品。

实际上，消费者的上述购买行为并不是无中生有的。美国杜邦公司通过大量市场调查发现，有63%的消费者会依据商品的包装形象是否投己所好来决定是否要购买该商品，换言之，消费者的这些购买行为在某种程度上受到了商品包装装潢设计的影响。

由此不难看出，一件商品的包装装潢设计的好坏对于消费者

5．制作包装的主体文字

选择横排文字工具 ，设置适当的字体、字号及字体颜色，在圆环的下部输入如图11-18所示的文字。为其设置"描边"图层样式，得到如图11-19所示的效果。

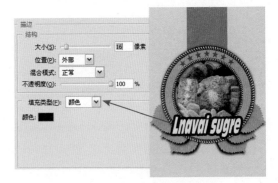

图11-18　输入文字　　　　图11-19　应用"描边"后的效果

单击创建文字变形按钮 并设置弹出的对话框，得到如图11-20所示的效果。

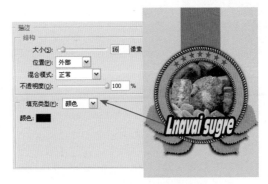

图11-20　文字变形后的效果

使用同样的方法，在圆环的右下方输入如图11-21所示的文字，得到相应的文字图层。将其顺时针旋转22°，得到如图11-22所示的效果。

图11-21　输入文字　　　　　图11-22　旋转文字

为刚才得到的文字图层设置"描边"图层样式，得到如图11-23所示的效果。

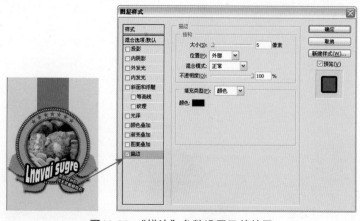

图11-23 "描边"参数设置及其效果

单击创建文字变形按钮 ，在弹出的对话框中设置参数以扭曲文字，得到如图11-24所示的效果。

图11-24 变形文字后的效果

6．制作小的信息文字

显示"素材 4"，效果如图11-25所示，将其重命名为"图层 5"。为其设置"描边"图层样式后得到如图11-26所示的效果。

图11-25 显示素材图像　　图11-26 应用"描边"后的效果

在"图层 5"的图像上输入如图11-27所示的文字，得到相应的文字图层。设置"描边"图层样式后得到如图11-28所示的效果。

的购买行为具有直接而且关键的影响，在某种程度上消费者会将商品的包装形象与产品形象等同起来。很显然，在质量与价格基本相同的情况下，商品包装装潢设计的好坏就成为影响消费者购买哪一件商品的决定性因素了。

包装设计：一致性

整体一致性设计，即包装的几个面都采用相同的设计方案，从而使所有侧面都与主展面一样成为"主展面"，这样消费者在任何角度看到的都是一样的产品外观，从而强化产品的视觉效果。下图所示是在设计一致性方面比较出色的包装作品。

包装设计：跨面设计

所谓跨面设计，即将文字、照片、插图和图案跨面编排，从而将几个面联接为一个主体，形成一个大的"主展面"。在设计时需要注意每个面应该保持相对的完整性，以保证消费者在仅观察一个面时也能够得到有关产品的重要信息，如下图所示。

图11-27　输入文字

图11-28　应用"描边"图层样式

单击创建文字变形按钮 并设置弹出的对话框，得到如图11-29所示的效果。

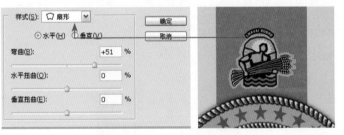

图11-29　文字变形后的效果

在图像的下方和左上角分别输入文字，得到如图11-30所示的效果。在左上角文字上绘制一椭圆，得到"形状 3"，如图11-31所示。

图11-30　输入文字

图11-31　绘制形状

按快捷键Ctrl+Alt+T调出自由变换控制框并复制图像，按住快捷键Shift+Alt缩小形状到如图11-32所示的状态，按Enter键确认变换操作。单击从形状区域减去按钮 ，得到如图11-33所示的效果。

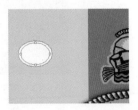

图11-32　复制并缩小形状

图11-33　形状运算后的效果

单击添加图层蒙版按钮，为"形状 3"添加图层蒙版。选择线性渐变工具，在蒙版上绘制渐变，得到如图11-34所示的效果，其蒙版状态如图11-35所示。

图11-34　添加图层蒙版后的效果

图11-35　图层蒙版状态

选择图层"形状 3"与文字图层"100%纯天然"，将其逆时针旋转27°得到如图11-36所示的效果。

图11-36　旋转图像后的效果

7. 制作包装下部的色块

切换至"通道"调板，新建一个通道"Alpha 1"，使用矩形选框工具在图像下方绘制一个选框并填充白色，得到如图11-37所示的效果。

通过使用"喷溅"滤镜得到如图11-38所示的效果。按住Ctrl键单击其缩览图以载入其选区。

切换至"图层"调板，新建一个图层"图层 6"，将其拖至所有图层的最上方。用颜色值为#4b7713的绿色填充，得到如图11-39所示的效果。

图11-37　通道填充

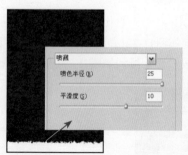

图11-38　应用"喷溅"

图11-39　填充选区后的效果

创建空白Alpha通道

单击"通道"调板底部的创建新通道按钮可以按照默认状态新建一个空白Alpha通道。

如果要对创建出的Alpha通道的参数进行设置，可以按住Alt键单击"通道"调板的创建新通道按钮或选择"通道"调板弹出菜单中的"新通道"命令，将弹出如下图所示的对话框。

"新建通道"对话框中的参数含义如下。

- 名称：在此文本框中可输入新通道的名称。
- 被蒙版区域：单击此单选按钮后，新建的Alpha通道显示为黑色，Alpha通道中的白色区域代表选区。
- 所选区域：单击此单选按钮后，新建的Alpha通道显示为白色，Alpha通道中的黑色区域代表选区。
- 颜色：单击色块，在弹出的"拾色器"对话框中可以指定快速蒙版的颜色。
- 不透明度：在此指定快速蒙版的不透明度显示。

将通道作为选区载入

在“通道”调板中选择任意一个Alpha通道，单击调板下方的将通道作为选区载入按钮，即可将此Alpha通道所保存的选区调出。

选择菜单栏中的“选择>载入选区”命令，设置如下图所示的对话框，也可以调用通道所保存的选区。

还可以使用快捷键进行操作，具体方法如下：

- 按住Ctrl键单击通道，可直接调用此通道所保存的选区。
- 在存在选区的情况下，按住快捷键Ctrl+Shift单击通道，可在当前选区中增加该通道所保存的选区。
- 按住快捷键Alt+Ctrl单击通道，可在当前选区中减去该通道所保存的选区。
- 按住快捷键Alt+Ctrl+Shift单击通道，可得到当前选区与该通道所保存的选区重叠的选区。
- 在按住Ctrl键的同时单击颜色通道，同样能够将此类通道保存的选区调出，如下图所示。

8. 制作包装上下两方的色块条

使用矩形工具 □ 在图像左下方绘制一个颜色值为#c29b3e的矩形，得到“形状 4”，如图11-40所示。

按快捷键Ctrl+Alt+T调出自由变换控制框并复制图像，按住Shift键水平向右移动形状到如图11-41所示的位置。

图11-40   绘制矩形　　　　　图11-41   变换并复制形状

连续按快捷键Shift+Ctrl+Alt+T执行“连续变换并复制”操作，直至得到如图11-42所示的效果。

复制“形状 4”得到“形状 4 副本”，将其移动到图像上方如图11-43所示的位置，得到最终效果。此时的“图层”调板如图11-44所示。图11-45所示为应用本例的平面图所制作的效果图。

图11-42   连续变换并复制后的效果　　　图11-43   最终效果

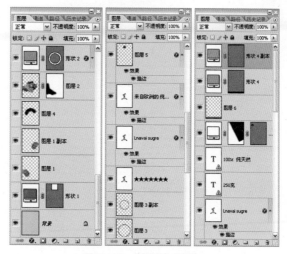

图11-44   “图层”调板　　　　　图11-45   立体效果

提示 本例最终效果请参考随书所附光盘中的文件"第11章\11.1.psd"。

11.2　润芝源药品包装设计

这是一款针对女性消费者的药物包装设计，在颜色上选用了适中的紫罗兰红色，突出了女性柔美的特性，配上较亮的中黄色，使整个包装明亮而醒目。图形上半部分采用了代表女性的凤纹图案，而下半部分的弯曲花纹图案在画面中起到了良好的装饰作用。

在制作时作者通过形状和图层样式制作了包装的主体部分——LOGO。而背景中的图案是通过对素材图像进行变形与叠加完成的。本例的操作步骤如下。

1．绘制基本色块

打开随书所附光盘中的文件"第11章\11.2-素材.psd"，用颜色值为#fff301的黄色填充"背景"图层，利用矩形工具 □ 及钢笔工具 ♦ 绘制两个形状图层，分别得到"形状 1"和"形状 2"。制作流程如图11-46所示。

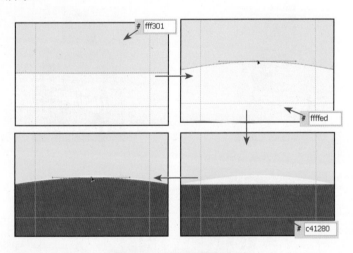

图11-46　绘制形状流程图

2．在图像的上方加入花纹素材

显示"素材 1"并将其重命名为"图层 1"，单击锁定透明像素按钮 ▣，再为其填充颜色，效果如图11-47所示。按快捷键Ctrl+T调出自由变换控制框，缩小图像并移动到如图11-48所示的位置。

复制通道

复制通道的方法有两种，第1种是直接将要复制的通道拖至"通道"调板的创建新通道按钮 ▣ 上。第2种是在"通道"调板中先选择单个颜色通道或Alpha通道，然后在该通道名称上单击鼠标右键，在弹出菜单中选择"复制通道"命令，设置弹出的如下图所示的对话框。

在"复制通道"对话框中，各参数的解释如下。

- 复制：其右侧显示所复制的通道名称。
- 为：在此文本框中输入复制得到的通道名称，默认为"当前通道名称副本"。
- 文档：在此下拉列表中选择复制通道的存放位置。如果选择"新建"选项，会由复制的通道生成一个"多通道"模式新文件。

删除通道

　　单击"通道"调板右上方的三角按钮 ⊙，在弹出菜单中选择"删除通道"命令，可以将当前选择的通道删除。当然，也可以直接将要删除的通道拖至删除通道按钮 🗑 上。

　　值得一提的是，如果将某一种颜色通道拖至"通道"调板中的删除通道按钮 🗑 上，则混合通道及该颜色通道都将被删除，而图像将自动转换为多通道模式。例如下图所示是删除图像通道中的"红"通道前后的效果对比，以及对应的"通道"调板状态。

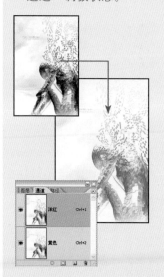

重命名Alpha通道

　　要为Alpha通道重命名，可在"通道"调板中双击此通道名称，待名称转变为文本框状态，如下图所示，输入新通道的名称，按Enter键确认操作即可。

图11-47　填充颜色并变换图像

图11-48　变换图像

　　将"图层 1"移动到"形状 1"的下方，得到如图11-49所示的效果。使用同样的方法，将"素材 2"重命名为"图层 2"，将其处理至如图11-50所示的效果。

图11-49　变换图层位置后的效果

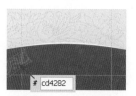

图11-50　变换图像

3．制作一排花纹图像

　　按快捷键Ctrl+Alt+T调出自由变换控制框并复制图像，将图像水平向右移动到如图11-51所示的位置，同时得到"图层 2 副本"，按Enter键确认变换操作。连续按快捷键Shift+Ctrl+Alt+T执行"连续变换并复制"操作，直至得到如图11-52所示的效果。此时的"图层"调板如图11-53所示。

图11-51　变换并复制

图11-52　连续变换并复制

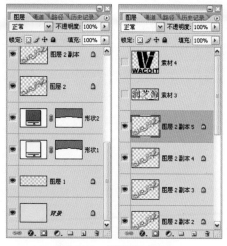

图11-53　"图层"调板

4.制作产品LOGO的基型

使用椭圆工具 ，在画面中间绘制一个如图11-54所示的椭圆，得到"形状 3"。单击添加图层样式按钮 ，在弹出菜单中选择"斜面和浮雕"命令，设置参数如图11-55所示。在该对话框中勾选"渐变叠加"复选框，设置参数如图11-56所示。再勾选"描边"复选框，设置参数如图11-57所示，得到如图11-58所示的效果。

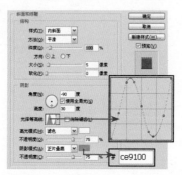

图11-54　绘制椭圆　　　图11-55　"斜面和浮雕"参数设置

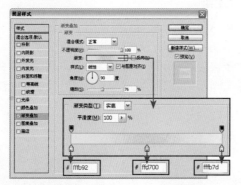

图11-56　"渐变叠加"参数设置

图11-57　"描边"参数设置　　图11-58　应用图层样式后的效果

复制"形状 3"得到"形状 3 副本"。按住快捷键Ctrl＋T将其缩小到如图11-59所示的状态。为其添加蒙版，选择对称渐变工具 ，从椭圆的中心向下绘制渐变，如图11-60所示，得到如图11-61所示的效果，其图层蒙版状态如图11-62所示。

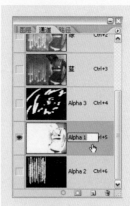

从选区创建Alpha通道

Photoshop可将选区储存为Alpha通道，以便在以后的操作中调用Alpha通道所保存的选区，或通过对Alpha通道的操作得到新的选区。

要将选区直接保存为具有相同形状的Alpha通道，可以在选区存在的情况下，单击调板下方的将选区存储为通道按钮 ，则该选区自动保存为新的Alpha通道，如下图所示。

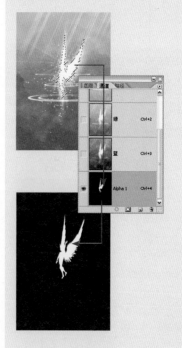

仔细观察Alpha通道可以看出，通道中白色的部分对应着用户创建的选区的位置与大小，其形状完全相同，而黑色则对应于非选择区域。

如果在通道中除了黑色与白色外出现了灰色柔和边缘，表明是具有"羽化"值的选区被保存为了相对应的通道。在此情况下Alpha通道中的灰色区域代表部分选择，即具有羽化效果的选区。

保存并运算选区

选择菜单栏中的"选择>存储选区"命令也可以将选区保存为Alpha通道，不同的是，选择此命令将弹出支持选区与Alpha通道间进行运算的"存储选区"对话框，通过设置此对话框中的参数，可以使选区与Alpha通道间进行运算，进而得到形状更为复杂的Alpha通道。

"存储选区"对话框中各参数的含义如下。

- 文档：此下拉列表中显示了已打开的尺寸大小与当前操作图像文件相同的图像文件的名称，选择这些文件名称可以将选区保存在该图像文件中。如果在下拉列表中选择"新建"选项，则可以将选区保存在一个新文件中。

图11-59　复制椭圆

图11-60　绘制渐变

图11-61　复制渐变后的效果

图11-62　图层蒙版状态

5．制作LOGO的文字部分

下面制作LOGO的文字部分。显示"素材3"，将其重命名为"图层3"。按快捷键Ctrl+T调出自由变换控制框，缩小图像并移动到如图11-63所示的位置。单击锁定透明像素按钮，再为其填充颜色，得到如图11-64所示的效果。

图11-63　变换素材图像

图11-64　填充颜色

使用"描边"图层模式为其增加描边效果，得到如图11-65所示的效果。再在"润之源"的下方输入相关的文字，将新得到的文字图层重命名为"文字1"，得到如图11-66所示的效果。

图11-65　应用"描边"图层样式

图11-66　输入其他文字

6．制作小圆部分

使用椭圆工具，在椭圆的右下方绘制一个正圆，得到"形状4"，如图11-67所示。

图11-67　绘制小圆

单击添加图层样式按钮，在弹出菜单中选择"渐变叠加"命令，设置参数如图11-68所示，得到如图11-69所示的效果。

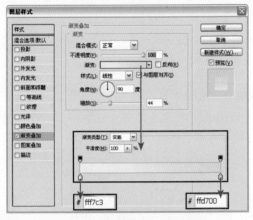

图11-68　"渐变叠加"参数设置

图11-69　叠加渐变后的效果

复制"形状 4"得到"形状 4 副本"。右键单击其图层名称，在弹出菜单中选择"清除图层样式"命令将其图层样式清除，如图11-70所示。

图11-70　复制并去除图层样式后的效果

为"形状 4 副本"添加图层蒙版，选择线性渐变工具，从椭圆的下方向上绘制渐变，如图11-71所示，得到如图11-72所示的效果。

图11-71　绘制渐变

图11-72　绘制渐变后的效果

- 通道：此下拉列表中列出了当前文件已存在的Alpha通道的名称及"新建"选项。选择已存在的Alpha通道，可以替换该Alpha通道所保存的选区；选择"新建"选项则可以创建一个新Alpha通道。

- 名称：在此输入新通道的名称。

- 新建通道：单击该单选按钮，当前选区被保存为一个新通道。如果在"通道"下拉列表中选择一个已存在的Alpha通道，此项将转换为"替换通道"，单击此单选按钮可以用当前选区生成的新Alpha通道替换所选择的Alpha通道。

- 添加到通道：当在"通道"下拉列表中选择了一个已存在的Alpha通道时，此单选按钮可被激活。单击此单选按钮可以在原Alpha通道中添加当前选区所定义的Alpha通道。

- 从通道中减去：在"通道"下拉列表中选择了一个已存在的Alpha通道时，此单选按钮可被激活。单击按钮可以在原Alpha通道的基础上减去当前选区所创建的Alpha通道，即在原通道中以黑色填充当前选区所确定的区域。

- 与通道交叉：在"通道"下拉列表中选择了一个已存在的Alpha通道时，此单选按钮可被激活。单击该单选按钮可以得到原Alpha通道与当前选区所创建的Alpha通道的重叠区域。

从快速蒙版创建通道

当按Q键切换到快速蒙版工作状态时，"通道"调板中将存放一个名称为"快速蒙版"的暂存通道，且其名称为斜体显示，如下图所示。

需要注意的是，退出快速蒙版工作状态后，该暂存通道将会隐藏。

将此暂存通道拖至创建新通道按钮 ☑ 上可以将其保存为Alpha通道，如下图所示。

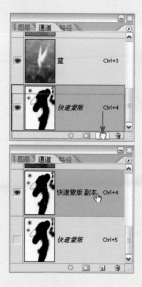

选择"形状 4"和"形状 4 副本"，按快捷键Ctrl+Alt+E执行"盖印"操作，得到"形状 4 副本（合并）"，将其缩小并移动到如图11-73所示的位置。

图11-73　盖印并缩小

7. 制作企业名称及标志

显示"素材 4"，将其重命名为"图层 4"。按快捷键 Ctrl+T调出自由变换控制框，将其缩小并移动到图像左上角如图11-74所示的位置。选择横排文字工具 T，在图像右下角输入企业的中英文名称，得到如图11-75所示的效果。

图11-74　变换图像　　　　图11-75　输入企业名称

8. 在包装两个侧面放置产品的LOGO

选择"形状 3"到"文字 1"的所有图层，按快捷键Ctrl+Alt+E执行"盖印"操作，得到"文字 1（合并）"。按快捷键Ctrl+T调出自由变换控制框，将图像旋转90°再缩小并移动到如图11-76所示的位置，按Enter键确认变换操作。

按快捷键Ctrl+Alt+T调出自由变换控制框并复制图像，在控制框内单击鼠标右键，在弹出菜单中选择"水平翻转"命令，将复制出的图像移动到如图11-77所示的位置，得到"文字1（合并）副本"，得到最终效果。

图11-76　变换图像后的效果　　　　图11-77　最终效果

此时的"图层"调板如图11-78所示。图11-79所示为应用本例的平面图所制作的效果图。

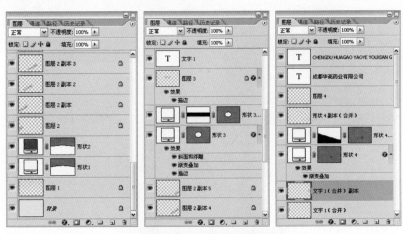

图11-78　"图层"调板

图11-79　立体效果

提示　本例最终效果请参考随书所附光盘中的文件"第11章\11.2.psd"。

11.3　中草药面贴膜包装设计

本例通过古朴的颜色、素雅的底面纹理和直观的面膜图形相结合以体现中草药面膜的特点，制作面膜的包装效果图也是本例的一个重点内容。

本例的技术要点包括使用钢笔工具和橡皮擦工具绘制面膜图形，以及使用图层样式、自由变换、图层蒙版和"颗粒"滤镜制作包装的效果图。

本例的操作步骤如下。

1．制作背景底纹

打开随书所附光盘中的文件"第11章\11.3-素材.psd"，此时的"图层"调板如图11-80所示。

设置前景色的颜色值为#6f613e，选择矩形工具，在其工具选项条中，单击形状图层按钮，在画布下方绘制矩形如图11-81所示，得到"形状1"。

从图层蒙版创建通道

如果当前选择的图层有图层蒙版，则当切换至"通道"调板时，同样会看到"通道"调板中暂存一个名称为"图层 X 蒙版"的通道，该通道的名称也为斜体显示，如下图所示。

需要注意的是，选择了其他无图层蒙版的图层后，该暂存通道将会隐藏。

将此暂存通道拖至创建新通道按钮上可以将其保存为Alpha通道，如下图所示。

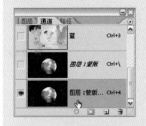

包装设计构思概述

在设计创作中很难制定固定的构思方法和构思程序之类的公式，因为构思是因人而异的，但有一点是共通的，即构思需要发散性思维。

构思的重点是要考虑表现什么及如何表现两个问题，而要解决这两个问题，可以从表现重点、表现角度、表现手法和表现形式这4点入手。形象一点说，表现重点是攻击目标，表现角度是突破口，表现手法是战术，表现形式则是武器这4个环节中任何一个环节处理不好都有可能前功尽弃，所以构思时需要全盘考虑，如果有好的角度而无法找到合适的可操作、可实现的表现手法及表现形式也是枉然。

包装构思：表现重点

表现重点是指表现内容的集中点。包装设计是在有限的空间内进行的，却又要求包装装潢的设计水平达到在短暂的时间吸引消费者的目光，并为购买者所认可的层次。因此包装设计不能盲目求全、面面俱到，表现重点多了反而无法突出任何重点。

重点是在对商品、消费、销售3方面资料进行比较和选择后确定的，选择的基本点是有利于促进销售，下面是一些应该重点考虑的项目。

- 该商品的商标形象、品牌含义；
- 该商品的功能效用、质地、属性；
- 该商品的产地背景、地方因素；
- 该商品的消费对象；
- 该商品与现有产品的区别；
- 该商品同类包装设计的状况；
- 该商品的其他突出特征。

上述信息都能够在有关产品的资料中找到，因此构思时应尽可能多地了解有关信息，并对这些信息进行筛选，以确定表现重点。

图11-80 "图层"调板　　　　图11-81 绘制矩形

按快捷键Ctrl+J复制"形状 1"得到"形状 1 副本"，设置前景色的颜色值为#ffeca8，按快捷键Alt+Delete用前景色填充"形状 1 副本"，如图11-82所示。按快捷键Ctrl+T调出自由变换控制框，按住Alt键拖动控制框上方的控制点将其向下拖动到如图11-83所示的状态，按Enter键确认变换操作。

图11-82 填充"形状 1 副本"　　图11-83 自由变换"形状 1 副本"

显示图层"素材 01"如图11-84所示，将其重命名为"图层 1"，按快捷键Ctrl+T调出自由变换控制框，按住Shift键拖动自由变换控制框左上方的控制句柄以缩小图像，再将图像移动到如图11-85所示的状态，按Enter键确认变换操作。设置图层"不透明度"为25%。

图11-84 显示"素材 01"　　　图11-85 自由变换"图层 1"

按快捷键Ctrl+J复制"图层 1"得到"图层 1 副本"，使用移动工具按住Shift键将其水平移动到矩形左侧，如图11-86所示，再按快捷键Ctrl+J3次，复制"图层 1 副本"得到"图层 1 副本2"、"图层 1 副本3"和"图层 1 副本4"。

在"图层"调板中选中"图层 1"及其副本，选择移动工具，单击工具选项条中的水平居中分布按钮，得到如图11-87所示的效果。按快捷键Ctrl+E应用"合并图层"命令，将合并的图层重命名为"图层 1"。

图11-86 移动"图层 1 副本"　　　图11-87 水平居中分布后的效果

按住Ctrl键单击"形状 1"的图层缩览图以调出其选区，单击添加图层蒙版按钮 ，为"图层 1"添加图层蒙版，得到如图11-88所示的效果。此时的"图层"调板如图11-89所示。

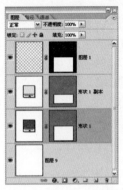

图11-88 添加图层蒙版后的效果　　　图11-89 "图层"调板

2. 制作文件左下方图像

设置前景色的颜色值为#809366，选择椭圆工具 ，在其工具选项条中单击形状图层按钮 ，在图像左下方按住Shift键绘制如图11-90所示的形状，得到"形状 2"。

按快捷键Ctrl+J复制"形状 2"得到"形状 2 副本"， 设置前景色的颜色值为#6f613e，按快捷键Alt+Delete用前景色填充"形状 2 副本"。按快捷键Ctrl+T调出自由变换控制框，按快捷键Shift+Alt拖动自由变换控制框左上方的控制句柄，将其缩小到如图11-91所示的状态，按Enter键确认变换操作。

图11-90 绘制形状　　　图11-91 自由变换"形状 2 副本"

新建一个图层"图层 2"，选择钢笔工具 ，在其工具选项条中单击路径按钮 ，在绘制的圆圈上绘制路径，流程图如图11-92所示，将其保存为"路径 1"。按快捷键Ctrl+Enter将路径转化为选区，如图11-93所示，设置前景色为白色，按快捷键Alt+Delete用前景色填充选区，按快捷键Ctrl+D取消选区，得到如图11-94所示的效果。

包装构思：表现角度

这是确定表现重点后的深化，即找到主攻目标后还要有明确的突破口。如果以商标、品牌为表现重点，是表现产品的形象，还是表现品牌所具有的某种含义？如果以商品本身为表现重点，是表现商品的外在形象，还是表现商品的某种内在属性？是表现其组成成分还是表现其功能效用？

由于人们对每一个事物都有不同的认知角度，因此找到异于他人的表现角度，有益于更鲜明地表现产品。

包装构思：表现手法

如果表现重点与表现角度类似于目标与突破口，那么表现手法可以说是一个战术问题。

表现的重点和角度主要是解决表现什么的问题，但这只是解决了问题的一半。 接下来需要解决的是，是直接体现要表现的重点还是采用衬托、对比等手法来表现。前者常被称为直接表现，而后者则被称为间接表现。 下面分别介绍这两种表现手法的特点。

- 直接表现：直接表现是指表现重点是产品本身，包括表现其外观形态或用途、用法等，最常用的方法是运用摄影图片表现，如下图所示。

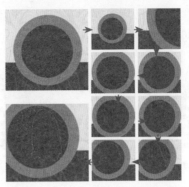

图11-92　绘制路径流程图

图11-93　转化为选区

图11-94　填充选区

使用橡皮擦工具 ，在白色形状上绘制脸形，流程图如图11-95所示。

图11-95　绘制脸形流程图

设置前景色的颜色值为#809366，选择钢笔工具 ，在圆形右下方绘制如图11-96所示的矩形，得到"形状 3"。使用椭圆工具 在绘制的圆圈上绘制一个圆形路径如图11-97所示，将其重命名为"路径 2"。

另外可以使用如下图所示的直接在包装上开天窗的方式，直观展示产品，增加消费者对产品本身的认知。

提示　绘制圆形路径时，按快捷键Shift+Alt从圆圈中间向四周绘制即可。

图11-96　绘制矩形

图11-97　绘制圆形路径

在路径上输入文字，得到相应的文字图层，图11-98为输入文字的状态，输入后的效果如图11-99所示。

图11-98　输入文字的状态　　　　图11-99　输入文字后的效果

3. 输入文字信息

使用横排文字工具 T.，在其工具选项条中设置适当的字体、字号和字体颜色，在当前文件中输入其他文字信息，得到如图11-100所示的效果。

图11-100　输入文字信息

4. 制作面贴膜包装的另一个色彩方案

按快捷键Ctrl+Alt+A选择除"背景"图层外的所有图层，按快捷键Ctrl+G创建组并命名为"平面黄色"。

选择组"平面黄色"，将其拖至"图层"调板下方的创建新图层按钮 上，复制组"平面黄色"，将复制出的新组重命名为"平面绿色"。

选择组"平面绿色"，使用移动工具 将整个图像移动到画布的上方，如图11-101左所示。在"图层"调板中选择组"平面绿色"中相对应的图层，调整图层中图像的颜色，得到如图11-101右所示的效果。

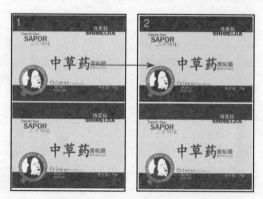

图11-101　制作另一个色彩方案

■ 间接表现：间接表现是比较含蓄的表现手法，即画面上不出现表现对象本身，而借助于其他有关事物来表现该对象。如下图所示，香水、酒、洗衣粉等产品无法进行直接表现，就常常使用间接表现的手法来处理。

包装构思：表现形式

表现的形式与手法都是解决如何表现的问题，对于消费者而言所能够看到的仅仅是表现形式，而表现重点、角度及手法都是隐藏于形式后面的，因此好的表现形式对于包装作品而言非常重要。

在选择表现形式时，通常需要考虑以下一些问题。

■ 主体图形与非主体图形如何设计，用照片还是绘画、具象还是抽象、写实还是写意、归纳还是夸张等。

■ 色彩的基调如何，各部分色块的色相、明度、纯度如何把握，不同色块的相互关系如何，不同色彩的面积如何变化等。

■ 品牌与商品名所使用的文字的字体如何设计，字体的大小如何。

■ 商标、主体文字与主体图形的位置编排如何处理。

■ 是否要添加辅助性的装饰，如使用金、银等特殊颜色。

是否能够设计出好的表现形式，在很大程度上取决于设计者自身设计能力的高低。

创建图层复合

利用图层复合功能，设计师可以很轻松地在同一图像文件中管理多个设计方案，甚至可以利用它将图像打印出来交给客户。选择菜单栏中的"窗口＞图层复合"命令即可调出"图层复合"调板。

要创建一个新的图层复合，可以按如下步骤进行操作。

1. 单击"图层复合"调板右上角的小三角按钮 ⊙。

2. 在弹出菜单中选择"新建图层复合"命令，弹出下图所示的"新建图层复合"对话框。

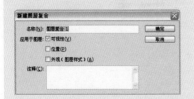

在"新建图层复合"对话框中，各参数的解释如下。

图11-102为对应的颜色修改。

图11-102　对应的颜色修改

5．制作面贴膜包装的效果图

在"图层"调板中选择组"平面黄色"，复制得到组"平面黄色 副本"，按快捷键Ctrl+E将图层组合并成为图层"平面黄色 副本"。使用同样的方法得到图层"平面绿色 副本"。隐藏图层"平面绿色 副本"、组"平面黄色"、组"平面绿色"，此时的"图层"调板如图11-103所示。

图11-103　"图层"调板

使用自由变换控制框将"平面黄色 副本"缩放并移至如图11-104所示的位置，按Enter键确认变换操作。复制"平面黄色 副本"得到"平面黄色 副本2"。

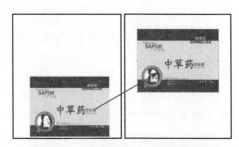

图11-104　自由变换"平面黄色 副本"

设置"平面黄色 副本"的图层样式如图11-105所示，设置图层"平面黄色 副本2"的图层样式如图11-106所示。

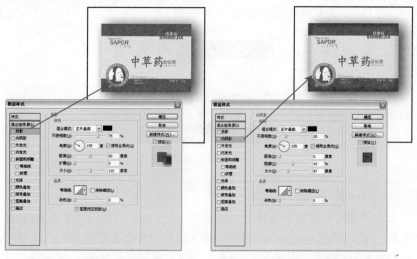

图11-105 设置的"平面黄色 副本"的图层样式

图11-106 设置"平面黄色 副本2"的图层样式

选择"平面黄色 副本2",按住Ctrl键单击"平面黄色 副本2"的图层缩览图以调出其选区。收缩其选区,按快捷键Ctrl+Shift+I执行"反向"操作,按Delete键删除选区中的图像,得到相应的立体效果,其制作流程图如图11-107所示。

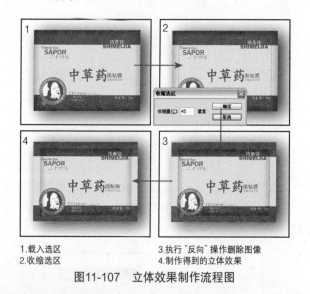

1.载入选区
2.收缩选区
3.执行"反向"操作删除图像
4.制作得到的立体效果

图11-107 立体效果制作流程图

6. 制作面贴膜包装的倒影

隐藏"平面黄色 副本"的图层样式,选中"平面黄色 副本2",按住Ctrl键在"图层"调板中单击"平面黄色副本"以将其选中。

按快捷键Ctrl+Alt+E执行"盖印"操作,得到"平面黄色 副本2(合并)"。

显示"平面黄色 副本"的图层样式,选择"平面黄色 副本2(合并)"为当前操作图层,通过自由变换命令将其垂直翻转移动到画布的

■ 名称:在此文本框中输入新图层的名称。

■ 可视性:勾选该复选框可以记录图像的显示与隐藏是否有变化,默认状态下只有该复选框被勾选。

■ 位置:勾选该复选框可以记录图像的位置是否有变化。

■ 外观(图层样式):勾选该复选框可以记录图像的图层样式是否有变化。

■ 注释:在该文本框中可以输入说明当前方案的文字。

3. 完成参数设置后单击"确定"按钮即可创建新图层复合,并根据创建图层复合时所设置的参数,记录图像的可视性、位置及外观等属性。

直接单击"图层复合"调板底部的创建新的图层复合按钮 也可以创建一个新的图层符合,这也是创建新图层复合时最常用的方法。

直接单击创建新的图层复合按钮 会弹出"新建图层复合"对话框,如果要按照默认的属性创建新的图层复合,可以按住Alt键单击此按钮。

下图所示是一个创建了3个新方案后的"图层复合"调板。

更新图层复合

当一个已经被"图层复合"调板记录了其状态的图层被删除时，所有记录了该图层状态的图层复合都会显示"无法完全恢复图层复合"标志，此时需要更新图层复合以保证图层复合的准确性。

要更新图层复合，可以按如下步骤进行操作。

1. 选择菜单栏中的"窗口>图层复合"命令，以显示"图层复合"调板。

2. 选择"图层复合"调板中需要更新的图层复合。

3. 单击"图层复合"调板底部的更新图层复合按钮 🔄 即可。

删除图层复合

要删除一个图层复合，可以执行下面的操作之一。

- 拖动要删除的图层复合至"图层复合"调板底部的删除图层复合按钮 🗑 上，待按钮高亮时释放鼠标左键即可。

- 在"图层复合"调板中选择要删除的图层复合，单击"图层复合"调板底部的删除图层复合按钮 🗑 即可。

- 在"图层复合"调板中选择要删除的图层复合，单击"图层复合"调板右上角的小三角按钮 ▶，在弹出菜单中选择"删除图层复合"命令即可。

下方，设置其图层"不透明度"后，结合图层蒙版的使用，制作出图像的倒影。

图11-108为制作倒影的流程图。

> 提示：
> "平面黄色 副本2（合并）"的图层蒙版是通过使用线性渐变工具 ▬，设置前景色为黑色、背景色为白色，并设置渐变类型为"前景到背景"，从下至上绘制的。

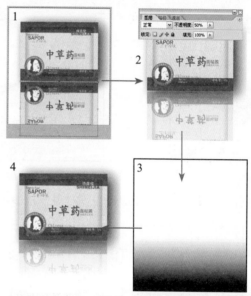

1.自由变换"平面黄色 副本2（合并）"　　3.图层蒙版的状态
2.设置图层"不透明度"后的效果　　4.制作出的倒影效果

图11-108　制作倒影

选择"平面绿色 副本"将其显示，如图11-109所示。

使用上面的方法制作另一面贴膜包装的效果图。图11-110为自由变换的状态，图11-111为设置"平面黄色 副本"的图层样式，图11-112为设置"平面黄色 副本2"的图层样式。

图11-109　显示"平面绿色 副本"

图11-110　自由变换"平面绿色 副本"

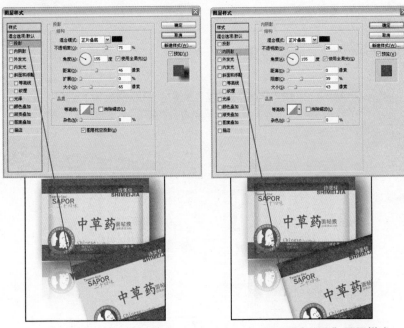

图11-111 添加"投影"图层样式　　图11-112 添加"内阴影"图层样式

立体效果制作流程图如图11-113所示，具体细节请参考光盘文件。

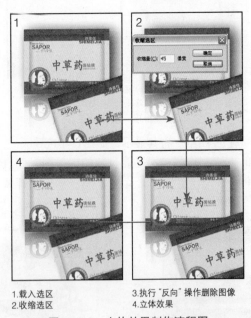

1.载入选区　　　　　　　3.执行"反向"操作删除图像
2.收缩选区　　　　　　　4.立体效果

图11-113 立体效果制作流程图

7. 制作面贴膜包装效果图的背景

新建一个图层"图层3"，将其拖至"平面黄色 副本"下方。设置前景色的颜色值为#838383，按快捷键Alt+Delete用前景色填充图层，结合图层蒙版得到的背景颜色，制作流程如图11-114所示。

纸盒的包装装潢设计

对于具有6个面的纸盒而言，通常需要对除底面外的其他5个面进行装潢设计。

在这5个面中，正向朝向消费者的面被称为主展面。由于主展面的面积相对较大，且为最受消费者关注的包装部位，因此此处的设计要求能够迅速将商品介绍给消费者，通常采用文字和特写形象的手法直接表现产品。

例如，主展面上可以放置醒目的品牌名和商标，辅以新鲜可口的水果、鲜美诱人的饮料、产品的生产原料；也可以采用开天窗的方法，直接展示产品的实质。在包装装潢设计中主展面起着主要的广告作用，务必用心设计。

下图所示是一些优秀的纸盒包装设计作品。

需要注意的是，主展面不应该是孤立的，它仍然是整个包装的一个有机组成部分。由于包装是立体的，消费者会从不同角度观察，因此在考虑主展面设计方案的同时，还要考虑主展面与其他面的相互关系。

提示　"图层3"的图层蒙版是通过径向渐变工具 ▧ ，设置前景色为黑色、背景色为白色，并设置渐变类型为"前景到背景"，从下至上绘制的。图1为填充颜色，图2为应用图层蒙版，图层3为图层蒙版的状态。

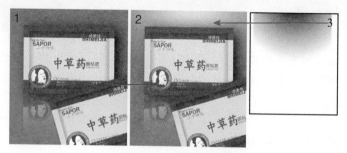

图11-114　制作流程图

新建一个图层"图层 4"，单击创建新的填充或调整图层按钮 ▧ ，在弹出菜单中选择"渐变"命令，设置参数后，得到"颜色填充1"，如图11-115所示。

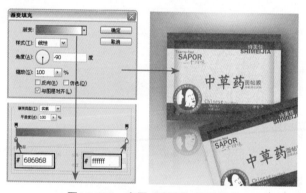

图11-115　应用"渐变"图层样式

选中"颜色填充 1"的图层蒙版，选择菜单栏中的"滤镜>纹理>颗粒"命令，对其进行处理，按快捷键Ctrl+Alt+G执行"创建剪贴蒙版"操作，完成作品，图11-116为制作流程图。

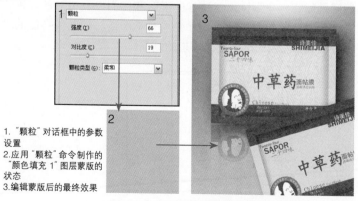

1."颗粒"对话框中的参数设置
2.应用"颗粒"命令制作的"颜色填充 1"图层蒙版的状态
3.编辑蒙版后的最终效果

图11-116　为图像叠加纹理及最终效果

提示 本例最终效果请参考随书所附光盘中的文件"第11章\11.3.psd"。

11.4　月饼包装设计

月饼是华人的传统节日"中秋节"的特殊食物，所以月饼包装的设计需要体现出中国韵味。中秋节是全家团圆的日子，因此在包装中需要将家庭温暖的元素添加上去。

本例主要应用形状工具、文字工具以及素材图像完成月饼包装的制作。本例的操作步骤如下。

1．打开素材文件

打开随书所附光盘中的文件"第11章\11.4-素材.psd"，此时的"图层"调板如图11-117所示。

图11-117　素材的"图层"调板

2．划分包装袋的正、侧面

按快捷键Ctrl+R调出"标尺"，按照如图11-118所示的位置拖曳标尺，生成的辅助线将画布划分出包装盒的正面和侧面以及拼贴的位置。本例主要讲解的是包装的效果，对尺寸要求并不严格。辅助线右侧的区域是包装袋的正面，左侧的区域是包装袋的侧面。

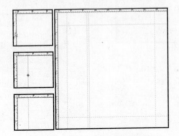

图11-118　添加辅助线

包装的图形：具象配图

在具象图形中，摄影图片由于最能够真实地表现产品形象，而且色彩层次丰富，在包装装潢设计中的应用最为广泛。下图所示是几款典型的使用了具象配图的包装设计作品。

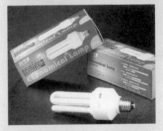

　　除了摄影图片外，写实绘画图形也很常用而且不可替换。这是由于写实绘画并不是纯客观地再现现实，而是根据表现要求对所要表现的对象加以取舍之后进行主观创作，以达到设计者的意图和表现目的，这类作品如下图所示。

　　绘画图形也是常用的表现图形之一。与写实绘画相比它更能体现出商业性，与摄影写真相比它具有凝炼和概括的特点。

　　绘画图形直观性强、趣味浓厚，是美化商品的重要手段。下图所示是一些使用了艺术图形的包装设计作品。

3. 绘制底图

　　设置前景色的颜色值为#a1c61b，选择矩形工具 ，在其工具选项条中单击形状图层按钮 ，沿着辅助线，在包装的正面绘制一个如图11-119所示的矩形，得到相应的形状图层"形状 1"。此时"图层"调板的状态如图11-120所示。

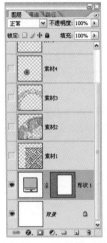

图11-119　绘制矩形　　　　图11-120　"图层"调板

4. 叠加图像

　　显示"素材1"并将其重命名为"图层 1"。

　　按快捷键Ctrl+T调出自由变换控制框，按住Shift键缩小图像并将其放置于"形状 1"上，按Enter键确认变换操作，如图11-121所示。

　　在"图层"调板中的左上角的"混合模式"下拉列表中选择"变亮"选项，并设置"图层 1"的"不透明度"为10%，如图11-122所示。

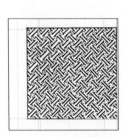

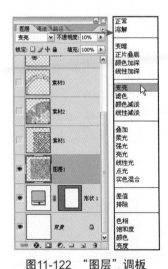

图11-121　变换图像　　　　图11-122　"图层"调板

设置混合模式及不透明度后，得到如图11-123所示的效果。

重复第3步和本步的操作方法，为包装的侧面绘制底图，效果如图11-124所示，得到"形状 2"和"图层 1 副本"。其中"图层 1 副本"为"形状 2"的剪贴蒙版，其方法是选择"图层 1 副本"为当前操作图层，按快捷键Ctrl＋Alt+G。

创建剪贴蒙板前后的对比效果如图11-125所示，此时"图层"调板的状态如图11-126所示。

图11-123　应用混合模式后的效果1　　图11-124　应用"混合模式"后的效果2

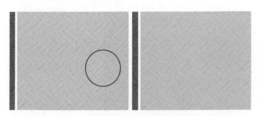 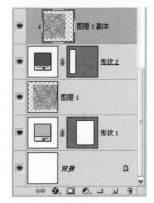

图11-125　创建剪贴蒙版前后的对比效果　　图11-126　"图层"调板

5．制作主体图像

显示"素材 2"，将其重命名为"图层 2"，按快捷键Ctrl+T调出自由变换控制框，按住Shift键拖动任意一个角的控制句柄以缩小图像，如图11-127所示，变换完成后按Enter键确认变换操作。

显示"素材 3"并选择其为当前操作图层，将其重命名为"图层3"。按快捷键Ctrl+T调出自由变换控制框，按住Shift键拖动任意一个角的控制句柄以缩小图像，使图像将龙包裹起来，如图11-128所示，按Enter键确认变换操作。

图11-127　变换图像1　　　　图11-128　变换图像2

下图所示是使用卡通图形作为包装配图的典型作品。

6. 添加图层样式

　　单击"图层"调板左下方的添加图层样式按钮 ，在弹出菜单中选择"渐变叠加"命令，在其选项面板中设置如图11-129所示，在"渐变编辑器"对话框中设置如图11-130所示，退出控制框后得到如图11-131所示的效果，"图层"调板如图11-132所示。

图11-129　"渐变叠加"参数设置

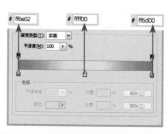

图11-130　"渐变编辑器"对话框

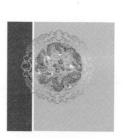

图11-131　添加图层样式后的效果

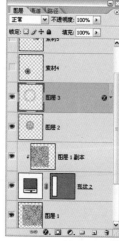

图11-132　"图层"调板

7. 添加图层蒙版

　　选择"图层 3"为当前操作图层，按住Ctrl键单击"形状 1"的图层缩览图以载入其选区，如图11-133所示。单击"图层"调板下方的添加图层蒙版按钮 ，选区外的图像自动被添加的图层蒙版隐藏，得到如图11-134所示的效果，图层蒙版的状态如图11-135所示。

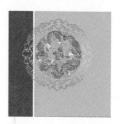

图11-133　载入选区

图11-134　添加图层蒙版后的效果

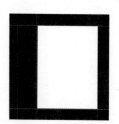

图11-135　图层蒙版

8. 制作装饰图案

显示"素材4"并选择其为当前操作图层，将其重命名为"图层4"。按快捷键Ctrl+T调出自由变换控制框，按住Shift键缩小图像并将其移至画布的右下角，如图11-136所示，按Enter键确认变换操作。

按快捷键Ctrl+Alt+T调出自由变换控制框并复制图像，将复制的图像向左下方45°位置移动，得到如图11-137所示的效果，按Enter键确认变换操作，得到"图层4副本"。

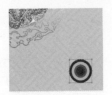

图11-136　变换图像

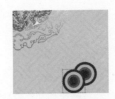

图11-137　变换并复制图像

9. 为图案调色

保持"图层4副本"为当前操作对象，按快捷键Ctrl+U执行"色相/饱和度"命令，设置如图11-138所示，单击"确定"按钮，得到如图11-139所示的效果。

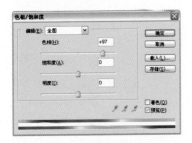

图11-138　"色相/饱和度"对话框

图11-139　调色后的效果

10. 连续变换并复制装饰图案

按快捷键Ctrl+Alt+Shift+T执行"连续变换并复制"操作，自动得到一个图层"图层4副本2"，效果如图11-140所示，变换的方式和第8步中的方法相同。重复上一步的操作方法，应用"色相/饱和度"命令调色，这里读者可以随意设置，只要效果美观就可以。

图11-140　连续复制图像

连续执行以上操作，按照如图11-141所示的效果对图像进行排列并调整颜色，此时的"图层"调板如图11-142所示。

包装的图形：抽象配图

抽象图形指通过点形变化、线形变化和面形变化构成的没有直接含义而有间接联系的图形。抽象图形与具象图形最大的不同之处在于，抽象图形注重图形的"意象"，即通过点、线、面的构成、肌理的特征和色彩关系传达出一定的视觉特征和情感，使消费者通过观看产生自己的感受，并引发与此相关的联想，从而了解商品的内涵。在包装装潢的设计中，抽象图形也有所应用，如下图所示。

包装的图形：装饰图形

包装装潢中装饰图形的使用也很广泛，其中包括对传统装饰纹样的借用。设计中要注意的是不能滥用装饰纹样，而应配合商品的属性、特色与档次，进行适当运用。

例如，对于具有民族特色的产品，宜用具有民族特色的装饰图形；而对于具有西方气质或属于舶来品的产品如巧克力，则应该使用具有明显西方特征的装饰图形。下图所示为使用装饰图形的产品包装作品。

图11-141　执行"连续变换并复制"操作后的效果　　图11-142　"图层"调板

11．合并图层

选择"图层4副本9"为当前操作对象，按住Shift键单击"图层4"的图层名称以将其选中，如图11-143所示，按快捷键Ctrl+E执行"合并图层"操作，将合并后的图层重命名为"图层4"。

12．添加"外发光"图层样式

选择"图层4"，单击添加图层样式按钮 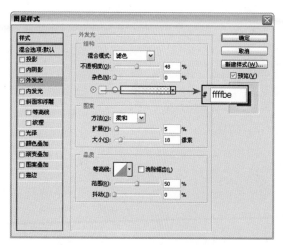，在弹出菜单中选择"外发光"命令，设置参数如图11-144所示，单击"确定"按钮退出对话框，得到如图11-145所示的效果。

使用第7步的操作方法为"图层4"添加图层蒙版，得到如图11-146所示的效果。

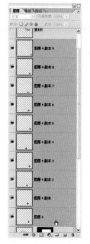

图11-143　选中图层　　　图11-144　"外发光"参数设置

图11-145　应用"外发光"后的效果　　　图11-146　添加图层蒙版后的效果

13．制作装饰图案2

显示"素材 5"并选择其为当前操作图层，将其重命名为"图层5"。使用第8~11步的操作方法，按照如图11-147所示的效果变换并复制图像，执行"合并图层"命令，将合并后的图层重命名为"图层5"。

14．拷贝图层样式

在"图层 4"的图层名称上单击鼠标右键，在弹出菜单中选择"拷贝图层样式"命令，再在"图层 5"的图层名称上单击鼠标右键，在弹出菜单中选择"粘贴图层样式"命令，得到如图11-148所示的效果。

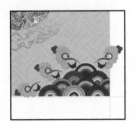

图11-147　变换并复制图像后的效果　　　图11-148　添加图层样式后的效果

使用第7步的操作方法为"图层 5"添加图层蒙版，得到如图11-149所示的效果。

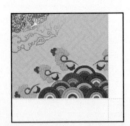

图11-149　添加图层蒙版后的效果

以上虽然介绍了多种在包装设计中能够使用的图形，但并不是所有商品的包装都需要使用大量的图形元素进行装饰。

例如下图所示的包装设计作品，在设计构成方面非常简单，但同样能够给人以高质量的联想。可见包装装潢的设计并不是图形的堆砌。

15．制作右上角的图案与文字

显示"素材 6"并将其重命名为"图层 6"，按快捷键Ctrl+T调出自由变换控制框，按住Shift键缩小图像并将其移至画布的右上角，如图11-150所示，按Enter键确认变换操作。

图11-150　变换图像

　　设置前景色的颜色值为#b8005d，选择直排文字工具 T，在其工具选项条中设置适当的字体与字号，在图案框内输入如图11-151所示的两排文字，并分别得到相应的文字图层，"图层"调板的状态如图11-152所示。

图11-151　输入文字后的效果

图11-152　"图层"调板

16．制作包装袋侧面

　　包装盒侧面的制作方法同正面的制作方法类似，读者可按照如图11-153所示的效果进行制作，最终"图层"调板的状态如图11-154所示。

图11-153　最终效果

图11-154　"图层"调板

读者可以参照如图11-155所示的规格和颜色制作出包装盒的平面图，包装盒与包装袋的立体效果如图11-156所示。

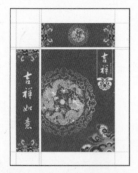

图11-155　包装盒平面图　　　　图11-156　立体效果

提示　本例最终效果请参考随书所附光盘中的文件"第11章\11.4.psd"。

11.5　空气清新剂包装设计

空气清新剂的主要功能是使空气更加清新，使室内充满清香，所以空气清新剂的包装设计需要将清新芳香的感觉表达出来。

本例主要使用画笔工具结合素材图像的混合模式设置制作底图，使用文字工具输入相关的信息，再通过添加图层样式制作效果。本例的操作步骤如下。

1. 填充背景

打开随书所附光盘中的文件"第11章\11.5-素材1.psd"，该文件的"图层"调板如图11-157所示。选择"背景"图层为当前操作对象，设置前景色的颜色值为05a38f，按快捷键Alt+Delete用前景色填充图层。

2. 绘制背景图像

选择画笔工具 ，按F5键调出"画笔"调板，单击调板右上角的小三角按钮 ，在弹出菜单中选择"载入画笔"命令，在弹出的"载入"对话框中打开随书所附光盘中的文件"第11章\11.5-素材2.abr"。

新建一个图层"图层 1"，设置前景色的颜色为白色，按照如图11-158所示的效果用画笔工具 在画布上进行绘制。设置"图层 1"的"不透明度"为10%，得到如图11-159所示的效果。

动态参数：纹理

在"画笔"调板中勾选了"纹理"复选框后，该调板将变为如下图所示的状态。

现在将其中各个主要参数解释如下。

- 缩放：此参数控制纹理的缩放比例。
- 模式：在此下拉列表中可以选择一种纹理与画笔的叠加模式。
- 深度：此参数用于设置所使用的纹理显示时的深度，数值越大，纹理效果越明显；数值越小，原来画笔的效果越清晰。下图所示是保持其他参数不变的情况下，设置不同"深度"值时得到的不同图像效果。

- 最小深度：此参数用于设置纹理显示时的最浅浓度，百分数越大纹理显示效果的波动幅度越小。
- 深度抖动：此参数用于设置纹理显示浓度的波动程度，百分数越大，波动的幅度也越大。

动态参数：颜色动态

在"画笔"调板中勾选了"颜色动态"复选框后，该调板将变为如下图所示的状态。

现将其中几个主要参数解释如下。

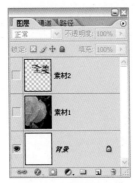

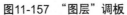

图11-157 "图层"调板　　图11-158 用画笔绘图　图11-159 设置透明属性

3. 添加图层蒙版

新建一个图层"图层2"，设置前景色的颜色为白色，选择画笔工具 ，使用第2步中载入的画笔，在"画笔"调板中将画笔的"直径"和"间距"值适当减少，在第2步绘制的图像上绘制如图11-160所示的图像。

单击添加图层蒙版按钮 ，为"图层2"添加图层蒙版，设置前景色的颜色为黑色，选择画笔工具 ，在"画笔"调板中选择一个"硬度"为0%的普通画笔，并取消其"画笔"调板中的其他设置，按照如图11-161所示的效果进行涂抹，图层蒙版的状态如图11-162所示。

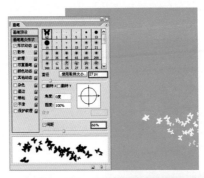

图11-160　调整画笔后绘制

图11-161　添加图层蒙版后的效果　　图11-162　图层蒙版的状态

4. 添加羽化效果

使用椭圆选框工具 在画布的右侧绘制一个如图11-163所示的椭圆形选区，在选区中单击鼠标右键，在弹出菜单中选择"羽化"命令，在弹出的"羽化选区"对话框中设置"羽化半径"为70，单击"确定"按钮退出对话框。

图11-163　绘制椭圆选区

新建一个图层"图层 3"，设置前景色的颜色值为#cefefd，按快捷键Alt+Delete用前景色填充选区，按快捷键Ctrl+D取消选区，得到如图11-164所示的效果，"图层"调板的状态如图11-165所示。

图11-164　填充选区后的效果

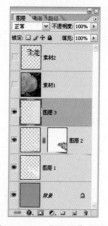

图11-165　"图层"调板

5．制作主体图像

显示"素材1"并选择其为当前操作图层，将其重命名为"图层4"。按快捷键Ctrl+T调出自由变换控制框，按住Shift键缩小图像并在控制框内单击鼠标右键，在弹出菜单中选择"水平翻转"命令，如图11-166所示，之后再顺时针旋转50°并向上方移动，效果如图11-167所示，按Enter键确认变换操作。

图11-166　水平翻转图像

图11-167　变换图像

- 前景／背景抖动：此参数控制画笔的颜色变化情况。百分数越大，画笔的颜色发生随机变化时越接近于背景色；百分数越小，画笔的颜色发生随机变化时越接近于前景色。
- 色相（饱和度、亮度）抖动：此参数用于控制画笔色相的随机效果，百分数越大，画笔的色相发生随机变化时越接近于背景色色相（饱和度、亮度）；百分数越小，画笔的色相越接近于前景色色相（饱和度、亮度）。
- 纯度：此参数控制笔划的纯度。

例如下图所示的五颜六色的蝴蝶图像，就是利用"颜色动态"参数调整得到的特殊画笔效果。

动态参数：其他动态

在"画笔"调板中勾选"其他动态"复选框后，"画笔"调板如下图所示。

该调板中的参数解释如下。

■ 不透明度抖动：此参数用于控制画笔的随机不透明度效果，例如下图所示是分别设置该参数值为100和0时绘制汽泡图像得到的不同效果。

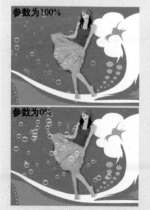

■ 流量抖动：此参数用于控制使用画笔绘制时的消褪速度，百分数越大，消褪效果越明显。

选择钢笔工具 ，在其工具选项条中单击路径按钮 ，沿着"图层4"图像中的花朵绘制一条如图11-168所示的路径，按快捷键Ctrl+Enter将路径转换为选区，单击添加图层蒙版按钮 ，为"图层 4"添加图层蒙版，得到如图11-169所示的效果，图层蒙版的状态如图11-170所示。

图11-168 绘制路径

图11-169 添加图层蒙版后的效果

图11-170 图层蒙版的状态

6．设置图层属性

设置"图层 4"的混合模式为"亮度"，"不透明度"为60%，得到如图11-171所示的效果。

图11-171 设置图层属性后的效果

7．复制并变换图像

选择"图层4"，按快捷键Ctrl+Alt+T调出自由变换控制框并复制图像，在控制框内单击鼠标右键，在弹出菜单中选择"水平翻转"命令，将图像移至画布的右下角，如图11-172所示，按Enter键确认变换操作。"图层"调板的状态如图11-173所示。

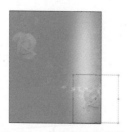
图11-172 复制并变换图像

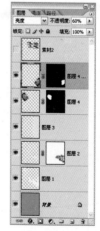
图11-173 "图层"调板

8. 绘制流线形图案

选择钢笔工具 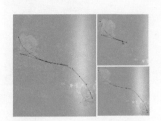，在其工具选项条中单击路径按钮，按照如图11-174的形态绘制一条路径，然后使用类似的方法绘制如图11-175所示的所有路径。

图11-174　绘制一条路径　　　图11-175　绘制所有路径

新建一个图层"图层 5"，设置前景色为白色，选择画笔工具，在画布中单击鼠标右键，在弹出的画笔类型选择框中，设置画笔如图11-176所示。

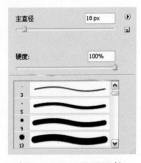

图11-176　设置画笔

切换至"路径"调板，选择前面所绘制的路径，按住Alt键单击用画笔描边路径按钮，在弹出的对话框中勾选"模拟压力"复选框，如图11-177所示，单击"确定"按钮退出对话框。单击"路径"调板的空白处以隐藏路径，得到如图11-178所示的效果。

图11-177　"描边路径"对话框　　图11-178　用画笔描边路径后的效果

9. 设置"不透明度"

设置"图层 5"的"不透明度"为50%，得到如图11-179所示的效果，"图层"调板的状态如图11-180所示。

包装的色彩设计

包装上的色彩是影响视觉最活跃的因素，因此包装色彩设计很重要。与其他设计项目不同，包装装潢用色讲究醒目、对比强烈、有较强的视觉冲击力，能够吸引消费者的目光，唤起购买的欲望。

颜色具有情感传达作用，好的包装设计师应该能够通过在包装中运用合适的颜色来体现产品的气质、档次和质量。研究表明，颜色对于人的情感作用是依靠人的联想产生的，因此在选择包装颜色时，应该根据消费者对于颜色所存在的固定联想来决定。

下面是从行业角度来区分的一些产品包装的常规用色。

- 食品类包装：主色调通常会采用鹅黄或粉红色，给人以温暖和亲近之感。
- 饮料类包装：常采用绿色和蓝色以给人清爽的感觉。茶类包装可以考虑产品本身所具有的绿色，而咖啡类包装则可以考虑其自身的咖啡色。
- 酒类产品的包装：用大红色的较多。
- 糕点类产品的包装：多用金色、黄色、浅黄色，给人以香味袭人之印象。
- 日用化妆品类包装：常用玫瑰色、粉色、淡绿色、浅蓝色、深咖啡色等，以突出温馨典雅的感觉。
- 服装鞋帽类包装：以深绿色、深蓝色、咖啡色或灰色为主，以突出沉稳典雅之美感。

需要注意的是，以上所提到的用色属于通常用色，在设计实际项目时还需要具体问题具体分析，例如，番茄汁、苹果汁类饮料的包装多用红色，以突出番茄、苹果所具有的自然属性。

在选择包装所使用的颜色时，可以从以下几个方面考虑：

- 哪种颜色作为包装色彩能在竞争商品中有明显的可识别性；
- 哪种颜色作为包装色彩能很好地象征商品特性；
- 哪种颜色能够与其他设计因素和谐统一，有效地表示商品的品质与分量；
- 哪种颜色最为商品购买阶层所接受；
- 哪种颜色有较高的明视度，并能对文字有很好的衬托作用；
- 要使用的色彩在不同市场、不同陈列环境中是否都充满活力。

上面总结了各类产品的常用包装色，这些颜色在实际使用时并不绝对，在工作中应该根据客户的要求及商品的特点灵活运用。

图11-179　设置不透明度后的效果

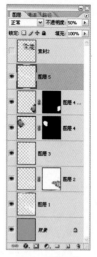

图11-180　"图层"调板

10. 制作装饰圆环

设置前景色为白色，选择自定形状工具 ，在工具选项条中单击形状图层按钮 。在画布中单击鼠标右键，在弹出的形状类型选择框中选择如图11-181所示的形状，在画布的右下角绘制一个如图11-182所示的形状，得到相应的形状图层"形状1"。

图11-181　选择形状

图11-182　绘制形状

保持"形状1"的矢量蒙版为被选中状态，如图11-183所示，选择自定形状工具 并保持前面的设置，单击工具选项条中的添加到形状区域按钮 ，按住快捷键Ctrl+Alt+Shift，以本步绘制的圆环中心为基点绘制一个如图11-184所示的圆环。

图11-183　"图层"调板

图11-184　绘制形状

使用相同的方法连续绘制多个圆环，如图11-185所示。

设置"形状 1"的"不透明度"为50%，得到如图11-186所示的效果。单击添加图层蒙版按钮 ，为"形状 1"添加图层蒙版，将把花朵挡住的部分涂抹掉，效果如图11-187所示，图层蒙版的状态如图11-188所示。

图11-185　在画布中绘制多个圆环　　图11-186　设置"不透明度"后的效果

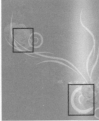

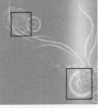

图11-187　添加图层蒙版后的效果　　图11-188　图层蒙版的状态

11. 制作衬托主题文字的形状

设置前景色为白色，选择圆角矩形工具 ，在其工具选项条中单击形状图层按钮 ，并设置"半径"为200 px，在画布的右侧绘制一个如图11-189所示的圆角矩形，并得到相应的形状图层"形状 2"。

选择"形状 2"的矢量蒙版为当前操作对象，依然选择圆角矩形工具 并保持前面的设置，在工具选项条中单击从形状区域减去按钮 ，按照如图11-190所示的效果进行绘制。

图11-189　绘制圆角矩形　　　　图11-190　运算路径后的效果1

依然选择圆角矩形工具 并保持前面的设置，在工具选项条中单击添加到形状区域按钮 ，按照如图11-191所示的效果进行绘制，此时"图层"调板的状态如图11-192所示。

包装的文字设计

与广告相似，包装上有时可以没有图形，但是不可以没有文字，文字是传达产品信息必不可少的要素。下图所示的精美包装中均运用了大量文字。

包装装潢中的文字通常包括以下几种。

■ 品牌形象文字：品牌名称和产品名称一般安排在包装的主展面上，而生产企业名称可以安排在侧面或背面。此类文字要求精心设计以突出个性，树立产品形象。例如下图所示的包装中，品牌文字"对月"采用了颇具书法韵味的繁体字体，再加上整体包装的色彩及配图，营造了古色古香的视觉效果。

下图所示为另外两款设计优秀的品牌文字包装作品。

图11-191　运算路径后的效果2

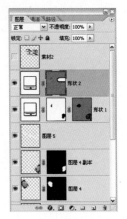

图11-192　"图层"调板

12. 制作主题文字

显示"素材 2"并选择其为当前操作图层，将其重命名为"图层6"。按快捷键Ctrl+T调出自由变换控制框，按住Shift键缩小图像并将其移至上一步制作的形状上面，如图11-193所示，按Enter键确认变换操作。

单击锁定透明像素按钮 以锁定"图层 6"的透明像素，设置前景色为白色，按快捷键Alt+Delete用前景色填充图层。

单击添加图层样式按钮 ，在弹出菜单中选择"描边"命令，设置参数如图11-194所示。在对话框中勾选"投影"复选框，设置参数如图11-195所示，得到如图11-196所示的效果。

图11-193　变换图像

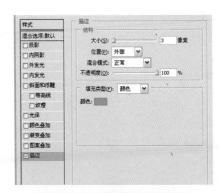

图11-194　"描边"参数设置

图11-195　"投影"参数设置

图11-196　添加图层样式后的效果

设置前景色的颜色值为#05a38f，选择横排文字工具 T，在其工具选项条中设置适当的字体与字号，在"全美"的下面输入如图11-197所示的文字，得到相应的文字图层"Q uanmei"。

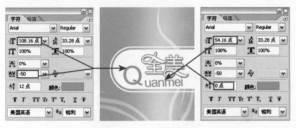

图11-197　输入文字

在"图层 6"的图层名称上单击鼠标右键，在弹出菜单中选择"拷贝图层样式"命令，在文字图层"Q uanmei"上单击鼠标右键，在弹出菜单中选择"粘贴图层样式"命令，如图11-198所示。

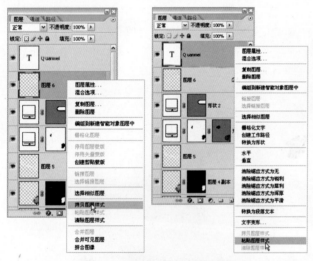

图11-198　拷贝图层样式过程

双击粘贴得到的"描边"图层样式名称，将描边的颜色改为白色，得到如图11-199所示的效果。

图11-199　拷贝图层样式后的效果

- 资料文字：资料文字包括产品的成分、容量、型号、规格等，编排位置多在包装的侧面和背面，也可以安排在正面，设计时多采用印刷字体。
- 说明文字：说明产品用途、用法、保养、注意事项等，字体通常采用印刷体，下图所示为包含此类说明文字的包装作品。

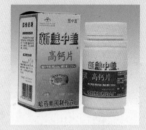

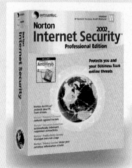

■ 广告文字：这是宣传产品的推销性文字，应该以诚实、简洁、生动为原则，其编排位置是不固定的。在下面的两款薯片包装中，文字"非常的麻 非常的辣"以及"想吃就吃"，就属于包装中的广告文字。需要注意的是，广告文字并非包装上的必备文字。

13. 制作其他部分

使用前面介绍的方法，利用文字工具、路径运算命令以及图层样式，制作出剩余的文字信息和装饰图案，效果如图11-200所示。最终效果及"图层"调板的状态如图11-201所示。

图11-200　其他部分的效果

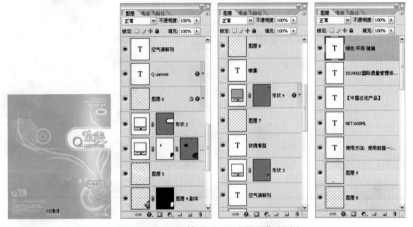

图11-201　最终效果及"图层"调板

应用本例的平面图制作的效果图如图11-202所示。

图11-202　立体效果

提示　本例最终效果请参考随书所附光盘中的文件"第11章\11.5.psd"。

图书在版编目（CIP）数据

新视觉：Photoshop设计技法与商业案例 / 点智文化编著. —北京：中国青年出版社，2007.8

ISBN 978-7-5006-7713-0

I.新... II.点... III.图形软件，Photoshop IV.TP391.41

中国版本图书馆CIP数据核字（2007）第106640号

新视觉——Photoshop设计技法与商业案例

点智文化　编著

出版发行：　中国青年出版社

地　　址：北京市东四十二条21号

邮政编码：100708

电　　话：（010）84015588

传　　真：（010）64053266

责任编辑：肖　辉　林　杉

封面设计：于　靖

印　　刷：山东新华印刷厂德州厂

开　　本：889×1194　1/16

印　　张：24

版　　次：2007年9月北京第1版

印　　次：2007年9月第1次印刷

书　　号：ISBN 978-7-5006-7713-0

定　　价：69.00元（附赠1DVD）

本书如有印装质量等问题，请与本社联系　电话：（010）84015588

读者来信：reader@21books.com

如有其他问题请访问我们的网站：www.21books.com